Pautas para aproximarse
al conocimiento científico

Pautas para aproximarse al conocimiento científico

La biología
desde un punto de vista filosófico

Héctor Manuel López Pérez (ed)

Olibros
en red

www.librosenred.com

Dirección General: Marcelo Perazolo
Dirección de Contenidos: Ivana Basset
Diseño de cubierta: Daniela Ferrán
Diagramación de interiores: Javier Furlani

Primera edición en español - Impresión bajo demanda

© LibrosEnRed, 2009
Una marca registrada de Amertown International S.A.

ISBN: 978-1-59754-492-4

Para encargar más copias de este libro o conocer otros libros
de esta colección visite www.librosenred.com

Prólogo

La formación de capital humano en los países con economías en desarrollo debe seguir las mismas pautas que han permitido el progreso de los países poderosos. En el Centro de Innovación y Desarrollo Educativo (CIDE) nos hemos propuesto formar comunidades científicas regionales en áreas que por su localización geográfica y a veces de marginalidad, parecieran estar relegadas del progreso científico. Con ello nos ha sido posible demostrar así, que es factible el desarrollo de los cerebros en cualquier lugar geográfico, siempre y cuando se usen las herramientas disponibles para cualquier individuo que sepa leer y escribir, y que esté dispuesto a transitar desde su situación actual hacia la alfabetización informacional, y de ahí a la alfabetización científica basada en la plataforma tecnológica digital que actualmente se ofrece, con algunas restricciones, para el ciudadano de esta aldea global a la que llamamos planeta tierra.

Una parte de la formación de los científicos que constituyen la "masa crítica" en los centros CIDE, está dada por la participación en coloquios nacionales, los cuales tienen lugar con una periodicidad semestral, en estos encuentros se discuten las bases filosóficas de la actividad científica como elemento clave para el desarrollo de comunidades científicas regionales. En este libro se presenta una colección de los ensayos presentados en los coloquios de "Determinismo y azar"; "Hipótesis, teorías y leyes científicas" y "Filosofía de la biología", mismos que fueron seleccionados por un comité de pares.

En la primera sección, Héctor López apunta los criterios de verdad y libertad que caracterizan al modelo andragógico del CIDE, propone una forma heterojerárquica que fortalezca la libertad de voluntad para el desarrollo del pensamiento crítico para, de esta manera, reducir la "tragedia común" que actualmente se vive en la universidad y en la sociedad misma, señala que en esta mesa de juegos, las reglas deben cambiar, dejando atrás los intentos de homogenización que conducen a la mediocridad. Ana Felicia Sandoval y Félix Susana Juárez hacen hincapié en el valor de la información para la formación del científico; consideran además, que un pilar importante para el avance de la ciencia es tener información pertinente, adecuada y actual para poder elegir entre las diversas opciones, qué es lo que se requiere para cada región, cada país y para el mundo que queremos. En relación con la alfabetización informacional, se subraya que las estrategias de formación del investigador se deben centrar en la codificación, identificación, captura, indexación y disposición del conocimiento explícito; en resumen, se debe centrar en el manejo de la información.

Por su parte Alejandro Moreno y Ramiro Álvarez señalan la relevancia de los enfoques que el determinismo e indeterminismo han tenido para el desarrollo del conocimiento. Al adentrarse en la filosofía aplicada, Marcos Bucio, Víctor Manuel Salomón, Joel López y Miguel Arenas, utilizan el análisis bibliométrico como herramienta para la alfabetización científica destinada al análisis de los temas en los que se aprecia la filosofía dedicada actualmente a los temas de la biología, en particular los conceptos de: adaptación, especie, ecosistema y desarrollo. Y renuevan la idea de que los planteamientos sobre la evolución de Darwin y Lamarck, siguen floreciendo como los tópicos dominantes de discusión en la Filosofía de la biología. Por su parte, Rosa del Carmen Xicohténcatl Palacios, hace uso de las bases filosóficas del *explanandum* y del *explanans* para establecer el razonamiento explicativo, a través de los hechos que se quieren explicar mediante las premisas del razonamiento.

Más adelante Félix Joel Ibarra y María de Jesús Verduzco exploran el papel de la conciencia en la formación intelectual, en donde con libertad pueden lograrse consensos lógicamente racionales a través de la socialización, actividad que consiste en acostumbrarse a pensar juntos, en construir los procesos mediante los cuales se aprende con placer, más que aprender lo que a los demás les ocasiona placer, es apropiarse del proceso para construir el placer intelectual propio. Aún más, pensar juntos es entrenarse en la búsqueda de tareas para distinguir la realidad entre la percepción propia y la que comunican los demás. Así como la forma de concebirla al compartir la tesis propia con lo que deducen los demás, en oposición al control de los individuos a través de la opresión. Por su parte Nora Fernández, señala que los mecanismos moleculares y genéticos involucrados en esas conductas son de gran interés desde la perspectiva de la evolución social.

Al final, en un documento invitado, Armando Sánchez analiza la necesidad de que los jóvenes investigadores lean artículos científicos con diferentes enfoques, y no exclusivamente los de una revista o escuela de pensamiento específico. Si van a leer artículos en los que los autores hacen conjeturas y no las declaran como hipótesis, entonces deben desarrollar las competencias para identificarlas aunque estén escondidas o disimuladas.

La base de los programas operados por el CIDE es el Aprendizaje basado en la solución de problemas (ABP), aunque sabemos que por lo general la solución de un problema originará nuevas preguntas, nuevas incertidumbres y tendrá como consecuencia que el proceso se repita. Asimismo, las teorías no son inamovibles, dependen del grado de desarrollo científico de la época y de la utilización de instrumentos de medición para la recopilación de información del momento.

Los trabajos presentados por los miembros del CIDE y que han sido seleccionados para esta publicación representan la visión personal de sus autores, que aunque en muchos casos es compartida por el CIDE en general, la posición filosófica que en ellos se plasma es responsabilidad de quienes firman los ensayos.

Joel López Pérez

Aproximación a la verdad

Héctor Manuel López Pérez

Las pautas que aquí se establecen tienen que ver con la forma de entrenarse para buscar la verdad. Los caminos que se han planteado en el transcurso de la historia, han sido variados y conflictivos por las mismas condiciones para establecerla. Entre los criterios para instituirla, se ha propuesto la verdad por gusto, y aunque suene extraño hombres importantes que determinaron el rumbo de nuestra historia como Boccaccio en su deliciosa biografía de Dante (1373) y Hume en su *Tratado sobre la naturaleza humana (3 vols., 1739-1740)*, lo consideraron como una forma de encontrar la verdad.

La opción de la verdad por gusto, se entretiene en lo admirable de lo maravilloso e inexplicable y nos permite evadir la realidad al deleitarnos con las cosas como desearíamos que hubieran sucedido, mas no como es la historia, que por el contrario, intenta comunicar los acontecimientos vulgares, corrientes, naturales, cotidianos, decirla por la pura y simple experiencia. De tal manera que, en la historia, las cosas pueden ser reales o bien por manera de hecho, de facto, o por necesidad (ser contingentes o ser necesarios). De acuerdo con esta argumentación, se entiende entonces, que la verdad por gusto es optativa. Tal como la poesía intenta evadir lo real, no por intromisión o invención de otro tipo de realidad, sino por simple evasión, para inventar lo verosímil, como término medio entre verdad y falsedad.

Otro criterio de verdad es el que se establece por las evidencias, consideradas éstas como lo que parece aceptable, lo habitual, lo que se intuye. Este criterio de verdad adquiere especial importancia en lógica deductiva. En cierto sentido, las premisas de una proposición válida contienen la conclusión, y la verdad de la conclusión se deriva de la verdad de las premisas. También se han hecho esfuerzos para desarrollar métodos de lógica inductiva, como las que sostienen que las premisas conllevan una evidencia para la conclusión, pero la verdad de la conclusión se deduce sólo con un margen relativo de probabilidad, de la verdad de la evidencia. La validez lógica depende de la adecuada relación entre las premisas y la conclusión, de tal forma que si las premisas son verdaderas la conclusión también lo será. Por ello, la lógica se encarga de analizar la estructura y el valor de verdad de las proposiciones, y su clasificación. En cierto sentido, las premisas de una proposición válida contienen la conclusión, y la verdad de la conclusión se deriva de la verdad de las premisas.

Aunque el empirismo es un criterio de verdad contrario al racionalismo, en el positivismo lógico se trata de conciliar dichas posiciones. Esto es, trata de englobar las proposiciones verificables de un modo empírico, en el método deductivo-nomológico. Por lo que ha permitido el desarrollo de las explicaciones, como una de las actividades de los científicos. Para tal efecto, se considera al *explanandum* como el enunciado que cumple la función de conclusión del razonamiento explicativo, es el que describe el hecho que se quiere explicar; mientras que las premisas del razonamiento que cumplen con la función explicativa, son llamadas *explanans*.

El positivismo lógico surge como una posibilidad de dar salida a los conflictos del empirismo. Pues éste se concreta sólo a ir de lo subjetivo a la experiencia, mientras que niega la posibilidad de las ideas espontáneas o del pensamiento *a priori*. De tal manera que, al considerarse como tal, imposibilita alcanzar el conocimiento cuando existen sistemas ocultos a las observaciones directas y que por definición son empíricamente inaccesibles. Por lo que la formulación de leyes y teorías que permiten la predicción de sucesos futuros sería insostenible bajo este sistema filosófico, ya que para el desarrollo de las principales leyes de la física, ha sido fundamental la contemplación del pensamiento *a priori*. Desde esta consideración, es posible encontrar el término medio que se localiza cuando se transita de los efectos a las causas, base del razonamiento inductivo como herramienta indiscutible para el desarrollo de las ciencias empíricas; ya que anteriormente se practicaba la inducción mediante la simple enumeración. Es decir, las conclusiones generales se extraían de los datos particulares, sin necesidad de deducir la existencia de los sistemas ocultos que surgen de las ideas espontáneas o de los pensamientos, sistema propuesto por los racionalistas. Éste último considerado como el extremo opuesto al empirismo propone que la mente es capaz de reconocer la realidad mediante su capacidad para razonar, una facultad que existe independiente de la experiencia.

A partir del empirismo, surge la filosofía pragmática o empirismo radical que considera "las verdades o mentiras vitales" o la verdad fincada como sinónimo de utilidad. En este sentido, el pensamiento sirve como guía de la acción, en el que el significado de los conceptos se busca en sus aplicaciones y en el que la verdad tendría que comprobarse a través de los efectos prácticos de la idea. Por lo tanto, para los pragmáticos el conocimiento se mantiene como un instrumento de acción; mientras que todas las creencias tenían que ser juzgadas por su utilidad como reglas para predecir las experiencias. Las posibilidades de los errores pragmáticos se deben precisamente al considerar al derecho de la necesidad como extremo contrario al hecho. Aunque desde el punto de vista estrictamente metafísico, no existe término medio alguno entre realidad del hecho y realidad por necesidad. Ambos conceptos son motivos filosóficos, desde que ésta trata con las cosas eternas, inmutables y necesarias.

El criterio de verdad pragmático tiene ciertos rasgos del escepticismo, pues examina las cosas desde la necesidad como extremo. Mientras que el escepticismo en sí, afirma que los extremos se tocan. Esta afirmación también es válida en el terreno epistemológico y también tiene su contraparte, representada en el dogmatismo. Mientras que éste considera la posibilidad de un contacto entre el sujeto y el objeto, en una relación de comprensión por pertenencia, el escepticismo, lo niega, pues según el escepticismo, el sujeto no puede aprehender el objeto. Por lo que considera que no se debe pronunciar juicio alguno.

La ciencia resuelve los problemas al aceptar que existe un punto intermedio entre el dogmatismo y el escepticismo absolutos. En virtud de que se acepta como un hecho que el sol saldrá el día de mañana. De tal manera que, se puedan establecer teorías científicas que vayan más allá de lo que, en realidad se ha observado; de otra manera, no aceptar el hecho propuesto, es aceptar teorías formuladas sin hechos. En filosofía se puede discutir entonces, sobre las discrepancias de la capacidad de la ciencia para describir el mundo invisible, aunque la coincidencia de los que hacen ciencia es que ésta es objetiva, por descansar en las evidencias palpables de los hechos.

El modelo andragógico para la formación de capital humano que se sigue en el Centro de Innovación y Desarrollo Educativo, se basa en el criterio de verdad que se establece en un ámbito de libertad, en oposición al criterio de verdad autoritario que enclaustra y anquilosa el conocimiento. En este sentido, los principios que aquí se describen tratan de presentar una posición intermedia, desde donde se busca el conocimiento en las intersecciones de los principios filosóficos en general y epistemológicos en particular. Por lo que este sistema supone que el conocimiento se adquiere cuando se generan las condiciones de libertad para transitar hacia el cruce entre lo teórico-deductivo y lo empírico-inductivo. Para lograr la libertad de acción se plantea la administración horizontal, que permite establecer relaciones heterojerárquicas. En el entendido que este sistema facilita la formación de liderazgos sin necesidad de asignación, ni de destitución autoritaria.

Con respecto a la formación no autoritaria, el determinismo y el azar como temas tratados en este libro, también tienen que ver con las posiciones ya descritas. En donde el determinismo se puede interpretar desde una posición autoritaria, pero también éste puede ser compatible con la libertad. De la misma manera, el azar tiene dos interpretaciones, una que permite evadir la realidad y que conduce a la pérdida de la libertad y la otra que se aferra intransigentemente a la realidad para buscar la libertad.

El hecho de que la evolución en el tiempo sea aleatoria, se entiende mejor en el juego de póquer, desde que las acciones de barajar, repartir el juego, escoger una carta cerrada, son representativas de los momentos en los que se presenta el azar. A su vez, es innegable que existen otros momentos y otras variables, que inevitablemente se presentarán pero que se pueden controlar desde una posición determinista: se pueden conocer las causas y los efectos, por lo tanto son susceptibles de controlar mediante entrenamiento. Todas las acciones ocurridas se pueden controlar a partir de que se da un suceso casual. Por lo tanto, es más importante que nos ocupemos del entendimiento de las causas y los efectos, que ocuparse en esos lapsos en los que poco hay que hacer. A esto se le llama tomar una decisión primaria que es filosóficamente honesta. La otra manera es: dedicar la vida entera en el aleccionamiento de la manipulación al barajar, repartir el juego, escoger cartas cerradas, distraer a los oponentes, etc., con la finalidad de adquirir ventajas causales para el que se entrena de esa manera, pero azarosas para sus oponentes, por lo tanto, la evolución de quien así se entrene será deshonesta. Este proceder también es un principio filosófico, y si en el primer principio se acepta la realidad como máxima, en el último se trata de negar la realidad y por lo tanto todo intento de evadir la realidad, es misticismo.

Las herramientas que usa el científico, requieren del esfuerzo constante y honesto. La otra posibilidad existente es acomodarse el juego para adquirir ventajas causales deshonestas. Mas quienes lo practican aceptan tácitamente el sacrificio, concepto mismo que contradice al esfuerzo. Lo que se discute entonces es sobre las leyes, teorías e hipótesis. Que desde el punto de vista determinista permiten guiar las actividades de investigación, y como práctica máxima nos conducen hacia el descubrimiento o el entendimiento de las leyes naturales del universo.

Entre determinismo y azar

Ana F. Sandoval Cisneros[1]

Resumen

Las ideas creativas surgen de la mente de artistas, filósofos, científicos, y se quedan para ser compartidas, discutidas o debatidas por todos los que sobreviven. La mente es un complejo e intrincado mecanismo que aún no ha podido ser descifrado, de la que surgen diferentes teorías que trascienden y tratan de explicar qué se hace y por qué se está en este mundo. Desde los tiempos de los griegos se discute sobre el determinismo y el azar, y surgen leyes que explican los movimientos de los astros, llegando a predecir la aparición del cometa Halley. El determinismo dio lugar a profetas y clarividentes que predecían el futuro, en la literatura griega se habla de Casandra, a quien Apolo le dio el poder de la clarividencia a cambio de favores sexuales, y al negarse ella, la castigó dejándola predecir sólo calamidades. Actualmente se discute si la evolución juega un papel determinista o indeterminista, si el descubrimiento del genoma humano ocupará el lugar de un clarividente que

[1] Estudiante del Doctorado en Ciencias del Centro de Estudios Justo Sierra CEJUS, miembro del Centro de Innovación y Desarrollo Educativo mailto:anaf30@hotmail.com, mailto:anafsandoval@gmail.com

muestre lo que el futuro nos depara. Pero independientemente de todas las teorías que giran alrededor de estos principios, lo importante es tener información pertinente, adecuada y actual para poder elegir entre las diversas opciones qué es lo que se quiere para esta región, este país y este mundo.

Introducción

La ciencia se define tradicional y quizá conservadoramente como el estudio e interpretación de los fenómenos del mundo en términos de las leyes de la física y la química [1]. Aunque el papel principal de la ciencia es explicar, el impulso del esfuerzo científico del hombre es poder hallar maneras confiables de prever cambios en su ambiente y, si es posible, controlarlos para usarlos en su provecho. La formulación de leyes y teorías que permiten la predicción de sucesos futuros, se cuenta entre las más altas realizaciones de las ciencias empíricas. Ellas responden al anhelo del hombre de previsión y control, en un vasto ámbito para sus aplicaciones prácticas. Éstas van desde las predicciones astronómicas, hasta los pronósticos meteorológicos, demográficos y económicos, y desde la tecnología fisicoquímica y biológica, hasta el entendimiento del complejo comportamiento del hombre [2]. Mas no es una empresa fácil, pues los sistemas de la naturaleza constan de varios elementos que interactúan entre sí de manera no lineal, por lo que al parecer son intrínsecamente impredecibles [3].

Los filósofos de la ciencia han tratado por largo tiempo de probar un fundamento lógico para los descubrimientos científicos, esos intentos se reflejan en el pensamiento de Francis Bacon y René Descartes, el primero enfatizaba en el razonamiento inductivo como herramienta indiscutible para el desarrollo de las ciencias empíricas; ya que anteriormente se practicaba la inducción mediante la simple enumeración, extrayendo conclusiones generales de datos particulares. Pero el desarrollo de la ciencia no podía estar completo sin el razonamiento deductivo que se basa en los principios evidentes o axiomas, por lo que la influencia del razonamiento deductivo de Descartes, llegó para fortalecer el método científico [4].

El establecimiento de un método confiable para la búsqueda de la verdad llevó a un constante rechazo de los fundamentos lógicos establecidos desde Copérnico. De esa manera, han surgido genialidades que por su atrevimiento someten a la discusión temas que hacen que la ciencia avance. Entre estos, Sigmund Freud propone el análisis de la autoconciencia como el tope de un iceberg psicológico, que, aunque desconocido, planteaba una nueva forma de contemplar la psique del individuo. Las contribuciones a los paradigmas emergentes y la contradicción de los ya establecidos, continuaron con los filósofos de la talla de Kurt Gödel, que probó los límites del análisis lógico; mientras que Alan Turing planteó que las repuestas pueden estar más allá de los límites que imponen las investigaciones.

Las atrevidas proposiciones como las del párrafo anterior, son las que han permitido algunas aparentes rupturas con el determinismo de la ciencia. Como tal, fue la propuesta de Henri Poincaré, al establecer que lo impredecible era la misma dirección considerada como determinismo de la ciencia, lo condujeron a que se anticipara a la teoría del caos. Aunque el posterior establecimiento de esa teoría demuestra que el comportamiento impredecible y aparentemente aleatorio de los sistemas, están regidos por leyes estrictamente determinadas. De la misma manera, Werner Karl Heisenberg, establece en su principio de incertidumbre, que se pueden presentar fallas en tiempos cortos y en escalas de espacio pequeñas en el movimiento del electrón, en donde se había considerado fundamental el determinismo físico [5]. Aunque el principio también conocido como principio de indeterminación, afirma que es imposible medir simultáneamente de forma precisa la posición y el momento lineal de una partícula. Asevera igualmente que, si se determina con mayor precisión una de las cantidades se perderá precisión en la medida de la otra, y que el producto de ambas incertidumbres nunca puede ser menor que la constante de Planck. De esta manera se puede observar que, si bien, la aceptación de las leyes de la naturaleza, han permitido grandes avances en la ciencia, también han sido causa de cierto estancamiento, debido a su determinismo implícito. Por lo que es sano considerar la búsqueda de respuestas más allá de las investigaciones, como lo apunta Alan Turing.

Los pensamientos acerca del libre albedrío y el determinismo han interesado a los filósofos desde los días de los antiguos griegos [6]. El gran problema de la filosofía griega era entender el ser y el devenir: de qué estaban formadas las diversas cosas que se observan alrededor y si nuestra noción del pasaje del tiempo era real o tan sólo una ilusión o, en otras palabras, el problema fundamental era la naturaleza de la materia y del tiempo [7]. Al respecto, Laplace consideraba que los fenómenos naturales se ordenaban en dos clases: los sistemas deterministas —cuyo estado presente determina de manera unívoca y predecible su estado futuro— y los aleatorios, en los cuales el estado futuro puede ser cualquiera y no se puede predecir sino a través de una distribución de probabilidad [3].

Recientemente filósofos y biólogos se han involucrado en un debate sobre el estado del proceso de evolución, en donde se manifiestan dos posiciones contrarias, la primera afirma que el proceso evolutivo es determinista y la otra defiende la postura de que el proceso es indeterminista [8, 9]. Gran parte de la dificultad en el debate del "determinismo *vs* indeterminismo" radica en la falla de la definición clara de los términos del debate [8]. Esto es, mientras que el indeterminismo considera los actos volitivos son casualmente no condicionados, o absolutamente espontáneos, el determinismo parte de la premisa que considera que los actos volitivos son casualmente condicionados. La lección más importante no es acerca de si la evolución es completamente determinista o indeterminista, sino cuáles aspectos de la evolución son deterministas y cuáles son indeterministas [10].

Debido a la concepción indeterminista de la libertad, la pregunta no es si existe o no la libertad cuando se actúa o se decide qué hacer, sino, si se es libre o no [11], por lo que las descripciones indeterministas están típicamente asociadas con las propiedades epistémicas de los sistemas físicos, esto es, las propiedades que son accesibles a la observación [12] mientras que los estados ónticos describen exhaustivamente todas las propiedades de un sistema físico, como los sistemas ocultos a las observaciones directas, que por definición son empíricamente inaccesibles [13]. Además, no existe una teoría unificada de la física, ni existe un acuerdo sobre el mejor camino para obtener su unificación. Las teorías de la física moderna sólo describen diferentes escenarios del mundo que son aparentemente inconmensurables [14]. De aquí la vigencia de la pregunta ¿Se puede observar y describir la naturaleza en sí misma, independientemente de quien la observa y la describe, es decir, la naturaleza en su estado actual "cuando nadie la mira"? [13].

La ciencia ha sido muy efectiva en su afán de entender el universo y la posición del hombre en éste, lo increíble es que pueda lograr esto sin moverse prácticamente del planeta donde reside, debido a que el principal instrumento para lograr esta proeza es la mente humana. El entender cómo la mente es capaz de establecer ese vínculo entre el comportamiento del mundo exterior y nuestros conceptos es uno de los grandes retos futuros de la ciencia [7]. A continuación se describen algunos de los principios más relevantes relacionados con el determinismo y el azar.

Determinismo

La tesis del determinismo se fundamenta en que cada evento (incluyendo las acciones humanas) tiene una causa, y la cadena de sus causas conduce a que cualquier acción tomada por un agente se extienda hacia atrás en el tiempo hasta algún punto antes de que el agente hubiera nacido [11, 15-17]. La *Enciclopedia Británica* describe: "Determinismo. Teoría en la que todos los eventos, incluyendo las elecciones morales, son totalmente determinados por causas preexistentes. Esta teoría afirma que el universo es completamente racional, puesto que el conocimiento total de una situación dada asegura el conocimiento inequívoco de su futuro" [3].

Se entiende pues, que bajo las consideraciones del paradigma determinista se pueden lograr predicciones futuras. Esto es, si se tienen los conocimientos y el entendimiento adecuado de la causa, y si el comportamiento y funcionamiento de una persona o evento en particular están en concordancia con la causa, se pueden hacer predicciones futuras [18]. De tal manera que si un esquema es predecible, entonces tiene que ser necesariamente determinista y viceversa [3]. Muchos científicos, entre ellos Einstein, han visto en el determinismo una doctrina intelectualmente satisfactoria y capaz de expresar adecuadamente la evolución de lo real [19].

Desde una perspectiva determinista, el griego Leucipus (450-370 a.C.), confrontó el azar con el determinismo, al proponer la teoría atómica que se fundamenta en la necesidad, y no en la ocurrencia de los fenómenos por azar, al acuñar la frase "Nada ocurre por azar, pero sí por necesidad." Tanto él como su discípulo Demócrito creían que eran los factores los que determinaban las propiedades del material. Por ejemplo, ellos creían que los átomos de un líquido eran lisos, lo que les permitiría deslizarse uno sobre otro. A pesar de las imprecisiones predictivas surgidas por la falta de conocimientos previos, las teorías se han venido perfeccionando históricamente, al seguir los principios deterministas. Como lo demuestran las evidencias surgidas de las pruebas posteriores de los científicos. Al respecto, la teoría Newtoniana adquirió gran respeto y admiración cuando Edmon Haley, en 1705 pudo predecir con gran exactitud el cometa que ahora lleva su nombre [3]. De igual forma, la aplicación de los principios del determinismo en los fenómenos sociales, tienen sus aplicaciones. Por ejemplo, los guardianes de las prisiones sostienen una regla general que se refiere a: "Si puede pasar, pasará", esto significa que cualquier falla en la seguridad, cualquier prohibición inefectiva, o vigilancia o debilidad en las barreras puede ser suficiente para ser encontrada y explotada por completo por los prisioneros [20].

Las predicciones surgidas a través del determinismo, han tenido auge al aplicarse a la realidad/objetividad y, sobre todo, cuando se ha requerido la búsqueda de explicaciones místicas para declararse autoridad. Tal como lo hizo el notable profeta hebreo Jeremías al sostener que no hablaba por sí mismo, sino que era vehículo de una fuerza divina, –muy acorde con la tradición judía– se especializó en predecir calamidades y desgracias. Otro de los profetas místicos fue Nostradamus, que en el siglo XVI sentó las bases de la profecía como oficio, al emitir designios que si se cumplían eran aclamados; de lo contrario se alegaba que "estaban aún por venir" [3]. La confusión que causaba la predicción a partir de la evasión de la realidad fue preocupación de Laplace, al considerar que un determinismo máximo era posible a través de una supercalculadora que tuviera la capacidad de poseer descripciones completas de los estados y el conocimiento de las leyes; de tal manera que sería factible predecir y explicar los procesos evolutivos sin el uso de declaraciones probabilísticas [21].

Aunque a menudo se piensa en el determinismo como una doctrina metafísica acerca de nuestro mundo, el determinismo también está intrínsecamente ligado a los asuntos filosóficos básicos acerca de la naturaleza del espacio, el tiempo y el movimiento [14]. En este sentido se toman como ejemplo del paradigma de los sistemas deterministas en la física clásica, los relojes, las balas disparadas por cañones y el sistema solar [12]. El problema proviene cuando se piensa en los sistemas complejos como la psicología y la fisiología, en donde se puede comprometer la cuestión de la voluntad libre, por lo que, las relaciones de los efectos con las causas finales tienden a hacerse improbables. Si la voluntad tuviera causas por sí sola, las personas pudieran ser obligadas a hacer cosas que ellas no quieren hacer. Esto es improbable en la medida que el deseo es la causa de la acción, aun si el mismo deseo tuviera causa. Por lo que es desagradable que nuestros deseos sean contrariados, pero no es más probable que esto suceda si son causados que si son incausados [22]. Lo que sí es probable desde una perspectiva psicológica, es que la voluntad de las personas puede ser entregada al libre albedrío de otras. Por lo que las voliciones entregadas de esta manera serán incausadas en la persona, pero tendrán causa en la persona que manipuló la voluntad, del que renunció a su propio libre albedrío. Desde esta última perspectiva, los sentimientos morales personales no tienen lugar en un mundo determinista [23], en el que el fin justifica los medios. Debido a esta dilución de la responsabilidad, los peores crímenes y fraudes de la humanidad se han perpetrado cuando se da este sistema de "doble moral", entre el que otorga su voluntad y el que ejerce la autoridad en nombre de lo inexistente moral y objetivamente como lo es "el bien común", "las autoridades supremas", "la divinidad". En este mismo sentido, la sensación de libre albedrío puede ser una ilusión como lo decía Demócrito (-460 -370), porque nadie se responsabilizaría de sus actos [24]. La sensación de libertad se logra, sólo cuando se ejerce la auto-responsabilidad.

De la misma manera que la negación del tiempo, el determinismo como doctrina general implanta en el hombre un profundo sentimiento de angustia y alienación. Al afirmar que la determinación 'completa' del futuro por el pasado es siempre posible teóricamente, si sabemos lo suficiente del pasado y sobre las leyes causales [22]. Aunque la negación del tiempo sólo se trate de una connotación literal, para dar paso a la espacialización del tiempo. Como lo consideró Einstein, que vio en el determinismo una doctrina intelectualmente satisfactoria y capaz de expresar adecuadamente la evolución de lo real. Por lo que carece de sentido suponer que la ciencia determinista elimina el tiempo, puesto que la noción de determinismo es una noción esencialmente dinámica, en la que el predicado "determinista" no se aplica en [19]:

- En su acepción semántica, se aplica a las ecuaciones dinámicas contienen la variable tiempo, como variable independiente.
- En su acepción gnoseológica, se aplica al conocimiento acerca del estado de un sistema, si puede obtenerse a partir de su estado en un instante previo arbitrario.
- En su acepción ontológica, a un sistema sobre la base de la sucesión unívoca de sus estados posibles a través del tiempo.

Se han identificado tres opciones que juegan un papel crucial en las descripciones deterministas expresadas en las concepciones del determinismo de Laplace [12]:

Dinámica diferencial: un algoritmo relacionado con un estado de un sistema en cualquier tiempo dado para un estado en cualquier otro tiempo y el algoritmo no es probabilístico.

Evolución única: un estado dado siempre seguido (precedido) por la misma historia de estados de transición.

El valor de la determinalidad: Cualquier estado puede ser descrito con una pequeña arbitrariedad (no cero) de error.

En la práctica de las ciencias sociales como la psicología, las formas generales de describir el determinismo e indeterminismo no están bien desarrolladas, sin embargo, el determinismo juega un papel muy importante en muchas de las teorías de la personalidad y en algunos movimientos teóricos de la psicología [12]. Bourdieu insiste en que la creación de los hábitos no debe ser conceptualizada en ningún sentido como un mecanismo de determinación [25].

Aunque es válida cualquier perspectiva filosófica para explicar los fenómenos de la vida, existen posiciones extremas que imposibilitan la virtud de la sabiduría en determinados momentos. Es decir, desde la perspectiva "ser sabio es buscar el justo medio," quedarían imposibilitados los extremistas tales como los materialistas, al compartir el punto de vista que nada de lo que se hace es responsabilidad de cada individuo. Por lo que entrarían muy seriamente en conflicto con los que toman en cuenta que ciertas personas merecen respeto, admiración, gratitud, desdeño, resentimiento o enemistad [23]. Aunque desde otra perspectiva, a través de la aplicación de los principios materialistas se han logrado grandes avances en neurociencia. Por lo que reafirma la virtud de la sabiduría como justo medio, a pesar de partir de los extremos. A tal grado, que los materialistas han logrado determinar la posición espacial de las partes del cerebro que se encargan de los procesos conscientes del individuo [26, 27]. Tales hallazgos, contradicen aquéllos, que desde el extremo idealista, definen la consciencia sin posición espacial alguna.

El determinismo ha tratado de ser explicado por los científicos y filósofos desde diferentes perspectivas, y en ocasiones existen contradicciones, por ejemplo, Miramontes, P. [3] afirma que el determinismo es un concepto importante por la relación que guarda con la noción de predictibilidad, y Primas H. [8] dice que el determinismo debe ser descrito solamente de forma ontológica, por lo que no implica predicciones. A manera de aclarar dichas contradicciones, el término ontología analiza los tipos fundamentales de entidades que componen el universo. Mientras que los problemas ontológicos son el concepto del ser, sus modos o flexiones, sus principios, sus propiedades, sus divisiones (ser en potencia y ser en acto; sustancia y accidente) y sus causas. A su vez, potencia es la posibilidad o lo que puede ser o suceder. Las aportaciones para el análisis semántico del determinismo se pueden complementar con las definiciones propuestas por Vaughn y Schick [23] de la siguiente manera:

Determinismo futuro: dado el pasado de un sistema físico, existe un único futuro.

Determinismo pasado: dado el futuro de un sistema físico, existe un único pasado.

Determinismo lógico: todas las proposiciones –incluyendo aquellas que reportarán las acciones futuras– son verdaderas o falsas.

Determinismo teológico: la existencia de un dios omnipotente que conoce acerca del futuro con completo detalle.

Determinismo temporal: el tiempo es otra dimensión justo como cualquiera de las otras tres dimensiones espaciales, tal que la diferencia entre lo que es en tu pasado y lo que es en tu futuro, es tan grande como lo que es en tu derecha y lo que es en tu izquierda.

Determinismo causal: el cual afirma que los hechos del pasado, junto con las leyes de la naturaleza, vinculan todos los hechos futuros.

Determinismo blando: es el compatibilismo que acepta al determinismo y la libertad de voluntad.

Determinismo duro: es incompatibilismo que endosa el determinismo pero que niega la tesis de la libertad de voluntad, considera lo siguiente:

Cada evento tiene una causa

Si cada evento tiene una causa, no existe libertad de voluntad de acciones.

Por lo tanto, no existe libertad de voluntad de acciones.

Determinismo ambiental: si alguien crece y se educa en un ambiente cultural particular, entonces los rasgos impuestos en ese ser por ese ambiente son ineludibles, se pueden al menos canalizar, pero no puede cambiarlos al menos por la voluntad, la educación futura o por adoptar una cultura diferente.

Determinismo biológico: es el punto de vista en el cual las propiedades del género son causadas por, o determinadas por, las propiedades del sexo, esto significa que las causas biológicas son consideradas las únicas causas, o al menos las causas más importantes del comportamiento feminista.

Determinismo genético: las personas están programadas para ser lo que son, entonces esos rasgos son ineludibles, en el mejor de los casos se pueden canalizar, pero no se pueden cambiar por la voluntad, la educación, o la cultura.

Aclara Dennett [20], que si el determinismo genético es una realidad, se pueden quitar un peso de encima, porque para él no existe tal; y menciona "no he encontrado a nadie que reclame que la voluntad, la educación y la cultura no pueden cambiar si no todos, muchos de nuestros rasgos genéticos, por ejemplo, mi tendencia genética a la miopía puede ser cancelada por el uso de anteojos, pero tengo que querer usarlos, también es imposible que me embarace gracias a mi cromosoma Y, no puedo cambiar eso por voluntad, educación o cultura, no al menos en mi tiempo de vida, pero quién sabe qué podrá la ciencia hacer posible en otro siglo".

En un mundo determinista cada acción tiene una causa, pero los deseos pueden estar entre ellos, en un mundo fatalista, los deseos no juegan ningún papel en la determinación de la acción, lo que se hace está determinado por factores ambientales, por lo que otros hacen, o por características propias como la dotación genética, pero lo que se quiere no tiene nada que ver con eso, un mundo fatalista es uno sin libre albedrío, pero es difícil de ver cómo la clarividencia genética puede hacer un mundo así. Si no se sabe acerca de cómo reaccionaría alguien a los eventos, especialmente a lo que se dice o se hace, no se podrían compartir proyectos, incluyendo el proceso de comunicación, ciertamente si otras personas fueran completamente impredecibles, no podrían verse como agentes del todo, sería imposible atribuirles creencias y deseos [28].

Causalidad y el libre albedrío

La toma de decisiones como fundamento del libre albedrío, no debe estar sujeta a limitaciones impuestas por causas antecedentes, por la necesidad, o por la predeterminación divina. Lo anterior se declara inexistente, si partimos del principio filosófico de la causa final que define Kant. Él dice: "se puede y debe indicar el método según el cual hay que juzgar a la naturaleza conforme al principio de causas finales". Añade además, que "la causa final es la existencia del hombre como fin último de la creación." Si esto es así, el único ser que es capaz de tener libre albedrío y como consecuencia tomar decisiones es dios. Por lo que deja inmovilizada toda acción de juzgar para decidir. En contraparte, la causalidad, como designación de la relación entre la causa y el efecto, Aristóteles enumeró cuatro tipos de causas diferentes: la material, la formal, la eficiente y la final. La causa material es aquella de la que está hecha cualquier cosa, por ejemplo, el cobre o el mármol es la causa material de una estatua. La causa formal es la forma, el tipo o modelo según el cual algo está hecho; así, el estilo de la arquitectura será la causa formal de una casa. La causa eficiente es el poder inmediato activo para producir el trabajo, por ejemplo la energía manual de los trabajadores. La causa final es el objeto o el motivo por el cual el trabajo se hace, es decir, el placer del que lo ejecuta [29].

Las confusiones del determinismo son más frecuentes cuando buscamos las respuestas de la causalidad, ya sea un ser natural o artificial. Esta confusión puede aclararse si consideramos que existe una diferencia en los estados de evolución completa y perfecta de un ser, que según Aristóteles son: los estados de: potencia *(1)*, acto *(2)* y el estado de acto sólo será perfecto, si lleva al ser a su fin y final, si el acto tiene constitución de forma *(3)* y si la forma posee idea propia *(4)* [30]. Con respecto al ser artificial, no podemos considerar que las acciones sean indeterministas, cuando observamos un sólo patrón aleatorio, por ejemplo: muchos lenguajes de programación tienen una función aleatoria llamada *rand* la cual genera números aleatorios, suponiendo que un programa genera diez números aleatorios, cada vez que se corra el programa generará los mismos números, lo cual no es terriblemente aleatorio. También existe una variable llamada *seeds* (semillas) y diferentes semillas (programas) producen diferentes resultados, suponiendo que la semilla es el reloj de la computadora, cada vez que se corra el programa dará diferentes resultados; aparentemente estos patrones de secuencia son aleatorios, pero realmente no es aleatorio, el programa es determinista, y más específicamente la secuencia especificada por las semillas [10]. En este ejemplo actual, se considera la secuencia de causa y efecto, ambos procesos continuos tienen potencia (programa) y acto. Los estados de potencia se representan en *rand* y *seeds*, ambos pasan por un ímpetu intrínseco innato al estado de acto, de ponerse en obra y hacer la obra de sí mismo: constituirse, y esta serie de acciones autoconstitutivas está guiada por un fin, tiene final; fin y final en que se ostenta y domina la forma de la especie, con sus propiedades, y esta forma específica es definible, realiza una idea. Ahora bien, la diferencia entre ser natural y ser artificial, es que la figura de objeto artificial, en cuanto figura de objeto artificial, no posee propiedades ni definición alguna, porque el carácter de artificial hace que su contextura esté sometida a una causa eficiente externa, reflejada en sus acciones [30].

En la filosofía moderna se consideró que la simplicidad de los principios de la causalidad propuestos por Aristóteles, eran insuficientes para explicar ciertos fenómenos. Por lo que el filósofo y matemático francés René Descartes y sus discípulos pensaron que una causa puede contener las cualidades del efecto o el poder para producir el efecto. Considerado de esta manera, la relación causal sería un proceso en el cual un evento es una condición necesaria para otro evento [8]. Posteriormente los científicos físicos de los siglos XVII y XVIII tuvieron a menudo una idea mecanicista de la causalidad, reduciendo la causa a una acción o cambio seguido por otro movimiento o cambio, con una paridad matemática entre medidas del movimiento. Lo anterior se resume en el principio del cierre causal del mundo que afirma que todo efecto físico tiene una causa completa igualmente física [31]. Aunque en las ciencias sociales se dificulta la concreción materialista de las relaciones causales, se considera que los actos – lo que se hace, dice y elige– tienen una causa, justo como cualquier cosa tiene una causa, para los actos también existen eventos [23].

Una relación causal es una relación binaria irreflexiva, antisimétrica y transitiva entre dos eventos [8], esto es:

Ningún evento puede ser causado por sí mismo.

Si *a* es la causa de *b*, entonces *b* no puede ser la causa de *a*.

Si *a* es la causa de *b*, y *b* es la causa de *c*, entonces *a* es la causa de *c*.

EL ORDENAMIENTO CAUSAL Y EL TIEMPO

Un nexo causal requiere un orden universal, un asunto fundamental es la relación entre la causalidad y el tiempo. A pesar de que este orden universal aparentemente se rompe por algunos grupos de parámetros de automorfismos que son de una amplia estructura matemática, éstos pueden ser reproducibles estadísticamente a través de la dinámica de las fórmulas matemáticas, para describir finalmente un determinismo aparentemente oculto. En consecuencia, la aleatoriedad en el sentido de la teoría de la probabilidad matemática es sólo una débil generalización de determinismo. Por lo que surgen ideas populares en cuanto a que en la teoría cuántica hay lagunas en la cadena causal que permiten el alojamiento de la libertad de la acción humana. Estas son fantasías que no tienen ninguna base en la actual mecánica cuántica. Pues los eventos *quantum* se rigen por estrictas leyes estadísticas [8].

Respecto al ordenamiento causal en biología, las evidencias de la flecha del tiempo del pasado hacia el futuro son representadas en el fenómeno de la evolución. Esto es, el pasaje de un organismo simple a uno complejo es una transformación en el tiempo que es irreversible, de lo contrario no sería evolución. Pero esta flecha del tiempo también puede ser representada en los procesos de involución de un embrión macho y hembra, que en el transcurso del tiempo desarrolla órganos reproductores por duplicado, parte de los cuales involucionan poco antes del nacimiento, mientras que el otro grupo se hace preponderante. En este proceso, además, queda registrado el dato evidente del paso de la flecha del tiempo. A diferencia de los fenómenos biológicos, las ecuaciones matemáticas que expresan las leyes físicas no cambian, cuando el parámetro tiempo (t) presente en estas ecuaciones es sustituido por el parámetro menos tiempo ($-t$). Esto significa que las ecuaciones fundamentales de la física no distinguen entre el pasado y el futuro. Nos encontramos entonces ante una paradoja. Si consideramos a las leyes físicas como una síntesis del comportamiento del universo, entonces por qué estas leyes son indiferentes al sentido del tiempo, mientras que nuestra apreciación de los fenómenos naturales diariamente nos dice que existe claramente una flecha del tiempo. Los fenómenos observados en nuestro universo, sea en química, geología, biología, psicología o sociología, muestran una dirección preferencial en su dinámica, una flecha del tiempo [7].

Azar

La interpretación del azar puede tener dos connotaciones, una mística y una realista. La interpretación mística viene desde el tiempo de los romanos, que veneraban a la diosa del azar y de la buena suerte a la cual la conocían con el nombre de Fortuna. Estas interpretaciones mitológicas continuaron a través del tiempo, buscando dar explicación definitiva a los fenómenos naturales, sobre todo por aquellas personas que investigan temas ocultistas como la comunicación con el más allá (espiritismo), la creencia en la vida después de la muerte, los clarividentes, la levitación, las apariciones, entre otros. Estas personas con el afán obsesivo de sostener sus creencias, imponen sus propias reglas probabilísticas. Con respecto a las interpretaciones realistas, el término azar es ampliamente usado en la teoría de juegos para definir la decisión que toma una persona al efectuar una jugada, al momento de barajar, sacudir los dados, repartir el juego, entre otras acciones. Otra interpretación realista que es fundamental es la que se da no sólo en el primer paso de la selección natural —la producción de nuevos individuos genéticamente únicos mediante la recombinación y la mutación— sino también durante el proceso probabilístico que determina el éxito reproductivo de estos individuos. Aunque esta percepción realista y azarosa del mundo orgánico, para los creacionistas era caprichoso, cruel, arbitrario, derrochador y descuidado. En comparación con las explicaciones que ellos tienen sobre la extinción de las especies individuales a medida que las condiciones cambian, éstas desaparecen una a una. Mientras que los huecos así creados en la naturaleza eran ocupados por la introducción de nuevas especies a través de medios presumiblemente sobrenaturales. De tal manera que cada creación era un suceso cuidadosamente planeado, en el que el azar no tenía cabida [32].

A diferencia de los creacionistas que resuelven sin complicaciones su ignorancia en un solo texto, Laplace contribuyó a la teoría de las probabilidades, precisamente por considerar que el azar era una medida de desconocimiento o ignorancia humana de las condiciones de un sistema [3]. El psicólogo francés, Pierre Janet que formuló una teoría sistemática de la psicodinámica y acuñó el término de 'subconsciente', divide las creencias en racionales e irracionales. Las primeras, objetivas, se fundan en la experiencia y la información científica; las segundas, subjetivas, en cuestiones personales (la fe, por ejemplo) y sentimentales. Desde esta perspectiva, el azar como se discute en el párrafo anterior es una constante relación entre lo subjetivo y lo objetivo en la que se debe destacar el principio del cual se parte, para entender la intención del uso del término [24].

Los conceptos probabilísticos y el razonamiento estadístico son una parte integral de la moderna teoría de la evolución [9]. Un hecho –se piensa– o está estrictamente determinado y es necesario (debe ocurrir) o es imposible, si no se sabe la ocurrencia de una de esas alternativas es aleatorio y entonces entre estos valores extremos de posibilidad se le puede asignar una probabilidad de ocurrencia. El azar puede ser asociado a diversos temas tales como: el sentido de la verdad de una idea, el libre albedrío, azar como una herramienta conceptual para manejar determinismos múltiples, azar para compensar el conocimiento, azar surgido por la observación de una partícula, azar relacionado con los objetos mentales como la medida de conjuntos y los números irracionales, azar como apariencia percibida en procesos deterministas, azar en los fenómenos de la vida, azar como apariencia de los procesos subjetivos, azar como apariencia y como posibilitador en los cambios estructurales y creativos [24].

Karl Popper (1902-1994) estableció: "Pensar que si se tiene el suficiente conocimiento de la física y la química, usted podría predecir lo que Mozart escribiría mañana, es una hipótesis ridícula" [3]. La gran experiencia de los investigadores muestra que cuando las condiciones vistas como iguales producen resultados diferentes es porque intervienen factores ocultos que hacen que las condiciones sean diferentes, y la historia de la ciencia muestra lo correcta y fructífera que es tal hipótesis [24]. Una elección libre –una opción que se elige al azar– podría decirse que se tomó antes de determinar la elección [23].

La teoría de la probabilidad matemática se refiere a eventos o procesos que son individualmente aleatorios, pero son gobernados por estrictas leyes estadísticas (Primas, H., 2002 [8]). La idea de orden y desorden tiene sólo sentido en el campo de los fenómenos aleatorios [24]. Una pregunta es ¿cómo el concepto de probabilidad debe ser interpretado cuando aparece en la teoría evolutiva? Otra sería ¿por qué es estadística la teoría evolutiva? [9].

Las probabilidades finitas del universo hacen que sean razonables algunas teorías como la de éste universo en expansión. Esto también permite otras alternativas que surgen de predicciones como la teoría de Einstein que predice que las perturbaciones gravitacionales importantes, como la oscilación o el colapso de estrellas de gran masa, provocarían ondas gravitacionales, perturbaciones del continuo espacio-tiempo que se expandirían a la velocidad de la luz. Por lo que los físicos siguen buscando este tipo de ondas. Otras teorías fincadas en las probabilidades finitas consideran que existan civilizaciones alienígenas que se quieren comunicar con los seres humanos, por lo que algunos científicos están tratando de captar señales del cosmos en un movimiento llamado *Search of extra-terrestrial intelligence* (SETI, por sus siglas en inglés). Conceptualmente cercana a la idea de SETI está la idea de una panspermia general, la cual asume que la vida en la tierra se puede haber originado en cualquier lugar del universo y puede venir hacia la misma en forma de gérmenes no bien identificados [1].

CONTINGENCIA

La contingencia puede ser definida como resultado de un conjunto específico de efectos aplicados en una situación particular de tiempo espacio y así determina los resultados de un acontecimiento dado. En gran parte de la literatura epistemológica, la palabra "contingencia" ha tomado el lugar del término "azar" o "evento aleatorio" y, de hecho, tiene una diferente trama, por ejemplo, un choque de un carro puede ser un evento del azar, pero también puede ser la suma de muchos factores independientes como la velocidad del carro, las condiciones del camino, el estado de las llantas, el consumo de alcohol del conductor [1].

La interpretación de lo contingente, se adecua de acuerdo a lo que le preocupa a cada quién. Aristóteles propone por primera vez la contingencia, como lo que se opone a lo necesario. Pero las interpretaciones escolásticas de su doctrina se deforman por la necesidad teológica de admitir un concurso divino universal en todos los órdenes de las causas. Por ejemplo, Santo Tomas de Aquino interpreta jerárquicamente: Dios es el ser necesario, el que es por sí mismo, mientras que las criaturas son seres contingentes, que no son por sí mismos y necesitan la concurrencia de otros para existir. Ante esta situación es importante notar que quien interpreta la filosofía de Aristóteles, la interpreta desde la filosofía absolutista de Platón con la cual comulga. En cuanto a que, no existe la conservación del hombre como término medio; porque todo, todo, tiene que estar convergiendo y ordenándose hacia el Absoluto, en plan de virtudes teologales, como diría la teología cristiana, hacia una reabsorción en Dios con pérdida de la individualidad y aún del tipo de la realidad humana [30]. Tal principio se ve reflejado en las acciones, como bien dicen "a imagen y semejanza," en la educación convencional entre las criaturas, el maestro es la criatura-necesaria, pues él es el poseedor de los contenidos a depositar en las cuentas bancarias de la memoria de las criaturas-alumnos contingentes [33].

Ahora bien, un ejemplo de contingencia interpretada en las obras de Jean Piaget y David Paul Ausebel, es considerar que la persona, como todo ser natural no requiere de causas externas, pues es lo que es en sí misma, por sí misma, en sí misma y para sí misma. Por tanto, no hay necesidad de la transmisión-recepción de conocimientos disciplinares. Esto dio lugar a la aparición de métodos globales, que pretenden que los alumnos relacionen lo que aprenden con la realidad. De tal manera que el modelo basado en el 'aprendizaje por descubrimiento' planteado por Piaget, ponía en las mismas condiciones al maestro y alumno, por lo que los contenidos pasaban al plano de lo contingente y los sujetos (las criaturas para Santo Tomas de Aquino) entraban en el plano de lo necesario (para mayor información revisar sus obras entre las que se encuentra *La construcción de lo real en el niño* [34]). Ausebel, reafirma que no hace falta la causa externa, sino simplemente que se los deje al natural y los sujetos aprenderán cuando empiecen a relacionar los conceptos. Esto lo denominó "aprendizaje verbal significativo" que se produce cuando se relacionan los nuevos conocimientos que se van a aprender, con conocimientos ya existentes en la estructura cognitiva de los estudiantes, los cuales pueden ser el resultado de experiencias educativas anteriores, escolares y extra escolares o, también, de aprendizajes espontáneos (para mayor información revisar *Psicología educativa: un punto de vista cognoscitivo* [35].

Indeterminismo

El término "indeterminismo" esconde un número diferente de conceptos e implicaciones los cuales se pueden referir a los límites del conocimiento, inherente y práctica impredictibilidad, mecanismos no predecibles o causas no mecánicas, acción sin causa, también anarquía [8]. El punto de vista de que algunos eventos no tienen causa es conocido como "indeterminismo causal" y es lo opuesto al determinismo causal, ya que dice que uno es responsable de una acción si uno la hizo, pero, si una acción no tiene causa, no se hizo [23]. El indeterminismo debe hacer más que mostrar que el indeterminismo es posible [10].

Para Epicuro (-342 -270), sin intervención de los dioses en la formación y evolución del mundo físico y social, no hay determinismo estricto [24]. Los epicúreos, como muchos filósofos actuales, inferían la naturaleza material del alma a partir de su interacción con el mundo físico [31].

Durante el siglo XX aparecen dos grandes teorías de la física: la teoría de la relatividad y la mecánica cuántica. La teoría de la relatividad trata con fenómenos que se dan a altas velocidades mientras que la mecánica cuántica trata con el comportamiento de los entes microscópicos que constituyen la materia [7].

Max Born (1882-1970) estableció que las partículas tienen comportamiento de ondas tales que no es posible determinar con certeza sus posiciones, lo único que se puede calcular es el cuadrado de la función de onda, lo cual representa la probabilidad de encontrar la partícula en una cierta posición del espacio, esta interpretación introduce un aspecto de aleatoriedad en la mecánica cuántica y sugiere que aspectos de indeterminismo están presentes en las leyes de la naturaleza, esta situación no le gustaba nada a Einstein, un convencido determinista, quien entonces expresa que "no creía que Dios jugara a los dados con el universo" [7]. La mecánica cuántica (rama de la física que trata con las partículas subatómicas), da un entendimiento sin precedentes del mundo físico, y aún no asume que cada evento tiene una causa, por lo tanto el determinismo no es reivindicado ni por la ciencia ni por el sentido común [23].

Según la interpretación estándar de la teoría cuántica, existen hechos a nivel subatómico –hechos como que el

electrón tiene la propiedad de "girar hacia arriba" (*spin up*)–
que no es consecuencia de ninguna conjunción de hechos
pasados y leyes de la naturaleza [6].

Las aplicaciones de la mecánica cuántica han transformado
el mundo, se estima que el treinta por ciento del producto
territorial bruto de los Estados Unidos se basa en invenciones desarrolladas gracias a la mecánica cuántica, desde semiconductores en los chips de las computadoras hasta los rayos
láser utilizados en los lectores de discos compactos y DVDs,
aparatos de resonancia magnética nuclear en los hospitales y
celulares, entre otros [7].

Compatibilismo

Tesis del compatibilismo: el determinismo es compatible
con la libertad de voluntad y la responsabilidad moral [17].
Tomas Hobbes (1588-1679) fue la primera persona en articular una posición compatibilista, rechazando la noción
del indeterminismo de que las acciones libres no tienen
causa [23].

Asumir una posición compatibilista es considerar que el
determinismo es consistente con la tesis de la libertad de voluntad, mientras que el incompatibilismo no [6]. Un ejemplo del
punto de vista del compatibilismo es la sugerencia de que se
puede abandonar el punto de vista de que las leyes de la naturaleza actúan bajo prescripciones inviolables, y que se puede
adoptar un punto de vista tal que el problema de la libertad
de voluntad aún no surge. Aunque la neurociencia como disciplina reciente ha logrado grandes avances en el estudio de
los neurotransmisores y los procesos físicos detectados a través de la resonancia magnética, la localización de los procesos
conscientes apenas empiezan a entenderse [26, 27]. Por lo que
las relaciones entre las teorías de la física con la conciencia o el
libre albedrío se seguirán tratando en un ámbito diferente. De

tal modo que uno sin contradicción puede suscribir a la vez el determinismo y el libre albedrío [8].

Según Vaughn y Schick [23] el compatibilismo rechaza la premisa del determinismo –si cada evento tiene una causa, no existen actos libres– pero acepta que todo evento tiene una causa ya que las acciones son opuestas a los reflejos, son intencionales. Un reflejo es cuando la pierna va hacia delante después de que el doctor golpea la rodilla con un mazo –no es una acción– porque no es la intención que vaya hacia delante, en el compatibilismo se considera que lo que distingue a las acciones libres de las que no lo son es la naturaleza de sus causas. Esto es, las acciones libres, igual que los demás eventos, deben tener una causa, específicamente deben de ser causadas por algo, por lo cual las acciones libres son:

1.–Causadas por la voluntad.

2.–No son restringidas externamente.

Reconcilia las ideas opuestas al indeterminismo y la libertad de voluntad, también provee una plausible medida de responsabilidad, en la que uno es responsable de sus acciones tanto como hayan sido causadas por la voluntad. Para tal acción reconciliadora, Harry Frankfuert formuló el compatibilismo jerárquico y se explica de la siguiente manera: Todos tenemos deseos por objetos o estados, deseamos cosas como comida, ropa y condiciones tales como buena salud, estar bien informados, tener un buen sueldo, estos deseos son llamados "deseos de primer orden". De tal manera que se pueden tener deseos sobre esos deseos, por ejemplo, un fumador puede tener el deseo de dejar de fumar, este tipo de deseos que se basan en los deseos de primer orden son llamados "deseos de segundo orden". Actuar libremente, es actuar sobre un deseo de segundo orden. Los animales, especialmente los mamíferos son conscientes, pero no autoconscientes, ya que no pueden formular deseos de segundo orden [23].

Las contradicciones entre libertarismo, indeterminismo y libertad

La mayoría de los filósofos están convencidos que lo opuesto al determinismo no es la libertad de voluntad, sino el indeterminismo [17]. Los libertarianos son incompatibilistas que niegan el determinismo y apoyan la tesis de la libertad de voluntad [6]. Este conflicto se genera desde que el incompatibilismo sugiere que la libertad de voluntad y el determinismo son incompatibles. Descartes demostró que es posible que en este momento estemos soñando, pero eso no significa que estemos soñando. Según Vaughn y Schick [23] los argumentos del incompatibilismo son:

- Si cada evento tiene una causa, no existe la libertad de voluntad.
- Sí existe la libertad de voluntad, por lo tanto, no es el caso de que cada evento tenga una causa.

Para los libertarianos no todas las acciones humanas son libres [17]. Los libertarianos reconocen que existen limitaciones tales como la edad, la salud mental, las condiciones sociales, las cuales pueden interferir con la libre voluntad, por lo cual los individuos pueden algunas veces estimarse como agentes libres, pero otras veces, dependiendo de las circunstancias las influencias causales son reconocidas [16].

La tesis de la libertad de voluntad considera que ésta se convierte en un asunto de conciencia y que uno decide si se es libre o no. Esto implica que a su vez uno mismo decida que las posiciones de libertad y de determinismo se puedan determinar en las causas internas del individuo, pero a su vez la condición de decidir por sí mismo se pierde cuando se decide aceptar el determinismo impuesto por causas externas [23]. De acuerdo con los tradicionalistas, los tres tipos de libertad no

son tal, –la libertad metafísica, moral, la libertad y libre albedrío– para ellos sólo existe un tipo de libertad, libre albedrío,
y es esencial para alabar el mérito o la reprobación moral. Los
partidarios de la visión tradicional tienden a caer en grupos
bien definidos, dependiendo de cómo responder a las cuestiones pendientes. Los compatibilistas consideran la tesis de que
el determinismo es compatible con la libre voluntad de la opinión, desde el punto de vista que al menos algunas personas
logran el libre albedrío– mientras que los incompatibilistas lo
consideran imposible. Los deterministas flexibles son compatibilistas que aceptan tanto la tesis del determinismo como la
del libre albedrío, mientras que los deterministas inflexibles
son incompatibilistas, consideran que el determinismo niega la
tesis de la libre voluntad. Por último, los libertarios son incompatibilistas al negar el determinismo y respaldar la tesis de la
libre voluntad [36]. Las posiciones que aquí se vierten respecto
al libre albedrío son claras, si por un lado tratamos de entender los conceptos que se discuten en términos de lo absoluto.
De tal manera que, lo absoluto permite identificar claramente
las dos corrientes filosóficas principales del mundo occidental; por un lado la corriente filosófica de Platón en la que se
considera la no existencia del imperativo de conservación del
hombre, como término medio; porque todo, todo, tiene que
estar convergiendo y ordenándose hacia el absoluto, en plan
de virtudes teologales, como diría la teología cristiana, hacia
una reabsorción en Dios con pérdida de la individualidad y
aún del tipo de la realidad humana. Si esta tendencia llega o
no a realizarse es cosa distinta. Por otra parte, si consideramos
el término medio como la virtud máxima de la sabiduría, el
hombre se convierte en un ser moralmente bueno que tiene
capacidad para decidir. Esta propuesta de Aristóteles considera que todo el orbe de los seres no converge en lo Absoluto
–que cuando más hace falta como primer motor del universo
físico, en cuanto que el universo no es íntegramente un ser

natural, que si lo fuera no hiciera Dios falta alguna–; la ética está trazada en un plan humano, centrada en el bien humano, en el término medio; y, por consiguiente, su estética exigirá que se purifique y purgue lo real de todo exceso y defecto, de pretensiones desorbitadas, de terrores y temblores [30].

La doctrina de la libre voluntad asume que hay elecciones las cuales son independientes de o en cierta forma trascienden las influencias causales antecedentes y presentes [16]. La libertad de voluntad está relacionada con un proceso que no es ni determinista ni aleatorio [24]. Por otro lado, mucha gente cree que es libre, que algunas veces se toma una decisión que es la que se debe de tomar y otras piensa que si se actúa libremente, se es responsable de lo que se hace. Cuando se dice que alguien hizo lo que quería hacer, simplemente puede significar que hizo alguna de las cosas que quería, pero cuando se actúo en el deseo que se quería actuar, entonces se dice que es libre [23]. Uno de los componentes básicos de la libertad de voluntad es que la persona puede sentir la capacidad de actuar; que él o ella se sienten libres para escoger entre una variedad de posibilidades [18].

Sin considerar el absolutismo, Lipton [28] argumenta tres premisas para que se cumpla el libre albedrío:

- Todo lo que pasa en el mundo es determinado o no.
- Si todo es determinado, no existe el libre albedrío, para cada acción se deben fijar eventos anteriores, aun si esos eventos tomaron lugar antes del nacimiento.
- Si, por otro lado, nada es determinado, entonces no existe el libre albedrío tampoco, ya que si algo es indeterminado entonces no se controla, por lo tanto no se ejerce la libre voluntad.

La posición del libre albedrío da margen a otros términos como la autonomía, que es un término muy familiar para los educadores, el personal y estudiantes en rehabilitación [18].

Aunque el término libertad de voluntad al parecer entra en conflictos de ambigüedad cuando se adjetiva, para definir ciertas acciones que se enmarcan en los asuntos de la conciencia, que permite tanto la influencia externa para perder la voluntad o para sostenerla en un acto de autonomía. De tal manera que, es el adjetivo que le precede el que implica que el individuo conserve su libre albedrío o lo pierda, por ejemplo, la libertad política y libertad de religión, que en la interpretación que el individuo haga del adjetivo, está la posibilidad de otorgar la voluntad o conservarla. Caracterizado esto, como la ausencia de ciertas restricciones en una actividad o creencia para los compatibilistas, es imperativo permitir la libertad a los individuos, aun si esta libertad, irónicamente conduce a la pérdida de la voluntad, esencia misma del libre albedrío [17].

La conciencia misma genera confusión por la dualidad planteada en el párrafo anterior, pues a la vez que permite al individuo sostener su autonomía, o someterla a la voluntad externa, sea ésta a imagen y semejanza de lo absoluto y se entra en el terreno de la antítesis de la libertad, la autoridad. Esta última se puede representar en sujetos y sustancias en que la conciencia del individuo las declara como la causa de su proceder. En este sentido el ser en potencia las convierte en acciones, que invariablemente tienen efectos en los que el individuo mismo no está en posición de razonar *a priori* para prever; por lo que se hacen cosas no intencionalmente, y esas cosas no pertenecen al libre albedrío [28], más bien se diluyen en la causa externa, absoluta en términos de imagen y semejanza.

Conclusiones

Investigar sobre determinismo y azar conduce a estudiar y comprender otras teorías relacionadas con estos conceptos, como las que se describen aquí. Cuando se encuentran tantas teorías e hipótesis tratando de explicar los eventos que suceden en este mundo, se toma conciencia de que la mente humana es un sistema complicado formado por células llamadas neuronas que interactúan formando relaciones y señales que dan lugar a un pensamiento complejo, que aún no ha podido ser descifrado.

La teoría del determinismo, ha sido apoyada durante mucho tiempo por científicos y filósofos, tomando como bases las leyes de la física, y poniendo como ejemplo el movimiento de los astros. Esta idea se generalizó para todo lo existente en este mundo, objetos y seres vivientes, todos estaban predestinados, su destino ya estaba fijado.

¿Si en el mismo *Génesis* se habla de la libertad de voluntad, la libertad de elegir el bien o el mal, no se está objetando al determinismo? Surgieron otras hipótesis, unas tratando de contradecir al determinismo, y otras tratando de justificarlo. Pero ¿Cuál es la diferencia para que unas ideas o teorías sobrevivan al tiempo y otras no? ¿Los individuos están determinados a ser lo que son por un poder superior? ¿Tienen la facultad de decidir lo que quieren? ¿Es posible que descifrando el genoma humano se pueda predecir el futuro para cada individuo? ¿Un individuo no es libre de tomar la elección que desea? ¿Su futuro ya fue elegido por sus padres, pareja, maestros, gobernantes o un poder superior?

Hay eventos que efectivamente están determinados, por ejemplo, un programa de computadora si recibe el mismo valor de variables, cada vez que se ejecute dará los mismos resultados, pero existen otros eventos que no se pueden controlar. No se puede predecir con exactitud el estado del tiempo, ni el futuro de los hijos, incluso no podemos saber nuestro futuro.

Dennett [20] habla de los determinismo genético y ambiental, los cuales señalan que no podemos cambiar el lugar donde nacimos, ni a nuestros padres, ni la información genética que traemos con nosotros, pero también menciona que la mayoría se puede canalizar mediante la voluntad, el estudio o la cultura.

Si creyéramos que todo está determinado, no estaríamos dentro del modelo educativo del CEJUS, el cual promueve cambios mediante el aprendizaje por medio de la solución de problemas, mejorándonos individualmente como personas e investigadores, y en conjunto como grupo multidisciplinario, como región, como estado, como país y finalmente como ciudadanos del mundo.

La vida esta llena de dualidades o dicotomías, como ejemplos se tienen: la luz y la oscuridad; el bien y el mal; la juventud y la vejez; el hombre y la mujer; la realidad y la imaginación; lo subjetivo y lo objetivo; en la cultura oriental el Yin y el Yan; ecuaciones para determinar procesos deterministas y estocásticos. Estas dualidades no se excluyen, se complementan y en ocasiones se superponen una a la otra, incluso llegan a existir al mismo tiempo, como en el caso de la ecuación de Langevin que sirve para describir el movimiento de las partículas brownianas y utiliza dos variables una determinística y otra estocástica.

Entonces por qué decir que todo es determinado o que todo es al azar, lo mejor es tener el libre albedrío: la libertad de elegir: la educación que se quiere, los gobernantes que se desean, el trabajo que más guste, la información que se necesita, el conocimiento que se anhela y todo lo que conduzca al individuo a un mejor futuro, sin dañar el mundo que se comparte con todos los seres vivos.

PERSONAJES IMPORTANTES MENCIONADOS

AQUINO, TOMÁS DE (1225-1274), filósofo y teólogo medieval, creó uno de los sistemas filosóficos más completos en la historia del pensamiento occidental.

ARISTÓTELES (384 a.c.-322 a.C.), uno de los más grandes filósofos griegos de la antigüedad, considerado el padre de la ciencia, precursor de la anatomía, biología y creador de la taxonomía.

AUSEBEL, DAVID PAUL (1918-2008), psicólogo y pedagogo estadounidense, postula la teoría del aprendizaje significativo.

BACON, FRANCIS (1561-1626), filósofo inglés, su mayor contribución a la ciencia es la aplicación de la inducción.

BORN, MAX (1882-1970), físico alemán, su mayor contribución es haber participado en la creación de la mecánica cuántica.

BOYLE, ROBERT (1627-1691), físico y químico irlandés que hizo importantes contribuciones a la física y a la química y es más conocido por las Leyes de Boyle donde describe el gas ideal. Conocido como el padre de la química moderna.

COPÉRNICO, NICOLÁS (1474-1543), astrónomo polaco, postuló que es el sol quien ocupa el centro mientras la tierra y los demás planetas giran alrededor suyo, esta teoría es conocida como teoría heliocéntrica.

DENNETT, DANIEL (1942 -), filósofo americano que investiga sobre la filosofía de la mente y la filosofía de la ciencia, particularmente en los campos relacionados con la biología de la evolución y la ciencia cognitiva.

DESCARTES, RENE (1596-1650), filósofo, científico y matemático francés, su contribución al mundo es la geometría analítica.

EINSTEIN, ALBERT (1879-1955), nacido en Alemania y nacionalizado estadounidense, su principal contribución es la Teoría de la relatividad.

EPICURO DE SAMOS (341 a.C.- 270 a.C.), filósofo griego, cuya teoría era que el mundo está regido por el azar (entendido por ausencia de causalidad).

FREUD, SIGISMUND SCHLOMO (1856-1939), médico neurólogo austriaco, principal impulsor del psicoanálisis.

GÖDEL, KURT FRIEDRICH (1906-1978), lógico y matemático austro-húngaro nacido en Brünn (en la actualidad Brünn, República Checa). Hizo grandes contribuciones a la Teoría de conjuntos, y al estudio del problema de la decisión, definió por primera vez las funciones recursivas, probó la consistencia de la lógica y aritmética clásica respecto de la intuicionista.

HALLEY, EDMON (1656-1742), astrónomo inglés, primero en catalogar las estrellas del cielo austral. Observó y calculó la órbita del cometa que actualmente lleva su nombre.

HEISENBERG, WERNER KARL (1901-1976), físico alemán, su contribución es el "principio de indeterminación". Por medio de la teoría cuántica logra explicar todo el mundo microscópico y recibió en 1932 el premio Nóbel de física por la creación de la mecánica cuántica.

HOBBES, TOMAS (1588-1679), notable filósofo político inglés, pretendía ser el iniciador de la Filosofía política como lo fue Galileo de la física. Afirmó que en el "estado de naturaleza" el hombre vive una guerra de todos contra todos. «El hombre es un lobo para el hombre.»

JANET, PIERRE-MARIE-FÉLIX (1859-1947), psicólogo y neurólogo francés, contribuyó en forma importante al estudio moderno de los trastornos obsesivos.

KANT, IMMANUEL (1724-1804), filósofo alemán, considerado uno de los pensadores más influyentes de la Europa moderna.

LAPLACE, PIERRE SIMON (1749-1827), matemático y astrónomo francés, a los 24 años se le llamó el Newton de Francia. Laplace probó la estabilidad del sistema solar. En análisis Laplace introdujo la función potencial y los coeficientes de Laplace.

NOSTRADAMUS, MICHEL DE (1503-1566), místico, doctor, astrólogo y escritor francés, es famoso por sus profecías, las cuales decidió volverlas extremadamente crípticas, con omisiones de palabras clarificadoras que tal vez servían para respetar la métrica de la poesía, con alusiones, con autoreferencia a otras partes de la profecía, con frases enigmáticas, con apócopes, metátesis y breves anagramas.

PIAGET, JEAN WILLIAM FRITZ (1896-1980), psicólogo suizo que desarrollo la teoría sobre la naturaleza del conocimiento.

POINCARÉ, JULES HENRY (1854-1912), gran matemático, físico teórico, y filósofo de la ciencia, descrito como el último universalista capaz de entender y contribuir virtualmente en todas las partes de las matemáticas. Contribuyó a las matemáticas puras ya aplicadas, a la física matemática y a la mecánica celestial, fue la primera persona en descubrir un sistema de caos determinista que sirvió para las bases de la teoría del caos.

POPPER, KARL RAIMUND (1902-1994), filósofo austriaco y británico. Es reconocido como uno de los filósofos de la ciencia más importantes del siglo XX. En su época, Popper revolucionó todos los círculos científicos porque puso en evidencia muchos de los errores que venia cometiendo la ciencia hasta ese entonces, debido precisamente al método de investigación y validación: la inducción.

TURING, ALAN (1912-1954), matemático, lógico y criptógrafo británico, es considerado el padre de la ciencia de la computación. Con la prueba de Turing realizó una contribución característica y provocativa al debate de la Inteligencia artificial. Contribuyó también con el concepto de algoritmo y computación con la Máquina de Turing.

Referencias

[1] Luisi P.L., "Contingency and determinism", Phil Trans R Soc Lond, 2003;361:1141-7.

[2] Hempel C.G., "Aspectos de la explicación científica", In: Hempel CG, ed. La explicación científica 1979 ed. Barcelona: Ediciones Paidos 2005:435.

[3] Miramontes P., "Predecir el clima es una cosa, predecirlo correctamente es otra" Ciencias. 1998;51:4-13.

[4] Simonton D.K., "Introduction: Scientific Creativity", Creativity in Science, Chance, Logic, Genius and Zeitgeist. 1ra ed: Cambridge University Press 2004:1-13.

[5] Crutchfield P., "What Lies Between Order and Chaos?", In: Casti JL, Karlqvist A, eds. Art and complexity. 1st ed. Amsterdam Boston: Elsevier 2003:x, 169 p.

[6] Campbell J.K; O'Rourke M.; Shier D. Freedom and determinism, Cambridge, Mass: MIT Press 2004.

[7] Morales D.A., "Determinismo, indeterminismo y la flecha del tiempo en la ciencia contemporánea", Boletín de la Asociación Matemática Venezolana, 2004, 11(2): 213-232.

[8] Primas H., "Hidden Determinism, Probability, and Time's Arrow", In: Atmanspacher HB, R., ed. Between Chance and Choice, Thorverton: Interdisciplinary Perspectives on Determinism, 2002:89-113.

[9] Weber M., "Determinism, Realism, and Probability in Evolutionary Theory: The Pitfalls, and How to Avoid Them", Philosophy of Science, 2001;68:S213-S24

[10] Millstein R.L., "How Not to Argue for the Indeterminism of Evolution: A Look at Two Recent Attempts to Settle the Issue", In: Hüttemann A, ed. Determinism in Physics and Biology, Paderborn: Mentis 2003:91-107.

[11] Lorentzon F., "Free will, determinism and suicide", International Congress of Cognitive Psychotherapy. Göteborg: Göteborg University: Philosophical Communications 2005.

[12] Bishop R.C., "Deterministic and Indeterministic Descriptions" In: Atmanspacher H.; Bishop R. eds. Between Chance and Choice, England: U.K. 2002:5-31.

[13] Atmanspacher H.; Bishop R.C.; Amann A., "Extrinsic and Intrinsic Irreversibility in Probabilistic Dynamical Laws", In: Khrennikov A., ed. Quantum Probability and White Noise Analysis. Singapore: World Scientific 2002:50-70.

[14] Earman J., "Determinism: What We Have Learned and What We Still Don't Know", In: Campbell J.K.; Rourke M.O.; Shier D., eds. Determinism, Freedom, and Agency, University of Pittsburgh 2004:1-28.

[15] Broer H.W., "The how and what of chaos", Nieuw Arch Wisk 5th series. 2000;1(1):34-43.

[16] Haynes S.D., Rojas D, Viney W., "Free Will, Determinism and Punishment", Psychological Report. 2003(93):1013-21.

[17] Koons J.R., "Is Hard Determinism a Form of Compatibilism?" The Philosophical Forum, 2002;33(1):81-99.

[18] Phemister A.A., "Revisiting the principles of free will and determinism Exploring conception", Journal of Rehabilitation, 2001;67(3):5-12.

[19] Lombardi O., "Determinismo y temporalidad", In: Martins RA, Martins LACP, Ferreira E.D., editors. Filosofia e História Da Ciencia, 2006; Argentina: Universidad de Buenos Aires, CONICET; 2004.

[20] Dennett D.C., "The mythical threat of genetic determinism" Chron High Educ, 2003;49(12):B7-9.

[21] Ariew A., "Are Probabilities Necessary For Evolutionary Explanations?", Biology and Philosophy, 1998;13:245–53.

[22] Russell B., "Alma y cuerpo", In: Russell B, ed. Religión y ciencia. México DF: Breviarios del Fondo de Cultura Económica, 1951:87.

[23] Vaughn L, Schick J.T., "Do we have free will?", Free Inquiry, 1998;18(2):43-7.

[24] Domingo C., "Dios no juega a los dados, Reflexiones sobre el azar", In: Instituto de Estadística Aplicada y Computación, CeSiMo, ed.: SABER ULA 2005:1-19, http://webdelprofesorulave/economia/carlosd/AZARpdf, fecha de consulta, mayo 28 de 2006.

[25] Jenkins R., "Pierre Bourdieu and the Reproduction of Determinism", Sociology, 1982;16(2):270-81.

[26] Buzsaki G., "The structure of consciousness", Nature. 2007 Mar 15;446(7133):267.

[27] Smith K., "Looking for hidden signs of consciousness", Nature. 2007 Mar 22;446(7134):355.

[28] Lipton P., "Genetic and Generic Determinism: A New Threat to Free Will?", The New Brain Sciences: Perils and Prospects, 2004:88-100.

[29] Larroyo F., Libro primero (A). In: Larroyo F, ed. Aristóteles: Metafísica. 1ra en la colección "Sepan Cuantos...", 1969 ed. México: Editorial Porrua, S.A. 1992:7-9.

[30] García B.J.D., "El predominio de la acción, y el consiguiente de la tragedia. Sus raíces en la filosofía de Aristóteles", In: García B.J.D., ed. La Poética: Aristóteles. 3ra ed. México: Editores Mexicanos Unidos, S.A. 1996:73-80.

[31] Vicente A., "El principio del cierre causal del mundo fíisico", Crítica, Revista Hispanoamericana de Filosofía, 2001;33(99):3-17.

[32] Mayr E., "Enfrentándose a los creacionistas: la primera revolución darwiniana", In: Mayr E, ed. Una larga controversia: Darwin y el darwinismo. 1a. ed. Barcelona: Crítica, Grijalbo Comercial, SA de CV, 1992:25-38.

[33] Freire P., La educación como práctica de libertad, México: Siglo Veintiuno Editores SA de CV, 1969:7-24.

[34] Piaget J., La construcción de lo real en el niño, 1a ed. Barcelona: Editorial Grijalbo SA de CV, 1995.

[35] Ausubel D.P.; Novak J.D.; Hanesian H., Psicología educativa: un punto de vista cognoscitivo, 2a ed. México, D.F. : Trillas. 1990.

[36] van Inwagen P., "The Incompatibility of Free Will and Determinism", Philosophical Studies, 1975: 27(185–199).

Azar, determinismo e indeterminismo: pábulos del conocimiento científico

Alejandro Moreno Reséndez[2] *[...]*
las dificultades para resolver un
problema no provienen de la
tecnología o los medios utilizados,
sino de las presunciones filosóficas que
se hacen sobre el problema.

Resumen

Se establecen los conceptos de azar, determinismo e indeterminismo y se describe, de manera general, la relevancia que estos enfoques han tenido para el desarrollo del conocimiento. Pues el conocimiento, independientemente de las doctrinas deterministas e indeterministas, o del azar, cuando se usa adecuadamente conlleva beneficios significativos para la calidad de vida del hombre

Antecedentes

Para cualquier fenómeno desde la densidad del tráfico que se pueda encontrar en una autopista, hasta la posición de un

---

[2]   Doctor en Ciencias Agropecuarias. Profesor–investigador del Departamento de Suelos de la Universidad Autónoma Agraria Antonio Narro–Unidad Laguna, Correo electrónico: alejamorsa@yahoo.com.mx, alejamorsa@gmail.com y alejamorsa@hotmail.com

planeta del sistema solar en el próximo mes–, el hombre se empeña en buscar una "explicación razonable". Y por razonable se entiende lógica, coherente, determinista. Así pues, para generar las explicaciones razonables, a través del tiempo, el hombre se ha esforzado en buscar algún tipo de ley detrás de cada fenómeno observado. Una ley que tendrá que cumplirse siempre, unas fórmulas que serán "obedecidas" para su tranquilidad. Un modelo al que pueda sujetarse para tomar decisiones fundadas.

En este sentido, los fundamentos del pensamiento científico desarrollados por la humanidad suponen que el universo funciona con base en principios que son entendibles para el intelecto del hombre, y que éste puede descubrir y utilizar, si sigue y/o se establece un procedimiento preciso. En consecuencia, si el hombre sigue este procedimiento, en forma responsable y consciente, su entendimiento aumentará y también se incrementará su capacidad de hacer cosas fantásticas.

Sin embargo, la ciencia ha revelado que existen dominios fuera del alcance del antropocéntrico determinismo que se le exige al universo. Hoy conviven con el hombre al menos tres mundos no deterministas:

- El de la física del caos –en palabras de Fernández– Rañada [8] el signo del caos es el efecto mariposa, es decir, el crecimiento inevitable, violento y errático de las imprecisiones (técnicamente, de los errores) del conocimiento que se tiene de un sistema, lo que hace que cualquier proceso matemático va perdiendo precisión hasta resultar inválido–.
- El de los fenómenos cuánticos –cuyas leyes son probabilísticas– y
- El de los mercados financieros –mundo en el cual el hombre está inmerso día a día–.

Si algo tiene en común estos tres universos es que, además de su complejidad, el determinismo clásico parece haber desaparecido de ellos. Dejando al hombre desarmado frente a sucesos que no puede predecir. Al menos, en el sentido clásico que lo tranquiliza.

En atención a estos comentarios, en el presente documento se pretende aportar elementos que permitan dilucidar la interrelación existente, o no, entre determinismo e indeterminismo, azar y desarrollo del conocimiento, por ser éste un elemento esencial en la búsqueda del dominio de la naturaleza por el hombre. De manera preliminar se establecen los conceptos de los términos azar, determinismo e indeterminismo, y posteriormente se describe, en términos generales, la trascendencia de éstos en el desarrollo del conocimiento científico.

Azar

En el *Diccionario de la Lengua Española*[3] *se define el término Azar (Del ár. hisp. *azzahr*, y éste del ár. *zahr*, dado, literalmente 'flores'), como casualidad, caso fortuito. En este sentido, Espinoza [7] establece que el azar pone límites a lo que se puede prever; refleja la incapacidad de describir las cosas de tal manera que su evolución sea predictible. Por otro lado, el término azar, se usa cuando hay una ignorancia casi completa acerca de las condiciones determinantes de un suceso, o bien cuando se sabe que estas condiciones pertenecen a alguna clase de tipos alternativos de condiciones, pero se desconoce cuál [13].

Serradó *et al.* [18] señalan que el "azar" surge como reflejo de la voluntad de la Divina Providencia, como un hecho inexplicable para el ser humano, idea que se mantiene hasta la actualidad. De hecho, desde el Discurso del orden, caracterís-

---

[3]   *Diccionario de La Lengua Española*, Vigésima segunda edición, disponible en: http://buscon.rae.es/draeI/, fecha de consulta: 22 de julio de 2006.

tico de las primeras civilizaciones, el azar es entendido como causa desconocida, es el que ocasiona sucesos inesperados o "extraños", y el que se asocia con el desorden inicial (caos) que a veces surge a través de fuerzas incontroladas de origen mágico o divino.

Según Delmastro *et al.* [4] a diferencia del determinismo, el azar —como hecho no explicado— es confinado a la oscuridad de lo infinito y el énfasis recae en la causalidad, ya que todo suceso obedece a una causa.

Determinismo

El *Diccionario de la Lengua Española*² hace referencia al determinismo, como la teoría que supone que la evolución de los fenómenos naturales está completamente determinada por las condiciones iniciales. Por su parte, el *Diccionario de Términos Religiosos*⁴ *lo describe como una doctrina filosófica que preconiza la tesis de que entre todos los acontecimientos hay una relación ineludible de causa a efecto, especialmente en cuanto a herencia y ambiente como condicionantes de las posibilidades del ser humano, el que de ninguna manera puede sustraerse a esta relación preestablecida. Además, como doctrina establece que, una vez dada una causa, el acontecimiento ha de seguirse sin lugar al azar o a la contingencia. El determinismo, por lo tanto, niega la existencia de la libertad⁵ y como doctrina filosófica se opone a la doctrina del libre albedrío.*

En el mismo sentido, Palacios [15] y Teira–Serrano [17] coinciden en señalar que el determinismo es el principio que establece que todo acontecimiento o fenómeno tiene una causa,

---

4   Diccionario de Términos Religiosos, compilado por Henzo Lafuente. ©2002-2005. Literatura y contenidos seleccionados, disponible en: http://www.apocatastasis.com/diccionario-terminos-religiosos-religion-dictionary.php fecha de recuperación: 1 de marzo de 2006.

5   Wikipedia La Enciclopedia Libre. Wikipedia® Wikimedia Foundation, Inc., disponible en: http://es.wikipedia.org/wiki/Determinismo, fecha de recuperación: 1 de marzo de 2006.

o bien un conjunto bien definido de antecedentes causales que, como tales, son suficientes e individualmente necesarios para que se produzca dicho acontecimiento; de manera que conociendo la causa se conoce igualmente el efecto. A manera de complemento por determinismo, según Abbagnano [1] se entiende dos cosas: *a)* la acción condicionante o necesaria de una causa o de un grupo de causas: para indicar relaciones de naturaleza causal o condicional; *b)* la doctrina que reconoce la universalidad del principio causal y que, por lo tanto, admite también la determinación necesaria de las acciones humanas.

INDETERMINISMO

El *Diccionario de la Lengua Española* señala que el término indeterminismo está relacionado con la independencia de los seres humanos frente a todo determinismo. Por su parte el *Diccionario de la Lengua Española Vox⁶, lo define como la doctrina que considera el acto volitivo como absolutamente espontáneo, es decir, sin que esté determinado de una manera necesaria e ineluctable. El acto volitivo es, pues, según el indeterminismo, un acto no causalmente condicionado, libre.*

Por otra parte, Delmastro et al. [4] señalan que, el indeterminismo es una actitud científica que asume la postura de que algunos sucesos del mundo no son predecibles y que la predictibilidad de un suceso nada implica con respecto a otras teorías.

INTERRELACIÓN DETERMINISMO-INDETERMINISMO, AZAR-CONOCIMIENTO

El determinismo considera que todo suceso del mundo es predecible y que un estado del mundo es consecuencia necesaria de cualquier otro estado del mundo. El objeto de la ciencia, desde

---

6   Diccionario de la Lengua Española Vox. Microsoft Bookshelf en Español. Copyright ©. 1987 – 1997 Microsoft Corp.

la perspectiva determinista, es la construcción de definiciones y teorías capaces de predecir los sucesos, procesos y/o fenómenos que se presentan en la naturaleza y que de algún modo afectan o inciden en las actividades que realiza el hombre [4].

En el determinismo se privilegian las predicciones basadas sobre predefiniciones, observaciones, experimentaciones, así como el conocimiento empírico, lineal, finito, controlable y cuantificable. Esta tendencia se basa en el empirismo y la verificación con el correspondiente énfasis en los sucesos observados y observables, las generalizaciones y las teorías conductistas del aprendizaje. Desde esta perspectiva se enfoca el aprendizaje como resultado de procesos de condicionamiento basados en repetición de patrones de estímulo-respuesta-refuerzo [4].

Por su parte, Lujan [11] señala que "[...] el indeterminismo conlleva una pesadilla tan espantosa como la del determinismo [...]" porque ambos dejan al ser humano en una situación de total indolencia. La posición de volición (acto de voluntad) expresa el deseo, más que la certeza, de que la vida sea efectivamente una creación del hombre; esto es, que los hombres sean los verdaderos artífices y que todas las pasiones y deseos sean sentimientos libres y auténticos. Sería de mayor satisfacción vivir en un mundo donde además de leyes físicas y aleatoriedad exista también lo más importante: una voluntad humana autónoma con capacidad para modificar el curso de los acontecimientos y no una conciencia meramente accesoria. O en otras palabras, donde los hombres no sean ni esclavos de las leyes de la naturaleza, ni víctimas de la aleatoriedad. Es decir, lo que todo individuo con razonamiento desea es que el futuro esté determinado, aunque sea en alguna medida, por ellos mismos.

El razonamiento, el cual sería adecuado que todo hombre lo desarrollara, sirve de pábulo para algunas funciones juntar y separar, analizar y medir, observar y comprender– del pensamiento científico.

Desde el punto de vista del indeterminismo, la ciencia y el conocimiento se apoyan en "actitudes" científicas, más que sobre afirmaciones científicas. Se aceptan otras formas de conocimiento (intuición o conocimiento interno, revelado), así como la casualidad, el azar y la complejidad como aspectos importantes en el estudio de los sistemas y sucesos. El "conocimiento" no es necesariamente empírico y observable y los sucesos pueden ser interpretados o imaginados tomando en cuenta procesos internos como *insight* e intuiciones. Esta perspectiva genera implicaciones en la educación relacionadas con la teoría de sistemas y enfoques holísticos/integradores del conocimiento. El objeto de la ciencia y el conocimiento es el de representar interpretaciones apropiadas de complejidades ininteligibles [4].

Desde hace siglos quedó planteada, en los ambientes científicos y filosóficos, la discusión sobre las características del azar; así como su contraposición con el determinismo o, en algunos contextos, la oposición entre determinismo y libre albedrío. De hecho, es conocido que, de Newton en adelante, durante mucho tiempo, la ciencia quedó asociada con el determinismo, y que, con la llegada de la mecánica cuántica en virtud del principio de incertidumbre, se produjo una restauración del azar [10].

Como dualidad el azar y el determinismo, corresponde con la predeterminación o necesidad y las probabilidades o el azar. En el polo de la necesidad todo está determinado, de manera que no puede haber allí nada nuevo. En el polo del azar reina lo impredecible, lo fortuito, aparecen formas nuevas. Prescindiendo del pensamiento mágico, todas las concepciones del mundo se basan en combinaciones de tres elementos: azar, necesidad y acción divina. Como la ciencia no considera a esta última, sus ideas sobre las leyes básicas de la naturaleza se construyen con diversas proporciones de las dos primeras [8].

Todo lo que ocurre en este mundo se debe al azar y la necesidad

Demócrito

Ya en la época grecorromana, imperaba el discurso del azar/ necesidad, según el cual el azar, que sigue siendo algo desconocido, es explicado como un simple reflejo del cruce inesperado de un conjunto de hechos que son producto de series causales independientes [18]. Con respecto al azar, en su libro *"A tort et à raison"*, Henri Atlan se preguntaba si existe el azar en la naturaleza o si éste es únicamente el resultado de nuestra ignorancia de las causas, ignorancia que las ciencias tienen como objeto reducir: ¿el azar es esencial o es un azar por ignorancia? [6]

Adicionalmente, Fernández-Rañada [8] establece que, en el polo de la necesidad todo está determinado a partir de leyes inexorables, de manera que no puede haber allí nada nuevo: todo lo que ocurre hoy estaba ya contenido en el estado que tenía ayer el mundo, es su consecuencia inevitable. Por contra, en el polo del azar reina lo impredecible, lo fortuito, la aparición de formas nuevas, que no estaban contenidas en las de ayer. Está claro que el mundo se mueve entre esos dos polos; saber cuánto hay en él de azar y cuánto de necesidad ha sido una de las preocupaciones más importantes de la ciencia a través del tiempo.

DESARROLLO DEL CONOCIMIENTO

Como lo establece Ossorio [14], desde que el hombre empezó a tratar de explicar lo que sucede a su alrededor, ha existido una pregunta, que aún mantiene sus efectos en las concepciones acerca de la ciencia y la sociedad de la que participan filósofos y científicos: ¿Es posible conocer las leyes que rigen el desenvolvimiento del mundo?, y si así es, ¿es posible prever en todas sus manifestaciones el futuro? De este enfrentamiento de perspectivas destacan las posiciones sostenidas por Einstein y Heissemberg quienes afirmaban, el primero que existe una ley universal que rige los destinos del mundo, a pesar de no contarse con el modelo teórico que lo demuestre y, en oposición a lo anterior, el segundo sostenía que la realidad es compleja y por lo tanto no es posible reducirla a un orden determinístico.

A partir de la segunda mitad del siglo XVIII, la disputa entre determinismo e indeterminismo ha sido la disputa entre filósofos de la ciencia y filósofos de la conciencia; tal parece que la ciencia no pudiera dejar de reconocer la validez universal del principio de causa y que, por otro lado, la conciencia testimoniara de modo incontestable la libertad del hombre [1]. Como ejemplo se puede establecer que, Darwin señaló que no sólo los procesos físicos, sino también los procesos de la vida están totalmente determinados por causas naturales [16].

La progresiva separación de las explicaciones religiosas y científicas de los fenómenos hace concluir la aparición de un nuevo discurso del azar, el discurso de la ignorancia. El "azar" era producto de la ignorancia humana a la hora de analizar científicamente ciertos acontecimientos de la naturaleza a través de leyes causales y deterministas. Según esta concepción no hay "azar" realmente, no existe el azar en sí mismo, es nuestra ignorancia lo que nos hace recurrir a él [18].

A través del tiempo, y debido al interés de la humanidad, la ciencia se ha construido ganándole terreno al azar. El primer triunfo de la ciencia sobre el azar culminó en el siglo XIX con el mecanicismo. La acumulación de una serie de evidencias cuestionó la visión determinista del mundo. Aquel determinismo le reservaba muy poco lugar al azar en la causalidad. Su aspecto positivo era la capacidad de predicción y el negativo, el fatalismo [9].

Como complemento a lo anterior, Jaques Attali señala que desde tiempos de Platón, la ciencia expulsó de sus problemas el azar, lo oscuro, lo complejo, lo curvo para buscar lo simple, lo recto, lo predecible; se preocupó por interrogar sobre las causas y describió la materia como una realidad transparente, ordenada y cristalina. Esta nueva razón se impuso en primer lugar en la geometría y más tarde en la mecánica y proporcionó modelos a Kepler y a Newton. El cuerpo humano mismo fue representado como una máquina simple, construida por un conjunto de ruedas, de engranajes, líneas rectas y círculos cerrados. La astronomía y la hidráulica fueron recuperadas por la mecánica. En el siglo XIX para coronar el triunfo de la línea recta, la termodinámica reemplazó lo reversible de la mecánica por lo irreversible de la degradación de la energía y del orden. Al inventar la idea de entropía o medida de un incesante desorden creciente, la termodinámica impide definitivamente todo regreso hacia atrás, al negar todo *impasse* y toda bifurcación [6].

El hombre, a través de los años, ha ido hilando respuestas en el devenir de su existencia, ha estado construyendo y de construyendo futuros imaginarios en búsqueda de un mundo ajustado a sus proyectos ideológico culturales [2]. Cabe destacar, como lo establece Espar [6] que el proceso de reflexión realizado por el hombre, desde la antigüedad, ha dado origen al conocimiento, el cual ha estado "[...] condicionado por los límites de un discurso mítico o racional que se opone al dominio que pretende ejercer sobre lo que lo rodea".

La trágica situación del científico proviene del hecho de que el descubrimiento de leyes causales es el principio fundamental del conocimiento científico. El perfeccionamiento de las relaciones de causalidad es el *modus operandi* de la ciencia. Ahí donde no pueden establecerse regularidades la ciencia no consigue penetrar y el científico tiene poco o nada que opinar. Por esta razón es que la mente del científico ha sido determinista por antonomasia. El determinista afirma que la ignorancia sobre determinados aspectos de la realidad no es sino transitoria y será eventualmente superada a medida que aumente el conocimiento científico [11].

En este mismo sentido es necesario reconocer que, como lo establecen Andrade y Méndez [2], la noción de un determinismo estricto debe ser trastocada a favor de una visión del mundo más en consonancia con la experiencia que poseen los investigadores de él, incorporando un futuro abierto en el cual la evolución y la innovación genuinas puedan producir las hermosas estructuras que aprecian a su alrededor en la naturaleza. Este nuevo punto de vista representa una síntesis auténtica de los conceptos esenciales, aunque opuestos, de azar (probabilidad) y necesidad (determinismo).

La generación de conocimientos es en esencia un proceso complejo, en el que tienen cabida las fluctuaciones generadas por el azar, las bifurcaciones, los cambios y transformaciones, puesto que interactúan múltiples factores y variables, tanto de tipo individual como una diversidad de condiciones sociales, culturales y educativas. Las variables sociales, culturales y educativas son exógenas al individuo y sin embargo determinan y marcan sus expectativas, experiencias previas, visión del proceso de aprendizaje, actitudes y motivación [4].

El desarrollo de la ciencia en los últimos decenios ofrece una respuesta obvia, por ejemplo, el estudio de los sistemas dinámicos enseña que una gran cantidad de procesos son extremadamente "sensibles" a las condiciones iniciales, de manera que una modificación nimia en las mismas conduce de suyo a que los resultados sean imprevisibles, aun en el supuesto de que estén objetivamente determinados [3].

Las leyes naturales hoy aceptadas combinan en varios grados el azar y la necesidad, las probabilidades y el determinismo. En especial los llamados movimientos caóticos son impredecibles, a pesar de que siguen una ley formalmente determinista. La explicación de esta aparente contradicción es que no existe para ellos ningún procedimiento matemático finito (es decir, realizable con un conjunto finito de operaciones matemáticas elementales) que permita resolver las ecuaciones del movimiento para todo el tiempo futuro. Ni podría haberlo, pues sería necesario poder manejar cantidades infinitas de información (las infinitas cifras decimales de los datos iniciales, cosa imposible para seres finitos) [8].

Respecto a lo anterior y con base en lo establecido por Albert Einstein (1879-1955), en su libro *Mi visión del mundo* "[...] según nuestra experiencia estamos autorizados a pensar que la Naturaleza es la realización de lo matemáticamente más simple" y que "[...] a través de una construcción matemática pura es posible hallar los conceptos y las relaciones que iluminen una comprensión de la Naturaleza", Morales [12] ha señalado que el lenguaje matemático es el instrumento más poderoso de que dispone el hombre para entender el universo en el que vive.

Sin embargo, a través del tiempo se ha podido confirmar que la evolución del conocimiento científico ha provocado significativas modificaciones a los modelos matemáticos deterministas. Éstos pasaron del tipo ideal de Laplace, en el que el conocimiento del sistema en un instante permitiría conocer todo el futuro y todo el pasado, al tipo irreversible, que permitiría conocer el futuro pero no el pasado y finalmente, a aquellos que nos proporcionan conocimiento de un futuro suficientemente lejano, como son los modelos dinámicos inestables no lineales. Con el avance del conocimiento en las ciencias exactas y naturales, sin perder su carácter determinista, los modelos matemáticos reflejan cada vez más nuestra ignorancia, primero del pasado y luego del futuro [10].

El hombre ha desarrollado la cultura, la ciencia y la tecnología para amortiguar las fluctuaciones del azar en su entorno [4]. La ciencia ha sido muy efectiva en su afán de entender el universo y la posición del hombre en éste. Lo increíble es que él pueda lograr esto sin moverse prácticamente del planeta donde habita. El principal instrumento para lograr esta proeza es la mente humana. El entender cómo la mente es capaz de establecer ese vínculo entre el comportamiento del mundo exterior y los conceptos que la humanidad posee es uno de los grandes retos futuros de la ciencia [12].

Considerar a la ciencia sólo como un cuerpo de conocimientos, que no está sujeta a prueba constantemente y por consecuencia no se renueva, la transforma en un fósil y se cristaliza si no se acepta su dinamismo; nuevos desafíos, nuevas concepciones, nuevos métodos, nuevas dimensiones, alentando, limitando o bloqueando el progreso científico como consecuencia de ello. Como complemento, se puede establecer que, la ciencia no es solamente saber: la ciencia es un saber que trabaja por su supervivencia, que se corrige y se va sumando a sí misma [5].

El desarrollo científico no es un proceso acumulativo, en palabras de Thomas S. Kuhn "[…] es un proceso revolucionario […]" y en consecuencia las nuevas concepciones científicas no podrán caracterizarse, centralmente, como surgiendo de la corrección de errores detectados en un sector; tampoco podrían concebirse como un simple agregado al conocimiento existente [5].

Con respecto al desarrollo del conocimiento, Delmastro *et al.* [4] retoman el enfoque de Wagensberg acerca de las actitudes asumidas por los individuos ante la investigación científica, clasificándolos como científico "creador" y "aplicador". El primero es el que crea conocimientos y se aboca a proyectos orientados a la búsqueda de cualquier teoría explicativa para un conjunto finito de sucesos. Su objetivo es formular nuevas teorías dirigidas al progreso del conocimiento, y trabaja sobre la base del indeterminismo como verdad científica. Por su parte, segundo es un científico experimental que aplica teorías y se aboca a la descripción de cualquier suceso finito sobre la base de las teorías existentes. Su objetivo es aplicar la ciencia conocida a todos los sucesos para lograr una descripción del mundo, lo que requiere de una actitud determinista. Por su trascendencia, las diferencias entre ambos científicos se presentan en el cuadro 1.

Cuadro 1. Las diferencias entre el científico creador y el científico aplicador

Científico Aplicador	Científico Creador
Científico experimental: aplica teorías	Científico teórico: crea conocimientos
Se aboca a proyectos de investigación semiuniversales dedicados a la descripción de cualquier suceso finito sobre la base de las teorías existentes	Se aboca a proyectos orientados al progreso del conocimiento
Se basa en un número finito de teorías finitas supuestamente verdaderas	Se dedica a proyectos semiuniversales abocados a la búsqueda de cualquier teoría explicatoria para un conjunto finito de sucesos
El objetivo es aplicar la ciencia conocida a todos los sucesos → descripción del mundo	Dispone de un número finito de sucesos para el que prueba un número infinito de teorías
Sigue cierto orden de prioridad aparente. Estudia, uno tras otro, todos los elementos del suceso (orden determinado)	El objetivo es formular nuevas teorías → progreso del conocimiento
Trabaja sobre la base de un criterio determinista	Considera sucesos no predecibles por las teorías existentes
El indeterminismo es sólo una alarma que lo detiene momentáneamente mientras surgen nuevas teorías o se modifican las existentes	Trabaja sobre la base del indeterminismo como verdad científica
	El determinismo es una señal del fin de una etapa que lo induce a buscar sucesos no predecibles por las teorías existentes
Objeto: Descripción del mundo Aplicar la ciencia requiere una actitud determinista	**Objeto: Progreso del conocimiento** Crear teorías y conocimientos requiere una actitud indeterminista

Fuente: Delmastro *et al.* [4].

El hombre, de manera permanente debe tener en mente que, la ciencia es meramente un método para dominar y emplear la naturaleza [16]. Sin embargo, también es importante que reconozca que, el mundo de la ciencia y de la investigación científica es muy complejo y que, a lo menos, debe "saber" que hay mucho que "no sabe" sobre concepciones, teorías, tendencias estocásticas y propuestas que estarían consciente o inconscientemente orientando su quehacer, que tal vez estaría trasgrediendo dimensiones básicas de manera inaceptable en un sector; o por último, diseñando un proyecto con elementos considerados teóricamente antagónicos [5].

Conclusión

El conocimiento científico es razonablemente objetivo, cuando se acumula en cantidades suficientes permite construir cosas maravillosas, y cuando se usa adecuadamente conlleva beneficios significativos para la calidad de vida del hombre, ya que el objeto de la ciencia, como se señaló anteriormente, es el de representar interpretaciones apropiadas de complejidades ininteligibles, en un momento determinado. Así pues, en la medida en que el género humano profundice en el desarrollo del conocimiento científico, independientemente de los enfoques deterministas o indeterministas, además de incrementar su saber –reducir su ignorancia– tendrá mayores posibilidades de explicar razonablemente lo que sucede en el mundo que lo rodea. Pues, la ignorancia sobre determinados aspectos de la naturaleza que nos rodea, como se ha resaltado a través del tiempo, sólo es transitoria y ésta será superada conforme se desarrolle e incremente el conocimiento científico.

Referencias

[1] Abbagnano N., *Diccionario de Filosofía*, Fondo de Cultura Económica, XIII reimpresión, México, 1996:123-124 y 312-314.

[2] Andrade R.; Méndez R., "Tiempo y devenir. Imaginario de futuros imposibles", Revista *Frónesis*, 2005;12(1):38-62

[3] Arana J., *Karl Popper y la cuestión del determinismo*, Universidad de Sevilla, Pamplona, 2003, 10, disponible en: http://www.unav.es/gep/Popdet.html, fecha de consulta: 1 de marzo de 2006.

[4] Delmastro A.L.; Vílchez, M.; Villalobos, G.F. "Wagensberg, el azar y la complejidad: implicaciones y aplicaciones en el ámbito educativo", Revista Ágora, Trujillo, 2004;2:103-122.

[5] Escudero-Burrows E., "Investigación cualitativa e investigación cuantitativa: un punto de vista", *Revista enfoque educacionales*, 2004;6(1):11-18.

[6] Espar T., "Laberintos de sabiduría: entre la razón y el mito", *Dikaiosyne*, Revista de filosofía práctica, Universidad de los Andes, Mérida-Venezuela, 2003;(11):23-37.

[7] Espinoza M., *El triste destino del azar: tres contribuciones a la teoría de los sistemas dinámicos*, Revista Límite, 2003;10:1-23.

[8] Fernández-Rañada A., "Cátedra de ciencia, tecnología y religión: Mecánica clásica: determinación, indeterminación, continuidad, discontinuidad", Universidad Complutense de Madrid, 2004, 17 p., disponible en: http://www.upcomillas.es/webcorporativo/Centros/catedras/ctr/Documentos/PrimSesBasDocMarcoRa%C3%B1ada.pdf, fecha de consulta: 16 de marzo de 2006.

[9] Hornstein L., "Para pensar la creatividad en psicoanálisis", Revista *Zona Erógena*, 1994;17:1-8.

[10] Jacovkis P.M., "Computación, azar y determinismo", *Ciencia hoy*, Revista de divulgación científica y tecnológica de la Asociación Ciencia Hoy, 2003;5(28):1-8.

[11] Luján C., "Ni esclavos ni víctimas: determinismo, indeterminismo y volicionismo, Revista *Laissez-Faire*, 2004;11:1-6, disponible en: http://fce.ufm.edu/Publicaciones/LaissezFaire/

11/LF%2011%20_Luj%C3%A1n_.pdf, fecha de recuperación: 28 de febrero de 2006.

[12] Morales D.A., "Determinismo, indeterminismo y la flecha del tiempo en la ciencia contemporánea", *Boletín de la Asociación Matemática Venezolana*, 2004;11(2):213-232.

[13] Nagel E., "Causalidad e indeterminismo en la Física teórica", en: *La estructura de la ciencia*, 2001;1-9, disponible en: http://personales.ya.com/casanchi/fis/indefis1.pdf, fecha de consulta: 14 de marzo de 2006.

[14] Ossorio A., "Planeamiento Estratégico", Dirección de Planeamiento y Reingeniería Organizacional, Oficina Nacional de Innovación de Gestión e Instituto Nacional de la Administración Pública-Subsecretaría de la Gestión Pública, Argentina, 2003;151p, disponible en: http://www.sfp.gov.ar/inap/publicaciones/publ_activ_elect/publ_estudios/planeamientoestrategico.pdf, fecha de consulta: 14 de marzo de 2006.

[15] Palacios C.J., "Una nueva concepción de determinismo", *Ciencia al día*, 1998;1(2):1-13, disponible en: http://sunsite.dcc.uchile.cl/nuevo/ciencia/CienciaAlDia/volumen1/numero2/articulos/cad-2-1.pdf, fecha de consulta: 22 de febrero de 2006.

[16] Pearcey N., "La fe y la nueva física: determinismo, indeterminismo y reduccionismo", *Génesis*, 2005;1(2): 8-17.

[17] Teira-Serrano D., "Azar, economía y política en Milton Freidman", Departamento de Lógica y Filosofía de la Ciencia, Facultad de Filosofía-UNED, tesis de Doctorado, 2003;442p., disponible en: http://descargas.cervantesvirtual.com/servlet/SirveObras/01394908622682734867802/013571.pdf, fecha de consulta: 1 de marzo de 2006.

[18] Serradó A.; Cardeñoso, J.M.; Azcárate, P., "Obstacles in the learning of probabilistic knowledge: influence from the textbooks", *Statistics Education Research Journal*, 2005;4(2):59-81.

Determinismo y azar, sus implicaciones en ciencia

Ramiro Álvarez Valenzuela[7]

Predecir el clima es una cosa,
predecirlo correctamente es otra.

Pedro Miramontes

Introducción

La evolución ha dotado al ser humano de una gran capacidad y tendencia a buscar explicaciones a los fenómenos que ocurren a su alrededor, esto lo hace muy propenso tanto a la curiosidad que mueve toda actividad científica, como a las supersticiones más absurdas, por citar sólo las consecuencias extremas de esa necesidad de entender que todos tenemos.

Es difícil imaginar el momento en que surge el universo, por tanto nacen interrogantes más que respuestas: ¿qué había antes de su origen? ¿Cómo se origino? ¿Qué factores desencadenaron su origen? ¿Había leyes naturales o surgieron después

---

[7]   Doctorado en Ciencias Aplicadas al Aprovechamiento de los Recursos Naturales, Centro de Estudios Justo Sierra, (CEJUS), Surutato, Badiraguato, Sinaloa, México, Miembro del Centro de Innovación y Desarrollo Educativo, e-mail. ramal58@uas.uasnet.mx, ramal58@webmail.cejus.org

del inicio del universo?, después del origen del cosmos, surge la especie humana, y en su necesidad de conocer los fenómenos que presenciaba, y aun siendo parte de ellos, comenzaría a interrogarse acerca de su origen y especular las posibles respuestas. Con el paso de los siglos, y con la evolución cultural, la humanidad se da cuenta que las preguntas sobrepasan las explicaciones que encontrarían. Por lo que surgen otras interrogantes: ¿quién elaboró las leyes que rigen el universo?, ¿el hombre forma parte de ellas?, si esto es así, ¿todas sus acciones están determinadas o hay un margen para el azar y libre albedrío? El científico no guardaría silencio al respecto y elaboraría un razonamiento más ambicioso, esto es, tiende el puente de la medición y la probabilidad como un camino obligatorio para conocer todos los espacios de la naturaleza. Este ensayo es un intento por explicar el surgimiento de tales ideas y responder a la pregunta: ¿El universo está sujeto a leyes?, ¿es susceptible de cálculos entre un determinismo y el azar, ubicado en las fronteras de la probabilidad? [1].

Por sí solo el determinismo ha sido uno de los motores que han movido al mundo. Recientemente los filósofos de la biología se mantienen ocupados en un debate interesante acerca del estado del proceso evolutivo: ¿es la evolución un proceso determinista o indeterminista? Para caracterizar este debate, se asume que el determinismo es una visión que dado el momento completo del mundo en un punto en el tiempo, el estado del mundo en cada punto en el futuro es excepcionalmente determinado, el indeterminismo, por otro lado, explica que el estado del mundo en cada evento posterior o futuro no es excepcionalmente determinado [2].

Según los deterministas, el universo se originó con una fluctuación aleatoria en el vacío primordial, una gran explosión (Big Bang). Todo lo que ahora es, existe gracias a una progresión causa-efecto evolutiva de materia y energía en explosión. Aquí surgen algunas preguntas, ¿qué pasó después del

Big Bang?, ¿en qué momento de la evolución surge la vida en la tierra?, desde entonces hasta nuestros días han pasado millones de años sin que haya una respuesta definitiva. La lógica del determinista asume que la vida es inevitable, que es una consecuencia espontánea en cualquier universo donde las condiciones favorables han comenzado, los procesos naturales que culminan con la manifestación de lo que se considera vida [1].

El origen determinista de la vida en la tierra

Desde su perspectiva ontológica, se ha explicado el origen de la vida en la tierra considerando teorías científicas como la teoría de Oparín-Haldane, desde el punto de vista evolutivo, aceptamos el escenario acerca del origen de la vida en la tierra, de acuerdo a esta idea, la vida en la tierra se formó a partir de la materia inerte a través de una serie de pasos espontáneos para incrementar su complejidad molecular, hasta llegar a producir la primer protocélula con capacidad auto reproductora [3]. Visto de esta manera, cualquier acto trascendente o intervención milagrosa, se elimina por definición. Sin embargo aquí surge una pregunta, ¿Qué eventos sucedieron para que se realizaran esa serie de pasos que condujeron a la formación de la primer protocélula? ¿Existe una respuesta en términos deterministas, de acuerdo a la cual, las leyes de la física y la química determinaron la serie de hechos de manera secuencial y casual? Al respecto, Christian de Duve escribió "[...] dadas las condiciones iniciales adecuadas, la emergencia de la vida en la tierra, es altamente probable y gobernadas por las leyes de la química y la física [...]", sin embargo, no tenemos razón para creer que la biogénesis no fue una serie de eventos bioquímicos sujetos a todas las leyes que gobiernan los átomos y sus interacciones, solamente si asumimos que la vida en la tierra empezó por un proceso determinista, seremos capaces de admitir el entendimiento del origen de la vida en la tierra, sin las restricciones que se imponen en la ciencia [3].

La ciencia ha sido muy efectiva en su afán de entender el universo y la posición del hombre en éste desde su origen, lo increíble es que podamos lograr esto sin movernos prácticamente de nuestro propio planeta. Nuestro principal instrumento para lograr esta proeza es la mente humana. Entender cómo la mente es capaz de establecer ese vínculo entre el comportamiento del mundo exterior y nuestros conceptos, es uno de los grandes retos futuros de la ciencia [5]. Esta opinión, está muy ligada al concepto de tiempo y espacio, por lo que surgen dos preguntas: ¿Está escrito el futuro o éste se encuentra en construcción continua?, ¿están determinados nuestros actos desde el principio o poseemos libre albedrío para escoger nuestro futuro?

El problema del libre albedrío y el determinismo han sido temas recurrentes en la historia de la filosofía desde sus inicios en las más diversas culturas. El determinismo y la libertad, han tratado de ser explicados y definidos por los científicos y filósofos desde diferentes perspectivas, y en ocasiones existen contradicciones, por ejemplo, desde la antigua Grecia, el gran problema que enfrentaba a los filósofos griegos era el problema del ser y el devenir: de qué estaban formadas las diversas cosas que observamos a nuestro alrededor y si nuestra noción del pasaje del tiempo era real o tan sólo una ilusión. En otras palabras, el problema fundamental era la naturaleza de la materia y del tiempo [4].

Es necesario señalar cómo muchos de los argumentos que se discuten acerca de la ciencia y acción divina, están vinculados con los temas relacionados con el determinismo. A nivel básico, los argumentos con respecto a la física y la acción divina están a menudo vistos desde la perspectiva de tres preguntas: ¿Es compatible el concepto de Dios con un universo determinista?, ¿está obligado Dios a nunca suspender las leyes de la naturaleza?, ¿puede la física determinar desde su perspectiva si el determinismo es o no verdadero? [5].

EL ORIGEN DETERMINISTA EN LA FILOSOFÍA

La filosofía no ha estado exenta de reflexiones respecto al determinismo. En este sentido la concepción de Pitágoras (585-495 a. C.), que fundó una secta que tuvo un contenido místico-religioso, se sostiene la doctrina de la transmigración de las almas y el parentesco entre todos los seres vivos. Creía también en el eterno retorno de los mismos acontecimientos en ciclos cerrados, por lo que aparentemente, su determinismo era absoluto. Parménides (540-470 a.C.), expuso la doctrina de una realidad única desde donde no puede surgir lo múltiple, lo que no es no puede surgir de golpe y lo que no puede ser destruido. El ser es inengendrado, finito, compacto, homogéneo, indivisible, esférico e inmóvil. Por su parte, Empédocles (495-435 a.C.), plantea una esfera equivalente al ser de Parménides, pero con movimiento y pluralidad en su interior: cada uno de los elementos es eterno e imperecedero. Los cambios y alteraciones que se producen no son más que alteraciones entre los elementos, debido a dos fuerzas cósmicas: el amor y el odio. Sin embargo, Anaxágoras (500-428 a.C., admite y sostiene que todo lo que existe, existe desde siempre y nada nuevo puede originarse, aunque admite combinaciones diferentes de los elementos iniciales: "[…] nada viene a la existencia ni es destruido, sino que todo es resultado de la mezcla y la división" queda explicada la identidad y la pluralidad. Llama a los elementos o principios iniciales, "semillas" que son cualitativamente distintas y divisibles hasta el infinito [6].

DETERMINISMO Y LIBRE ALBEDRÍO

La doctrina de libre albedrío, supone que en la vida de los seres humanos hay eventos que pueden ser libremente elegidas, las cuales trascienden las influencias causales antecedentes y presentes y está relacionada con un proceso que no es ni determinístico ni aleatorio. Por otro lado, se considera que somos libres, desde que algunas veces tomamos una decisión que es la que debemos tomar, de tal manera que si actuamos libremente, somos responsables de lo que hacemos. Cuando decimos que alguien hizo lo que quería hacer, simplemente puede significar que hizo alguna de las cosas que quería, pero cuando se actúo en el deseo que se quería actuar, entonces se dice que es libre. Uno de los componentes básicos de la libertad de voluntad es que la persona puede sentir la capacidad de actuar; que él o ella se sienten libres para escoger entre una variedad de posibilidades [8]. Desde esta perspectiva al considerar el libre albedrío es necesario argumentar tres premisas:

1. Todo lo que pasa en el mundo es determinado o no.
2. Si todo es determinado, no existe el libre albedrío, para cada acción se deben fijar eventos anteriores, aun si esos eventos tomaron lugar antes del nacimiento.
3. Si por otro lado, nada es determinado, entonces no existe el libre albedrío, ya que si algo es indeterminado entonces no se controla, por lo tanto no se ejerce la libre voluntad

En el otro extremo del libre albedrío está el determinismo, ésta es una doctrina metafísica que afirma que todo fenómeno está determinado de una manera necesaria por las circunstancias o condiciones en que se produce, y, por consiguiente, ninguno de los actos de nuestra voluntad es libre, sino necesariamente condicionado. La concepción errónea del determinismo es el indiferentismo o indeterminismo que mantiene que en aquellos fenómenos relacionados con la voluntad humana, los acontecimientos precedentes no determinan de un modo definitivo los subsiguientes. De la misma manera, la confusión existe con el concepto de fatalismo, en el que se considera que los acontecimientos ocurren de acuerdo con un destino fijo e inexorable que no está ni controlado ni influido por la voluntad de los individuos. De la misma manera que se considera que las determinaciones de la voluntad humana están inexorablemente atadas a la voluntad divina, admite la influencia irresistible de los motivos [9].

Fuera de extremismos, el determinismo formula la tesis acerca de la naturaleza del mundo, en sí es una doctrina metafísica, y como tal preconiza que entre todos los acontecimientos hay una relación ineludible de causa a efecto, especialmente en cuanto a herencia y ambiente como condicionantes de las posibilidades del ser humano, el que de ninguna manera puede sustraerse a esta relación preestablecida. Así, si alguien tuviese un conocimiento perfecto del estado de todo el universo en un momento dado, y de las leyes causales que rigen su funcionamiento, podría deducir el estado del mismo en cualquier momento del futuro [10]. Este último argumento es más fácil de juzgar en el caso de las teorías que el estado del determinismo científico o metafísico en general. La famosa caracterización de Laplace acerca del determinismo es un ejemplo del determinismo científico basado en el paradigma de las partículas de la mecánica clásica [11].

La consideración de que cualquier sistema determinista es predecible, ha sido parte de las tradiciones científicas, en alguna forma desde sus inicios hasta el siglo veinte. Esto persiste por la fuerza de las intuiciones que han ido más allá del concepto del determinismo físico. Hay dos fuentes típicas de imprecisión y ambos tipos pueden introducir errores en las predicciones. La primera fuente de error es debido a las limitaciones en la precisión de las mediciones. La segunda es debido a las limitaciones en la representación de un valor inicial de una variable (la velocidad es un ejemplo) para completar la precisión cuando ese valor representa un número irracional. La literatura filosófica que discute el determinismo y las formas como se explica, es muy diversa [12].

El determinismo se registra desde que la especie humana ha expresado sus explicaciones a los fenómenos naturales. Esto se puede demostrar en las pinturas rupestres, cuyas representaciones adquieren una connotación mística. Sin embargo, a pesar del progreso obtenido con las relaciones causales, aún sigue aflorando la filosofía idealista, que remite a lo divino toda explicación a los fenómenos desconocidos. Mientras, los que comparten el punto de vista del libre albedrío, explican diferentes posiciones del determinismo. Por ejemplo, el determinismo lógico, que explica que todas las propuestas, incluso aquellas que reportan nuestras futuras acciones, son tanto verdaderas como falsas. Por su parte, el determinismo temporal, reivindica la idea de que el tiempo es otra dimensión como cualquiera de las otras tres dimensiones espaciales, por lo que la diferencia entre el pasado y futuro, está por demás explicar que son dos extremos, desde una perspectiva espacial. Por último, el determinismo causal, señala que los hechos del pasado, junto con las leyes de la naturaleza, ocasionan y determinan el futuro. Por tanto, para quienes sostienen la idea de libre albedrío, estas explicaciones, por sí mismas, debido a su carga ideológica que representan, son una amenaza para la libertad [13].

Determinismo y azar

Otra cuestión fundamental a tratar es, si los sucesos reales de la naturaleza son en sí mismos, parcial o totalmente, indeterminados o sucesos relacionados al azar o bien, existe el hecho de que ciertos procesos físicos pertenezcan al dominio de lo fortuito. Habrá que comenzar por desentrañar qué se entiende por azar, término bastante vago cuando se lo cita sin más. A veces, se lo usa cuando hay una ignorancia casi completa acerca de las condiciones determinantes de un suceso, o bien cuando se sabe que estas condiciones pertenecen a alguna clase de tipos alternativos de condiciones, pero se desconoce cuál. Una primera definición aceptable de tal, sería admitir que el azar es un conjunto ordenado de sucesos, que puede ser casual sí y sólo sí, satisface los postulados del cálculo de probabilidades. Con todo, es esencial decir de un suceso que se produce por azar, no es incompatible con la afirmación de que está causado; pues admitir la ignorancia concerniente a las condiciones específicas que determinan un suceso, no implica negar la existencia de tales condiciones.

El concepto azar (del ár. hisp. *azzahr*, y éste del **ár. zahr,**). Hace referencia a la casualidad, a los casos fortuitos que se originan sin rumbo ni orden definido, considerando éstas como una combinación de circunstancias que no se pueden prever ni evitar, que sucede inopinada y casualmente. En general, el azar expresa interacción o conexiones entre distintos fenómenos, está sujeto a leyes y su campo es muy amplio como para encontrar alguna respuesta definitiva acerca de qué es el azar. Antiguos modelos han sido reemplazados por otros y estos seguirán siendo reemplazados por otros mejores y más completos. Esta es la evolución de la ciencia que implica un avance.

El mundo está lleno de situaciones que ocurren sin que nosotros podamos dominar su desarrollo, a veces incluso esperamos la ocurrencia de un suceso y éste no ocurre, y cuando menos lo esperamos, sucede. Sin embargo, el hombre ha intentado estudiar el azar, quizás con el afán de explicar todo de una manera racional y no dejar las cosas al destino. Es por ello que nacen la ciencia, las probabilidades y estadísticas, entre otras, considerando que vivimos en un mundo donde las cosas son inciertas y no se conocen exactamente. Otra acepción frecuente es considerar que un suceso se produce "al azar" cuando no sólo no se conocen las condiciones determinantes de su producción, sino que ni siquiera se sabe que existen tales condiciones. Según se afirma hay numerosos ejemplos de este tipo de eventos a lo largo de la historia, los cuales podemos enmarcar en la ciencia; de tal manera que se pueden señalar muchos descubrimientos científicos que han marcado la pauta en el comportamiento de la sociedad y definido momentos históricos, los cuales han cambiado el rumbo de las cosas. Aunque se puede señalar que el determinismo clásico puede haber intervenido esos eventos, la respuesta aún no está definida y hay posiciones divididas.

El azar puede ser asociado a diversos temas: azar y sentido de la verdad de una idea, azar y libre albedrío, azar como herramienta conceptual para manejar multitudes determinísticas, azar compensado por el conocimiento, azar surgido por la observación de una partícula, azar relacionado con los objetos mentales como la medida de conjuntos y los números irracionales, azar como apariencia percibida en procesos deterministicos, azar en los fenómenos de la vida, azar como apariencia de los procesos subjetivos, azar como apariencia y como posibilitador en los cambios estructurales y creativos [14].

La relación azar-determinismo es uno de los problemas en los que cualquiera de las dos opciones no deja satisfacción. Si el mundo es determinista, todo está escrito, y esto es algo que rechazamos. Pero también debemos rechazar que haya aspecto de la realidad basadas en el azar, y generalmente pensamos y también decimos (quizá por ignorancia o por que así ha sido siempre) que un evento, cualquiera que éste sea, obedece a leyes casi siempre inexplicables y no nos detenemos a pensar sobre las causas que lo originan, eso significa que la libertad queda entonces entendida como una posición intermedia.

Es difícil imaginar un mundo sin voluntades, un mundo de autómatas donde el hombre mismo estaría en todas sus manifestaciones sujeto a las leyes de la naturaleza de la misma manera que lo están las plantas o el sistema solar. Donde los sentimientos, las pasiones y los pensamientos estarían regidos por las leyes de la física. Laplace fue uno de los fundadores de la teoría de las probabilidades, aunque el azar era para él una medida de desconocimiento o ignorancia humana de las condiciones de un sistema [15]. El problema del azar nos ha sugerido una constante relación entre lo subjetivo y lo objetivo [14], y que en un mundo gobernado por la necesidad, algunas cosas suceden por azar [7]. Por otra parte, la humanidad ha creído que hay una probabilidad finita de que civilizaciones pertenecientes a otras dimensiones y sistemas solares existan y se quieran comunicar con nosotros, los científicos están tratando de captar señales del cosmos en un movimiento llamado SETI (*Search of extra-terrestrial intelligence*).

Conceptualmente cercana a la idea de SETI está la idea de la teoría de la panspermia, la cual asume que la vida se pudo haberse originado en cualquier lugar del universo y llegó a la tierra en forma de no bien identificados gérmenes [1]. Sin embargo, las condiciones existentes en el espacio de acuerdo a los detractores de esta teoría, hacen que la probabilidad de sobrevivencia de dichos gérmenes se reduzca casi a cero, las posibilidades de que la vida llegó a la tierra de otro planeta puede descartarse, por lo que queda la idea de que la vida en la tierra surgió en este mismo planeta, ¿mediante mecanismos químicos aleatorios? ¿O de acuerdo a las leyes de la física y química?, aun con los experimentos realizados por Miller-Urey, las respuestas siguen siendo inciertas.

El origen del determinismo paradigmático de la ciencia

Desde los estudios de Galileo y Newton, que formalizaron una nueva visión del mundo e inauguraron la época "científica", los filósofos tuvieron que debatir estos problemas desde una óptica absolutamente diferente. Una vez que la actividad filosófica, como "ciencia de las ciencias", se descompone en actividades intelectuales particulares y cede su lugar de privilegio a la actividad científica, se abrieron dos caminos para los filósofos: uno, distinguido por el rechazo abierto o encubierto a la concepción científica del mundo y, el otro, caracterizado por la aceptación plena o parcial de esta concepción, sin librarla por ello de una crítica racional [6].

Uno de los acontecimientos más memorables para la humanidad ocurrió el 28 de abril de 1686, cuando Isaac Newton entregó sus *Principia Mathematica* a la Royal Society de Londres. En esta obra presentaba las leyes básicas del movimiento incluyendo la ley de la gravitación universal. Con Newton se origina la verdadera revolución científica ya que establece los principios físico-matemáticos que nos permiten entender el movimiento de los cuerpos en sus tres leyes de la mecánica. La obra de Newton dio origen a uno de los movimientos filosófico-científicos más influyentes de los últimos siglos: el determinismo mecanicista. Según esta corriente el universo y todas sus criaturas son mecanismos cuyo funcionamiento es perfectamente asequible al entendimiento humano, por lo cual es posible conocer absolutamente todas las trayectorias de evolución de cualquier sistema. Para los deterministas, el azar y la aleatoriedad son producto de la ignorancia del observador, ignorancia que puede ser superada con sólo perfeccionar los instrumentos de recolección de datos. Esta concepción del mundo originó una ciencia triunfalista que pregonaba la conquista total de la naturaleza por el hombre; el famoso apotegma de Laplace condensa esta actitud arrogante y orgullosa: "Dadme la posición y la velocidad de las partículas del universo y yo podré predecir su evolución para el resto de los tiempos" [4, 16].

La mecánica clásica o de Newton apoyaba la idea del determinismo. De acuerdo con esta mecánica, las leyes de la naturaleza especifican completamente el pasado y el futuro de todos los fenómenos naturales, y enfatizaban que los sistemas eran legales, deterministas y reversibles, y el equilibrio y el control eran los puntos centrales del paradigma newtoniano. El universo era pensado como un perfecto reloj, según el cual, si se conocían las posiciones de sus partes en un momento dado, éstas se conocerían a partir de ese momento para siempre [17].

Prácticamente hasta casi finales del siglo XIX, el pensamiento científico occidental participaba de la idea de que la ciencia en general y la física en particular, estaban en el umbral de dar las respuestas sobre el comportamiento y las leyes de la naturaleza. La mecánica de Newton se había mostrado más o menos eficaz, durante años, en las predicciones que con ella de base se hacían en los movimientos del Sistema Solar, y sólo quedaba afinar las técnicas de observación y de cálculo. Básicamente, todo quedaba inmerso en un espíritu determinista y positivista que vería, con el comienzo del siglo, tambalear y derribar sus más profundos cimientos. Esta ciencia majestuosa y de apariencia inconmovible fue estremecida violentamente en las postrimerías del siglo XIX y principios del XX por dos hechos principales: el Principio de Incertidumbre de Heisenberg y la demostración de singularidades en las trayectorias de ciertos sistemas. El Principio de Incertidumbre, introducido a raíz de la mecánica cuántica, muestra la imposibilidad de obtener conocimiento totalmente objetivo cuando se hacen mediciones de trayectorias entre dos aspectos, la energía y el tiempo [18].

La existencia de singularidades en ciertas trayectorias fue postulada por el matemático francés Jules Henri Poincaré, a finales del siglo pasado. Poincare demostró que ciertos sistemas, regidos por leyes deterministas, presentaban trayectorias de evolución que llegaban a ciertos puntos de indeterminación en los cuales el sistema podría optar por varias posibilidades y la escogencia era un evento totalmente aleatorio; a tales puntos los llamó de singularidad por Poincaré y actualmente se conocen como puntos de bifurcación. Se caracterizan porque representan la aleatoriedad intrínseca en las trayectorias, aleatoriedad que no desaparece con la obtención de mayor información sobre el sistema. En estos puntos la indeterminación es un evento *per se* y elimina la posibilidad del determinismo futuro en el comportamiento de los sistemas [16].

Para el determinismo clásico todo sistema, natural o artificial, debería presentar trayectorias de evolución totalmente predecibles para cualquier tiempo futuro. El planteamiento actual, surgido a raíz de los trabajos en sistemas dinámicos, es diferente. Actualmente se considera que la mayoría de los sistemas presentan pautas de evolución intrínsecamente indeterminadas; incluso con la ayuda del computador ha sido posible simular trayectorias de evolución para muchos sistemas y se ha observado que sólo son predecibles los muy simples y bajo condiciones ideales. Los sistemas reales presentan trayectorias que tarde o temprano, dependiendo de la complejidad del sistema, se hacen indeterminadas; incluso sistemas regidos por leyes totalmente deterministas, cuando despliegan su evolución, se hacen impredecibles al cabo de un tiempo mayor o menor. Esta impredecibilidad surgida en el seno de leyes deterministas es lo que se ha llamado el caos determinista [16].

Durante el siglo XX aparecen dos grandes teorías de la física: la teoría de la relatividad y la mecánica cuántica. La teoría de la relatividad establecida por Albert Einstein, el cual era partidario de la causalidad, y como consecuencia del determinismo. Ésta teoría explica fenómenos que se producen a altas velocidades, particularmente la velocidad de la luz, mientras que la mecánica cuántica, (desarrollada entre 1924-1927 por Schrodinger, Werner, Heisenberg, Paul M, Dirac, principalmente), se relaciona con la conducta de los objetos microscópicos que constituyen la materia, es decir, el estudio íntimo del átomo y sus constituyentes así como el desarrollo de la electrónica y la informática como las conocemos hoy, aspectos que pusieron en jaque al determinismo desde el origen mismo de la mecánica cuántica. Las concepciones sobre causalidad y determinismo planteadas desde la época de Aristóteles se retomaron con gran auge a comienzos del siglo XX debido a la aparición de la mecánica cuántica y la teoría de la relatividad [4, 19].

La mecánica cuántica, da un entendimiento sin precedentes del mundo físico, y aún no asume que cada evento tiene una causa, por lo tanto el determinismo no es reivindicado ni por la ciencia ni por el sentido común [7]. El descubrimiento de la radiactividad, el efecto fotoeléctrico, la relatividad, la radiación del cuerpo negro, los modelos atómicos, los descubrimientos en el terreno de la astronomía, etc., no hicieron más que firmar el parte de defunción de una física "clásica" que ya no se sostenía. Las aplicaciones de la mecánica cuántica han transformado nuestras vidas, se estima que el treinta por ciento del producto territorial bruto de los EUA se basa en invenciones desarrolladas gracias a la mecánica cuántica, desde semiconductores en los chips de las computadoras hasta los rayos láser utilizados en los lectores de discos compactos y DVDs, aparatos de resonancia magnética nuclear en los hospitales, telefonía celular, entre otros [4].

Determinismo y caos

En años recientes, parte de la comunidad científica en todo el mundo ha comenzado a hablar incesantemente de caos, desorden, aperiodicidad, para explicar muchos fenómenos que se suceden en la naturaleza y en experimentos controlados de laboratorio, que se caracterizan por tener un comportamiento que no puede ser descrito por leyes matemáticas sencillas. Poincare fue el primero en sugerir que en la mecánica clásica se podrían encontrar esta clase de sistemas caóticos deterministas, como por ejemplo en el problema de los tres cuerpos, quien en uno de sus trabajos introduce los aspectos de lo que ahora se conoce con el nombre de caos determinista. Sin embargo, este trabajo y otros de diversos matemáticos tuvieron inicialmente una influencia muy limitada. Hubo que esperar a los años sesenta y setenta para que meteorólogos (Lorenz y el «efecto mariposa», como una descripción de predicciones meteorológicas), matemáticos (Ruelle y Takens), físicos (Feigenbaum) y biólogos (Mayr) dieran un gran impulso al estudio del comportamiento caótico de sistemas sencillos e hicieran notar a la comunidad científica la importancia y ubicuidad del fenómeno [16, 20].

Más extraño aún, es el hecho de que este tipo de caos emerge de fenómenos cuya evolución es inicialmente determinista. El descubrimiento del caos determinista ha forzado un cambio sustancial en la filosofía de la ciencia: por una parte, establece límites a nuestra capacidad para predecir un comportamiento; por otra, abre un nuevo espacio para comprender muchos fenómenos aleatorios que suceden en varios campos del conocimiento. En los movimientos de los planetas de nuestro Sistema Solar también encontramos comportamientos desordenados, así como en los cambios climáticos, el ritmo cardiaco, la vida económica y las epidemias que atacan a la humanidad, por nombrar sólo algunos. Así, el rompecabezas del caos determinístico es sólo uno de los ejemplos de la ciencia del siglo XX, que muestra cómo las limitaciones del entendimiento humano hacen que la naturaleza aparezca ruidosa, complicada e impredecible. Esas limitantes, las cuales podrían ser fácilmente extendidas, dibujan un escenario pesimista sobre el progreso del conocimiento humano [21].

Definir el concepto de desorden no es una tarea fácil ya que existen varias ideas propias de él. En ciertos casos evoca un estado de confusión, desorden, una disposición de cosas más o menos irregular, pero independientemente de los giros semánticos la idea general es que el orden (cosmos) ha sido gravemente perturbado. El desorden se presenta entonces, como algo que nunca debió haber existido y en el dominio de las ciencias se le acusa de delincuente que viola las "leyes de la naturaleza". Durante mucho tiempo, la ciencia ha hecho suyo el dogma de que detrás de los desórdenes aparentes de la naturaleza siempre existe un orden escondido, predecesores de esta filosofía son los pitagóricos y Platón. Para este último el estado ideal del cosmos es cuando cada cosa está en su lugar, es decir, el universo concebido como un todo ordenado, por oposición a caos. Interpreta la racionalidad del cosmos como el resultado de una operación efectuada por un poder ordenador, una figura semimítica a la que llama Demiurgo, especie de "obrero" que ordena el desorden al crear el cosmos, palabra que significa en primer lugar belleza, arreglo, orden y en segunda instancia, mundo, es decir, orden del mundo.

Conclusión

Se puede afirmar que la ciencia, pero sobre todo, el pensamiento humano, ha estado influida durante muchos siglos por los conceptos filosóficos que se enmarcan dentro del determinismo, así, las explicaciones sobre el origen de las cosas, la tierra, el todo, han encontrado más dudas que respuestas. La primer explicación del universo y las leyes que lo rigen, así como del mundo en que vivimos, incluyendo la especie humana sin dejar de lado el pensamiento, tuvo su origen en la ausencia de definiciones acerca de la naturaleza y la forma en que ésta ha estado sujeta al proceso de cambio natural a través del tiempo. El origen de Dios desde esta perspectiva es fácil de comprender, esto permitió el dominio ideológico de las religiones, acerca del génesis de las cosas, dando certidumbre al pensamiento humano en un contexto histórico, certeza que es trasladada a la ciencia, la cual pretendió señalar que todo estaba resuelto y no había nada que explicar, dada la precisión con la que el mundo y la naturaleza se desempeñaban. Posteriormente surge una explicación científica, la mecánica cuántica, la cual explica el mundo físico desde una nueva perspectiva, señalando que todo evento tiene una causa, y que el determinismo no es la forma de explicar la naturaleza, ya que su comportamiento es diferente a lo expuesto como determinista, vista desde el origen y su desarrollo. De esta forma, el determinismo y la física clásica parecían estar acercándose a su fin. Si bien es cierto que desde esta nueva concepción científica se han resuelto problemas existenciales, aun con los problemas que ello conlleva, la concepción filosófica acerca de la génesis del mundo aún no está resuelta, y el determinismo, sigue vigente.

Referencias

[1] Flores de la Cruz M.E., "¿Determinismo, azar o probabilidad?", *La ciencia y el hombre*, 2003;16(1).

[2] Millstein R.L., "How not to Argue for the indeterminism of evolution: a look at two recent attempts to settle the issue", Department of Philosophy, California State University, 2002.

[3] Luisi P.L., "About various definitions of life, Origins Life", Origins *Life Evol Biosph*, 2003;361:1141-7.

[4] Morales D.A., "Determinismo, indeterminismo y la flecha del tiempo en la ciencia contemporánea", *Boletín de la Asociación Matemática Venezolana*, 2004, 11(2): 213-232.

[5] Peterson G.R., "God determinism and action: perspectives from physics", *Zygon*, 2000;35(4):881-90.

[6] Galassi J.G., *Determinismo y libre albedrío en la explicación sociológica: Durkheim, Schutz y Luhmann*, Santiago: Universidad de Chile; 2003;6-12, http://www.csociales.uchile.cl/publicaciones/moebio/06/gibert.htm, consultada mayo del 2006.

[7] Vaughn L.; Schick, J.T., "Do we have free will?", *Free Inquiry*; 1998;18(2):43-7.

[8] Phemister A.A., "Revisiting the principles of free will and determinism exploring conception", *Journal of rehabilitation*, 2001;67(3):5-12.

[9] Lipton P., "Genetic and generic determinism: a new threat to free will?", *The new brain sciences: perils and prospects*, 2004:88-100.

[10] Pino G.G., "Determinismo, modelos y modalidades", *Revista de Filosofía*, 2000;13(24):191-216.

[11] Bishop R.C., "Anvil or onion? Determinism as a layered concept", *Erkenntnis*, 2005;63:55-71.

[12] Bishop R.C., "On separating predictability and determinism", *Erkenntnis*, 2003;58:169–88.

[13] Guemez J., Caos Determinista. In: Física A, ed.: Universidad de Cantabria 2004:1-51.

[14] Domingo C., "Dios no juega a los dados, Reflexiones sobre el azar", In: Instituto de Estadística Aplicada y Computación, CeSiMo, ed.: SABER ULA 2005:1-19, http://webdelprofesorulave/economia/carlosd/AZARpdf, fecha de acceso, abril 24 de 2006.

[15] Miramontes P., "Predecir el clima es una cosa. Predecirlo correctamente es otra", *Ciencias*, 1998;51:4-13.

[16] Burgos L.C., "Importancia del caos determinista en medicina", *Iatraeia*, 1994;7(2):61-4.

[17] Dooley K.; Johnson T.; Bush D. "TQM, chaos, and complexity", *Human Systems Management*, 1995;14(4):1-16.

[18] Giribet G.E., "Sobre el principio de incertidumbre de Heisenberg entre tiempo y energía: una nota didáctica", *Revista mexicana de física*, 2005;51(1):23-30.

[19] Morones I.J.R., "Los misterios del mundo cuántico", *Ingenierias*, 2005;8(26):12-21.

[20] Guemez J., "Caos determinista", Departamento de Física Aplicada, Universidad de Cantabria, 2004;1-51.

[21] Crutchfield P., What Lies Between Order and Chaos? In: Casti J.L.; Karlqvist A, eds. *Art and complexity*. 1st ed. Amsterdam Boston: Elsevier 2003:x, 169 p.

La universidad entre el debate del autoritarismo determinista y la libre voluntad de sus actores

Héctor Manuel López-Pérez[8]

Resumen

Las circunstancias o condiciones en las que nos toca participar en y para nuestra sociedad son determinadas por el *zeitgeist*; mientras que la capacidad de participación, está ligada en parte a la dotación de ácido desoxirribonucleico. Ésta carga genética restringe, pero a la vez posiciona al individuo en un ambiente caótico, en el que existe la posibilidad de decidir por voluntad propia, cuál oportunidad tomo y cuáles deja pasar. En este mismo juego, cabe la posibilidad de entregar la voluntad en un acto de renuncia al derecho de decidir. Para entrar en una jugada que todo el tiempo promete ser la mejor y sin ningún esfuerzo, aunque al final, quienes arman su partida de esa manera, siempre terminan cambiando el esfuerzo por el sacrificio. Entregando con ello, las posibilidades de trascender, en aras de un inmovilismo conformista que sólo puede conducir a lamentaciones, al convencernos de que nada podemos

---

[8] Estudiante del Doctorado en Ciencias Agropecuarias, Universidad Autónoma Agraria Antonio Narro, miembro del Centro de Innovación y Desarrollo Educativo, profesor e investigador de tiempo completo de la Facultad de Administración Agropecuaria y Desarrollo Rural, Universidad Autónoma de Sinaloa, malopere@uas.uasnet.mx, malopere@gmail.com

hacer ante la realidad imperante. Para trascender, es importante recalcar que la acción es la operación del ser, no como el activismo pautado por los líderes impuestos, que deciden los programas institucionales, sino por el sostenimiento de la capacidad de decidir por sí mismo. Para esta operación del ser, se plantea la movilidad constante del orden-desorden-interacción-organización, que se puede entender a través de las metáforas que brinda la teoría de juegos. De tal manera que, el ser que opera, debe estar armando constantemente las jugadas de acuerdo con las circunstancias que le permitirán aproximarse a la respuesta de la pregunta: ¿Cuál parte de una serie de medidas hace que el actor atribuya al "azar" y cuál al "orden" y a lo "previsible"? En este sentido, se analizan los principios que permiten una mayor flexibilidad mental para discernir sobre lo caótico, ordenando lo conocido para aproximarse a lo posible. Éste análisis se aplica a la universidad, como mesa de juego en riesgo de desaparecer, debido en parte a las acciones de sus actores, que en algunos pueden ser engañosas y fraudulentas. Mientras que en otros se fincan en la sumisión y obediencia, entendida ésta como lealtad y disciplina, donde la investidura lo es todo y el jefe inmediato superior es visto como el estratega máximo. Para entender lo que sucede en la universidad se plantea el modelo del juego de los prisioneros donde los jugadores se encuentran en la posibilidad de cooperar o desertar (no cooperar). Esta cooperación puede darse a través de la fuerza o la coerción, pero también puede darse a través de la libre voluntad. En ambos casos se espera algo a cambio, la diferencia estriba en que en la cooperación por la fuerza o la coerción está en la intención de la retribución inversa de quien la sufre, para un momento dado ser él, quien esté en disposición de aplicarla. Mientras que en la libre voluntad se escoge con quién se coopera y a cambio de qué. Las formas de pensamiento complejo en donde interviene la conciencia del hombre, requieren de la desestructuración rígida imperante en la universidad, para pasar a una nueva forma de participación horizontal. Una forma heterojerárquica que fortalezca la libertad de voluntad para el desarrollo del pensamiento crítico y de esta manera reducir la "tragedia común" que actualmente se vive en la universidad. En esta mesa de juegos, las reglas deben cambiar, dejando atrás los intentos de homogenización que conducen a la mediocridad.

Introducción

En el ámbito del determinismo todo fenómeno se encuentra establecido de una manera necesaria por las circunstancias o condiciones en que se produce, y, por consiguiente, ninguno de los actos de nuestra voluntad es libre, sino necesariamente condicionados. La historia nos muestra que existen circunstancias dadas, las cuales son inherentes al "espíritu del tiempo" o *zeitgeist*. Más no por esto, habremos de considerar que los grandes descubrimientos de la creatividad científica atribuidos a la serendipia, llegan sólo por la casualidad, o por la capacidad innata del genio [1]. Esta capacidad de creación requiere de algunas habilidades especiales que pueden ser compartidas y que facilitan la trascendencia de los que luchan contra el inmovilismo.

Lo opuesto al determinismo es la libertad de la voluntad. Mientras que la libertad, es una idea que pertenece a lo que se llama "religión natural", porque se puede probar que es cierta sin la ayuda de la revelación, por medio de la sola razón humana; el determinismo es una máxima, que es práctica para guiar a los investigadores científicos. Éste principio, aconseja a los hombres que busquen las leyes causales: las reglas que conectan los acaeceres de un momento con los de otro [2]. En contraposición al determinismo, la doctrina de la libre voluntad asume que las elecciones son independientes de, o en cierta forma trascienden las influencias causales antecedentes y presentes [3]. Además, se considera que somos libres, en cuanto que asumimos la decisión que elegimos, pero actuar libremente implica responsabilizase de las acciones comprometidas [4].

Uno de los componentes básicos de la libre voluntad es que la persona puede sentir la capacidad de actuar y que se siente libre para escoger entre una variedad de posibilidades [5]. En este sentido, se requiere la racionalidad, cuando el deseo entra en un segundo plano para dar paso a la razón, meramente como un medio necesario para realizar la elección. De tal manera que, entran en función inductores primarios o estímulos no condicionados que son naturalmente fijos a lo agradable o a la aversión, o a los estímulos condicionados que cuando están presentes en el ambiente inmediato, automáticamente y obligatoriamente sacan una respuesta somática. Los inductores secundarios en cambio, son entidades generadas por lo que se recuerda o por el pensamiento, y a diferencia de los primarios, sacan una respuesta somática cuando vienen a la memoria [6]. Por eso es que, se pueden tener deseos sobre los deseos o "deseos de segundo orden." Por ejemplo, un fumador puede tener el deseo de dejar de fumar. Por lo que, actuar libremente, es actuar sobre un deseo de segundo orden. Respecto a los animales, especialmente los mamíferos, se dice que son conscientes, pero no auto-conscientes, ya que no pueden formular deseos de segundo orden, los cuales plantean alternativas de elección conflictivas que reprimen los deseos instintivos [4].

En una posición conciliatoria Koons [7] considera que el determinismo es compatible con la libertad de voluntad y la responsabilidad moral. A esta posición se le conoce como compatibilismo. Tomas Hobbes (1588-1679) fue la primera persona en articular una posición compatibilista, rechazando la noción del indeterminismo de que las acciones libres no tienen causa [4]. El compatibilista considera que el determinismo es consistente con la tesis de la libertad de voluntad, mientras que el incompatibilismo no [8]. En apoyo a esta idea algunos filósofos afirman que las leyes de la física y la libertad de voluntad son de un tipo diferente y operan a un nivel diferente, así que uno puede sin contradicción suscribir tanto el determinismo como la libre voluntad. Un ejemplo para el "punto de vista compatibilista," es la sugerencia de que nosotros podemos abandonar el punto de vista que las leyes de la naturaleza actúan como prescripciones inviolables, y que nosotros podemos adoptar un punto de vista descriptivo de las leyes de la naturaleza de tal manera que, el problema de la libre voluntad no surge de la misma manera que como surgen las leyes [9].

La mayor parte de las dificultades para entender el debate del "determinismo/indeterminismo", es que falta claridad en la definición de los términos que se discuten desde las distintas posiciones filosóficas. Muchos físicos y filósofos manejan el determinismo y el concepto de la predicción sin hacer distinciones y además intentan una categoría equivocada, al pretender que el determinismo implica las posibilidades de la predicción del futuro curso del universo. En este debate, el compatibilismo rechaza la premisa del determinismo ("si cada evento tiene una causa, no existen los actos libres") pero acepta que todo evento tiene una causa ya que las acciones son opuestas a los reflejos, por lo tanto son intencionales. En este sentido, se acepta que un reflejo es cuando la pierna va hacia delante, después de que el doctor golpea la rodilla con un mazo; mas no se considera una acción, porque no se tiene la intención de que la pierna vaya hacia delante, el compatibilista considera que lo que distingue a las acciones libres de las que no lo son, es la naturaleza de sus causas [4]. En este sentido Campbell [8] propone a la voluntad como la causa de la libertad, en donde *(a)* la voluntad libre es esencial para la responsabilidad moral, *(b)* la voluntad libre requiere alternativas posibles de acción, o alternativas para ser conciso, y *(c)* la responsabilidad moral es compatible con el determinismo.

Los universos de la causalidad (del reino de la naturaleza) y el de la libertad (del reino de la ética) que habita el hombre, lo hacen que su comportamiento se determine por las leyes físicas, mientras que como seres morales, aspiramos a ser libres y responsables. Desde la perspectiva de la causalidad, nos diferenciamos en la forma de evolucionar de los insectos, plantas y animales, que se han desarrollado para llenar los nichos ecológicos particulares en un ambiente invariable. Para ellos la fluctuación, el caos y el cambio pueden presentar un peligro real. Mientras que para el hombre es esencial explorar los cambios y la incertidumbre para sus propias ventajas. Pero la práctica de la libertad del hombre como ser intermedio entre lo divino y los demás animales, debe estar en concordancia con el término medio que es el hombre, que no asciende hacia lo absoluto, al practicar la virtud sin medida, pero tampoco se va al extremo inferior, hacia lo animal puro y simple o hacia lo físico. Este término medio entre exceso y defecto hace que la práctica de la libertad como virtud sea humana y un bien para el hombre [10].

Ahora bien, si la incertidumbre del caos posibilita los medios para evolucionar, la razón del orden determinado por los jerarcas conservadores de las instituciones como las universidades, queda entredicha. Por lo que su preocupación basada en cuantificar índices y proporciones comunitarias es similar al conocimiento del taquillero que puede saber la proporción de los viajeros de determinada línea de autobuses que van hacia la ciudad de México, a la ciudad de Tijuana y a otros puntos de la República. Pero no puede saber nada de las razones individuales que conducen a una elección en un caso y a otra, en otro. Establecer estrategias de esta manera, implica plantearse la pregunta: ¿Cuál es el grado de automatismo que se puede inducir a los actores universitarios, cuando los logros se basan en la comunidad y no en las razones que conducen a la elección de cada individuo? ¿Es complicado entender que el criterio para elegir despierta la curiosidad y la necesidad de comprender el mundo? Si a cada uno de los actores de la universidad se le diera esa oportunidad, existe la posibilidad de desarrollar individuos críticos, conscientes del caos al que pueden estar expuestos. Individuos que acepten el reto que implica evolucionar en un ambiente de libertad/auto-responsabilidad, y no en el actual ambiente de responsabilidad compartida; que sólo promueve la irracionalidad de los índices y las proporciones.

Con respecto a la propuesta del párrafo anterior se puede justificar que para eso es la libertad de cátedra. Un derecho que se basa en la consideración de que la indagación abierta y libre, en un ámbito de estudio referido a la educación o a la investigación, es esencial para el avance del conocimiento y para la mejora de la propia función educativa. Aunque esta libertad de cátedra se limita por factores deterministas impuestos por el currículo que se apega a los 'compromisos sociales' para formar profesionistas. Como si tales compromisos fueran tan complicados, como para que el individuo entendiera que se trata de resolver problemas, y que para su solución, lo que importa es el entrenamiento en el proceso, más no la predeterminación de los mismos. Por el contrario, al aceptar el caos como punto de partida se generan posibilidades infinitas para que el individuo parta de los problemas que le motivan para darles solución. Por lo que el docente debería sentirse responsable sobre lo que deben aprender los alumnos, aumentar su capacidad para entender los procesos mediante los cuales se aprende, y de esta manera saber valorar el desempeño de los que aprenden al construir sus propios conocimientos.

Los procederes propuestos en el párrafo anterior marcan con claridad las responsabilidades de cada uno de los actores. Por un lado, una responsabilidad representada en el docente universitario convencional que prepara la clase, que está pendiente de la selección de las preguntas de examen que le permitan descubrir quiénes son los que memorizaron lo que él considera 'indispensable' para cumplir con la currícula impuesta, mas no con la capacidad que se haya desarrollado para resolver problemas. Un docente que pretenderá descubrir quiénes intentan a toda costa violar el sistema de evaluación para obtener calificación aprobatoria. Mientras que, desde la perspectiva aquí propuesta, el docente es capaz de entender su auto-responsabilidad y las posibilidades de desarrollo que existen para él como ejemplo y para sus alumnos. Un docente que entiende que el conocimiento no es acabado y que el verdadero aprendizaje se logra, cuando se acepta que las posibilidades están en el aprendizaje el conocimiento actual, por la velocidad en que se transforma. Mientras que lo único factible a compartir, es el proceso mediante el cual se entiende la naturaleza.

El sistema educativo nacional está diseñado para oprimir todo intento de libertad, en donde la tesis orweliana [11] "las masas nunca se levantaran impulsadas por sí mismas; nunca lo harán simplemente porque están oprimidas y ocupadas. Desde la óptica de nuestros actuales gobernantes, los únicos peligros de verdad son la aparición de un nuevo grupo de personas con gran capacidad y ávidas de poder, o por el incremento del espíritu de libertad y el escepticismo en los propios gobernantes. Todo se reduce a un problema educativo, a modelar interminablemente la mentalidad del grupo dirigente y del que se encuentra inmediatamente debajo de él. La prole sólo puede volverse peligrosa si el progreso de la técnica industrial hiciera necesaria una mejor educación para ellos; pero como la rivalidad militar y comercial han dejado de ser importantes, el nivel educativo popular decae crónicamente."

Al aplicar la tesis orweliana, los métodos funcionan sin necesidad del uso de la fuerza. Por ejemplo en neo-lengua el "consenso democrático" sería: "La gente tiene el valor suficiente para expresar el alcance permitido de sus pensamientos, si se le priva de esa capacidad, entonces se corre el riesgo de no lograr los consensos democráticos." Por eso es que la democracia misma es indispensable. Es lo que asegura que la población respalde las decisiones de sus clarividentes líderes como dominantes, han aprendido la lección mucho antes de que les proponga este tipo de dominación. Esto es, las propuestas vienen de la actual industria de las relaciones públicas como un ejemplo notable. Aunque en los países donde se garantice la obediencia por medio del uso de la fuerza, los gobernantes pueden tener una visión más que conductista diría cruelmente reduccionista, como lo considera Chomsky [12], "baste con que el pueblo obedezca; lo que piensa no importa demasiado". Desde esta perspectiva, el sistema educativo resulta imprescindible para que los ingenieros en neo-lengua reúnan las evidencias necesarias para respaldar sus tesis.

La propuesta anterior se sustenta en un sistema educativo diseñado en actividades improductivas para mantener ocupados a docentes y alumnos, de tal manera que se impida el pensamiento crítico. Estas actividades impuestas, se construyen bajo las "causas supremas" y en la aceptación tácita de las "verdades" autoritarias de los representantes de las instituciones. Mientras que lo demandado para llevar a las universidades a la posmodernidad es un voluntarismo que permita a los individuos ser capaces de plantearse objetivos, que les exijan esfuerzo o ideales y modelos de conducta que merezcan ser considerados, que sean capaces de mantener la atención en sus propias metas sin vacilaciones, y estén capacitados para resistir los impulsos y romper hábitos. Una voluntad que les permita decidir entre las alternativas surgidas de su propia construcción del conocimiento. Mas esto no quiere decir que del voluntarismo se pase a los actos volitivos absolutamente espontáneos, al indeterminismo que plantea actos libres sin contemplar la condición de la causalidad y sus efectos [8]. Ese estímulo que se convierte en deseo de participar, se da sólo cuando los niveles más bajos de las jerarquías tienen la oportunidad de decidir cuál es el orden sobre el que construirán, para contribuir a las redes del conocimiento ya existentes en la universidad posmoderna [13].

El problema con el autoritarismo no es la búsqueda del responsable de una acción, para luego ser recompensado o culpado por esa acción. El problema para quienes sustentan la tesis del mandato determinista es que los que obedecen el mandato sólo cumplen en las formas para beneficiarse con la bendición. Mas no existe la voluntad de responsabilizarse de los actos, cuando las oportunidades propuestas por los planes y proyectos sólo son formas rígidas de participación que mantienen ocupada la mente, impidiendo su creatividad, que sólo se genera a través del proceso del descubrimiento que se efectúa a partir del desorden, lo impredecible y lo caótico [7]. El supuesto orden que contradice lo anterior, es el que se ha considerado como disciplina, desde que nos enseñaron que nuestro cuaderno de notas debería permanecer impecable, sin borrones, tachones, ni enmendaduras. Por lo que, el condicionamiento es recibir la instrucción precisa, y de esta manera imposibilitarnos para entender que, un universo completamente ordenado está destinado a morir. En oposición a lo anterior, la participación del individuo crítico y creativo es esencial, pues como lo establece Crutchfield [14], el caos es necesario para la vida, la diversidad de comportamientos es fundamental para la supervivencia de un organismo.

El nuevo orden que pasa del paradigma del orden absoluto, al paradigma orden-desorden-interacciones-organización y que se plantea para las universidades posmodernas (heterojerarquía para funcionar como nodos de redes respaldadas por Internet) [13], genera temor por basarse en posiciones que permiten la movilidad intelectual de los individuos. Al respecto, González [15] señala que la hegemonía u orden creado por unos cuantos que han alcanzado el poder, no permite el establecimiento del paradigma en donde el azar conforma la realidad como algo complejo, en el cual coexisten el orden y el desorden, la necesidad y el azar, lo previsible y lo nuevo e imprevisible que permite además la transformación de unos en otros.

Pretender una vida institucional con planes deterministas, en donde cada acción sea prefijada hacia una causa, es pretender un mundo fatalista. En donde los deseos no jueguen ningún papel en la determinación de la acción y lo que hagamos estará acordado por lo que otros consideren, y por las características propias que nos da nuestra dotación genética. En esta utopía fatalista en donde no exista el libre albedrío, es difícil ver como, sólo por la capacidad genética se pueda acoplar nuestra vida a un mundo así [16]. En dado caso que estuviéramos programados para ser lo que somos, entonces las apariencias serían ineludibles, aunque en el mejor de los casos las podríamos canalizar, pero no podríamos cambiarlas por la voluntad, la educación, o la cultura [17] y lo sustantivo de la universidad sería formar autómatas con conocimientos ya acabados. Tal parece que esta es la propuesta de la universidad.

Partiendo del acertijo general planteado por Crutchfield [14] en la pregunta: ¿Cuál parte de una serie de medidas hace que el observador atribuya al "azar" y cuál a la parte del "orden" y a lo "previsible"?, se analizan los principios que permiten una mayor flexibilidad mental para discernir sobre lo caótico, ordenando lo conocido para aproximarse a lo posible.

EL DILEMA DE LA COOPERACIÓN ANTE EL RIESGO DE DESAPARICIÓN DE LA MESA DE JUEGO

La "tragedia en común" por la que atraviesa la educación superior, es similar a la de las emisiones de gases invernadero que mantiene preocupada a la comunidad mundial. Mientras que el consenso de la comunidad que investiga el clima, se refiere a que las actividades humanas son el detonante de la liberación de los gases invernadero, particularmente CO_2 [18, 19]. Para la educación superior el consenso de la comunidad científica es el constante aumento del conocimiento [20]. Bajo esta perspectiva, la cantidad de conocimiento se convierte en una "tragedia en común," para quienes pretenden resolver este problema bajo los esquemas anacrónicos del paradigma de la enseñanza.

Milinski *et al.* [21] plantean que la posible solución a la disyuntiva del cambio climático, puede darse a través de la cooperación. Ese dilema se extrapola al juego de los prisioneros donde los jugadores se encuentran en la posibilidad de cooperar o desertar (no cooperar). Si todos cooperan, todos mejoran, si ellos desertan, el problema les afecta a todos. Pero si un jugador deserta mientras los otros cooperan, el desertor obtiene una elevada recompensa y los cooperadores se reparten una recompensa mínima. Cada desertor no le da importancia a lo poco que reúne cada uno de los oponentes. De aquí el dilema, ¿será posible entonces, que la partida se juegue repetidamente por el mismo número de jugadores que cooperen por altruismo recíproco? [22].

Con respecto a las Instituciones de Educación Superior, sabemos que existe un problema que debe ser abordado desde la perspectiva del aprendizaje, más no desde el paradigma de la enseñanza. Este problema se refleja en el retraso académico que cada vez que aumenta el conocimiento se ensancha la brecha para su solución. Por lo tanto, el retrazo académico hunde a las universidades cada vez que la competitividad global se acerca a nosotros. Para evitar a largo plazo el naufragio, los integrantes de esta comunidad debemos cooperar con la parte que nos corresponde. Esta debe ser una cooperación *per capita*, las autoridades deben aceptar que el engaño no es el camino por el cual se puede llegar a ser competitivo, que el incremento de la burocracia en aras de forzar el cumplimiento de las responsabilidades de los universitarios sólo agrava el problema. Mientras que los integrantes de la comunidad universitaria, debemos aceptar que padecemos diversos grados de ignorancia y que si la seguimos combinando con el engaño, esta evolución nos conducirá a un derrumbamiento acelerado de nuestra fuente de trabajo. Después de hacernos conscientes de que ésta es una "tragedia en común" ¿Se podrá lograr la cooperación que le corresponde a cada uno de los actores para evitar la tragedia?

A pesar del engaño y el fraude que constantemente se da en nuestra sociedad (corrupción, excesivo gasto público que incrementa el gasto burocrático con las consecuentes devaluaciones, programas gubernamentales que no trascienden, etc.), nuestra tendencia a cooperar con los demás al parecer es innata, aunque vaya en contra de nuestro interés personal racional. Algunas teorías señalan que la cooperación es una de las principales razones que el hombre ha manejado para sobrevivir en los ecosistemas de la tierra, pero esto plantea el enigma de los biólogos evolucionistas: ¿Se encuentra incrustado en nuestros genes el deseo de cooperar?, o ¿somos instruidos por la cultura para llevarnos bien con los demás?, o ¿somos quiénes rompemos las reglas pervirtiéndolas, para seguir manejándonos por los impulsos que sentimos? [23]. Asentir a la primera pregunta determinista puede ser correcto, tanto como puede ser correcto asentir a la segunda. Aunque, desde el punto de vista compatibilista, el conflicto viene cuando enfrentamos la tercera pregunta a la teoría de los juegos, en donde la competencia por los recursos disponibles, nos hace decidir con cuáles grupos cooperar, qué estereotipo de individuo puede ser digno de tomarse en cuenta para relacionarse sin que estos aniquilen nuestras aspiraciones personales.

De acuerdo con la teoría del juego Nowak y Sigmund [24], se puede entender que desde la visión parasítica del burocratismo, no se puede concebir la posición de la cooperación para agilizar las acciones de los productores. Pero la aplicación de medidas desde esta perspectiva, nos puede conducir a niveles de adaptación miope en donde sus propios excesos, a la larga, pueden dañar tanto al hospedero como a ellos mismos. Estudios recientes de cómo cooperan los humanos y otros primates han alimentado estos viejos debates con nuevos datos. Los evolucionistas teóricos han intentado juntar las partes de los esfuerzos que deben hacer la forma de cooperación. Mientras que los neurocientíficos intentan conseguir entre lo enmarañado de las conexiones dendríticas, identificar los circuitos en el cerebro a lo que responden los cooperadores y los tramposos [23].

En un mundo de oportunidades evolutivas, no determinadas genéticamente, sino las que se dan en el instante que conforma nuestra existencia, se necesitan utilizar todas las herramientas disponibles para competir como lo hace el hospedero con respuesta inmune exitosa en contra de los patógenos. Esto es, tenemos la oportunidad de transformar el panorama que nos rodea. Aunque los patógenos entren en el mismo juego biológico de las dinámicas evolutivas y sean beneficiados con nuestra movilidad [24], traducida ésta como movilidad intelectual.

Entre los animales existe una forma de selección consanguínea que obliga a la cooperación de los dominados de parentesco distante o no emparentados. Esta forma de cooperación es ampliamente considerada por jugar una función dominante en la evolución de las sociedades cooperativas especializadas, donde los individuos confían en la asistencia de los auxiliares no emparentados para que saquen adelante a los jóvenes [25]. Esta selección no puede ser por consentimiento de los más débiles, más bien debe ser por imposición de los más fuertes, por lo tanto no puede ser razonable, ni puede ser el destino de la cooperación entre el hombre. Desde el momento en que la distinción entre los animales y el hombre está precisamente en la evolución del cerebro [26], más no en la fuerza física.

En los insectos sociales, la selección por los parientes provee una sola explicación viable para la evolución que se mantiene por los trabajadores estériles. Tocante a los pájaros y mamíferos obligadamente cooperadores, los ayudantes relativos son los parientes dominantes que aún no han estado en posibilidades de obtener el mando del grupo, o individuos cuyos propios intentos de cruzamiento han fallado y aquellos que han regresado a colaborar con los parientes en sus grupos originales. En varios pájaros facultativamente cooperativos es más probable que los individuos regresen y ayuden a los grupos que se conservan hasta cierto punto cerrados, y en unas cuantas sociedades cooperativas. Por lo que el enclaustro contribuye a las actividades cooperativas, que hacen que los individuos relativamente distantes no se relacionen [25].

La cooperación en el hombre puede darse a través de la fuerza, la coacción y el engaño, pero también ésta puede ser a través de la libre voluntad. En ambos casos se espera algo a cambio, la diferencia estriba en que en la cooperación por la fuerza, la coacción y el engaño, no permite la elección a través del razonamiento, mientras que en la segunda forma se usa la libre voluntad como uno de los asuntos privilegiados de la conciencia. Mientras que en la primera posición se coopera para sobrevivir, esperanzado que en algún momento se pueden obtener posiciones ventajosas por cuestiones de azar, o por la evolución de la coacción, el fraude y/o el engaño. De acuerdo con Wedekind y Milinski [22], en la segunda posición donde se da la cooperación por voluntad libre, se generan las propias oportunidades para acceder a niveles de juego avanzado.

La ignorancia de las leyes naturales y la aceptación del determinismo autoritario

Desde el punto de vista del sujeto, el riesgo no puede existir si se es ignorante. En el lenguaje ordinario "la ignorancia" es contraria a la "incertidumbre" con respecto a la distinción entre lo verdadero y lo falso. A menudo el riesgo es usado para denotar, en general, una situación en la cual algunas cosas no son bien venidas y que así como pueden ocurrir, no conocemos si ocurrirán [27]. Por lo tanto, si existe conocimiento puede existir incertidumbre en cuanto a que algo pueda ocurrir o no. De tal manera que, el que maneja el conocimiento está capacitado para tomar decisiones asumiendo un riesgo, por lo que la incertidumbre/riesgo se convierte en un acto consciente. Mientras que incertidumbre/riesgo ante un individuo ignorante no puede existir.

Un sistema educativo basado en la transmisión de conocimientos, más que en la construcción responsable del conocimiento por los individuos, es un sistema educativo alienante [28], al no existir el acto responsable para la construcción del conocimiento propio y pasar de un estado de ignorancia a un estado de incertidumbre que le conmine a probar lo que es falso de lo que es verdadero a partir de la creencia de la que parte [27]. El problema de la ignorancia es que puede evolucionar hacia el fraude, porque en cierta medida hemos sido cómplices del engaño por efecto de nuestra propia ignorancia. Esto es así, porque hemos tratado de enseñar lo que de un modo aprendimos, coartando la posibilidad de aprendizaje a los que enseñamos para que ellos mismos construyan sus propios conocimientos.

El desempeño de la academia bajo las condiciones de transmisión del conocimiento, por supuesto que será pobre. Ante esta situación se puede evolucionar en el juego del fraude y conseguir mayores dividendos económicos por dos vías: una es seguir engañando a través de la cátedra y el desarrollo de investigación que no necesariamente es ciencia, lo que nos conduce a escalonar los grados de maestría y doctorado para subir en el escalafón de la nómina. La otra forma es dar el salto de profesor de aula a la posición burocrática de la administración. En esta posición, si queremos mantenernos, es necesario entrar en el juego hegemónico de los planes y programas impuestos por la ANUIES (consultar programas en http://www.anuies.mx). Éstos están hechos para mantener ocupados a los maestros con un sinfín de programas-estímulos que impiden el uso del tiempo para desarrollar actividades que aumenten la flexibilidad mental. De tal manera que se impone la verticalidad administrativa que no permite la crítica, pero sí la dominación a través de la prescripción del quehacer-recompensa. Entre los programas que se "inventaron" se encuentran algunos contradictorios y aleccionadores que permiten el sostenimiento de esta verticalidad; no nada más del sistema burocrático de la universidad sino del sistema burocrático nacional. En el caso de la universidad, este tipo de programas generan profesionistas acríticos, que por costumbre requieren constantemente de una autoridad-guía para que les señale qué es lo que deben hacer. Ese es el sentido del Programa Tutorías, al asignar un tutor que vigile y oriente al alumno, en vez de dejarlo que experimente él mismo su creatividad y su auto-responsabilidad. Esto es demostrable en el programa de tutorías propuesto por la Dirección de Estudios y Proyectos Especiales, que en la mayor parte de su redacción justifica acciones conductistas como la que se retoma a continuación:

> *El alumno debe entrar en el campo del tutor accesorio, leer obras escogidas, importantes, cruciales en la disciplina de que se trate y esforzarse, con la guía de esa persona, en explotar un campo que, de otra manera, no habría tenido la posibilidad de conocer. Este tipo de tutoría en posgrado ayuda mucho al enriquecimiento académico en la formación de individuos* (http://www.anuies.mx)

El mandato determinista expresado anteriormente sólo sirve para mantener el estatus de quien impone las lecturas y evita, de esta manera, la crítica a la que se expone cuando el tutorado tiene la posibilidad de leer lo que él decida. Sin tener empacho en contradecir las fuentes que recomienda el tutor o quien se las prescriba. De la otra manera, el que decide qué leer, debe estar consciente que puede exponer ideas contrapuestas a las de los demás, y que debe sostenerlas en una búsqueda constante de la verdad objetiva, que no es la que se asigna. De la otra manera, el aleccionamiento arraiga la sumisión y obediencia, entendida ésta como lealtad y disciplina, donde la investidura lo es todo y el jefe inmediato superior es visto como el estratega máximo [29].

Este autoritarismo manifiesto en las estrategias de los asesores de los políticos que diseñan los programas engañosos, puede surgir con la mejor intención de que el estado de cosas cambie. Estas estrategias no se pueden considerar como las falsedades que ocurren generalmente en nuestra sociedad, incluyendo la casa, la escuela, el sitio de trabajo, así como en contextos especiales tales como en los interrogatorios de la policía y en los testimonios de la corte. Estas farsas fallan cuando se exponen ante los hechos que contradicen el engaño o por un tercer cómplice quien traiciona los disimulos de la confidencia. Cuando se trata de farsas intrascendentes, los farsantes sufren sólo la vergüenza si los sorprenden, pero las apariencias que afectan gravemente a las personas o a la sociedad, pueden tener consecuencias terribles, tanto para el tramposo como para el que es engañado. Los ejemplos de las grandes falsedades incluyen las que están entre las cabezas de Estado durante alguna crisis [30].

Aunque este ensayo no trata el tipo de mentiras a las que se refiere el párrafo anterior; sí se aborda el problema de la sutileza del engaño y el fraude que se da entre la ignorancia de los que plantean las estrategias para el desarrollo de un país, con una cultura política jerárquica, de sumisión y obediencia [29]. Aunque no puede descartarse que existan líderes de los altos mandos que estén conscientes de este tipo de engaños, y permanecen callados, a sabiendas de que determinada situación les favorece tanto a ellos como a su grupo. Este tipo de actores son los más peligrosos, pues son los que pueden poner en riesgo la independencia del país. Esta idea ya se había planteado para el sistema educativo francés en los setentas por Wadier [32] que razonaba la posibilidad de un plan consciente para provocar el fracaso en el aprendizaje de la lectura. Aún más, era difícil imaginar que dicho plan existiera, pero la realidad indicaba que, a pesar de los avances tecnológicos, los fracasos en la adquisición del código básico de la lectura continuaban siendo significativos.

El engaño que se da en todos los ámbitos de la universidad, no es privativo del posgrado en donde se supone que se capacitan los investigadores para la búsqueda de la verdad objetiva. El riesgo de la manipulación de datos es más factible que se pueda efectuar actualmente, pues las armas actuales de la administración (las computadoras) facilitan aún más el fraude, aunque la ciencia y el fraude han coexistido hace miles de años. Las tres cosas que actualmente sobresalen en la sociedad contemporánea son la intensa atención en los medios, el apilamiento burocrático a través del cual el rango educativo más bajo tiene la posibilidad de arremeter con el fraude y una cultura dominada por la disposición de las leyes donde la reconducción de la culpa, al parecer, incrementa la dominación de la mayor parte de la población [33].

El engaño no es sinónimo de fraude, cuando el primero se encuentra a la vista de todos. El fraude en cambio, puede llegar a ser tan sutil, que no se puede comprobar ni acusar de fraudulento al que lo comete. En el póquer el fraude implícito se puede considerar como aquél en el cual se desarrollan maniobras donde las posibilidades de ocultar o exponer las ventajas, son para beneficiar a determinados individuos al hacer acuerdos secretos [31]. Más aún, en el fraude sutil puede ser acompañado por varias acciones tales como:

- Sembrar las emociones deseadas en los demás.
- Crear una atmósfera agradable entorno al que elabora el fraude.

- Fomentar la relajación de las actividades y la poca calidad.
- Crearse una imagen no ofensiva.
- Evitar la complejidad.

Lo anterior se puede relacionar con las conclusiones a las que llegaron Grezes *et al.* [34] en las que consideran de gran importancia el sistema de aprendizaje del significado de los estímulos. Pues estos estímulos cuando son bien intencionados se extienden a los juzgamientos sobre las intenciones sociales, que pueden ejemplificarse en las metáforas de las reglas y las jugadas de póquer. Mientras que los estímulos engañosos también pueden ser ejemplificados con metáforas, por ejemplo, los famosos Programas de Estímulos al Desempeño Académico de la SEP que se ajustan a la "zanahoria y el garrote."

Las reglas del póquer (en el sentido metafóricamente social), tanto implícitas como explícitas, pueden pervertirse con mayor facilidad en la medida en que sean impuestas de manera irracional a través del engaño, la simulación y la fuerza [31]. Pero se pueden fortalecer en la medida en que el grupo se conduzca hacia el logro de la verdad objetiva. Esta verdad no está precisamente en nuestros deseos de primer orden, sino en los deseos de segundo orden, que detienen los impulsos que corren paralelos a los instintos, o bien que sacan las respuestas automáticas, referidas a la memoria de trabajo [4].

Entre los científicos, el fraude se define como la fabricación, falsificación, plagio, u otras prácticas que seriamente se desvían de lo comúnmente aceptado por ellos, para proponer, conducir, o reportar sus investigaciones. Esto no incluye el error honesto o las diferencias honestas en la interpretación o juzgamientos de los datos [35]. Esta conducta que se extiende, además de los investigadores, a los becados, incluyen al menos las siguientes ofensas mayores: la fabricación de los datos: la deshonestidad en el reporte de los resultados, disponer de datos para la fabricación de resultados, ajustar los resultados para mejorarlos, y la negligencia flagrante en colección o análisis de los datos para reportar los seleccionados u omitir los datos conflictivos para el propósito de engañar [36].

En ciencia se pueden distinguir cuatro grupos de fraudes: el engaño, la falsificación, los arreglos, y el entramado. El engaño, es simplemente la fabricación de datos con el propósito de defraudar, en un intento de distraer, aunque después se descubra, y solo se logre el ridículo. La falsificación difiere del engaño en que éste intenta pasar indefinidamente, por lo que se le da el mismo crédito al falsificador por la configuración de hechos que parecen haberse observado genuinamente. Los arreglos "consisten en recortes de las observaciones en pequeños pedacitos de aquí y de allá" lo cual difiere mayormente en el exceso del término medio, y en los recortes de ellos en los cuales son también pequeños. El propósito de los arreglos es dar la apariencia de una mayor exactitud. Aunque tampoco es perjudicial para la ciencia desde que esto hace al menos preservar el valor promedio de las observaciones [37].

Existen tres grupos de entramado, el primer método de entramado se hace cuando hay multitud de observaciones, y de éstas selecciona sólo una, la cual está en concordancia, o muy cerca de lo que se busca. Si se hacen cien observaciones, la trama debe ser muy desafortunada si no se pueden seleccionar al menos cincuenta en el proceso que se conoce como "cucharear" (para tomar una porción). El segundo método de entramado consiste en el cálculo de los valores por formulación alternativa y tomando los resultados que estén más de acuerdo con los valores deseados. El tercer método puede ser usado si el contraste implicado en los cálculos tiene diferentes valores cuando se enlista en diferentes cuadros de catálogos. En este caso los valores pueden ser usados para producir resultados alentadores. El cuarto grupo de fraude que se enlista, es la fabricación de los datos, y es claramente el más dañino para la ciencia [37]. Por lo anterior, para los científicos es primordial mantener la verdad objetiva, ya que desarrollar investigaciones con datos falseados es perder el tiempo. Por lo que se espera que los investigadores entiendan y eviten el plagio, el falseo, la fabricación o falsificación de los resultados, pueden ser considerados como seria ofensa disciplinaria [38].

Existe otro tipo de fraude que es complicado detectar y opera a través de estafadores con alto rango autoritario. Éstos al evolucionar, además del engaño evidente pueden usar las "verdades" especiosas para encubrir a toda costa la realidad. En la metáfora del póquer este tipo de estafadores son los jugadores más peligrosos que usan dos criterios: *(1)* sus jugadas son fáciles de ejecutar *(2)* es imposible detectarlas y llamarlas deshonestas. Estos estafadores, usan los conceptos sutiles más elevados para poder ganar ventajas a sus oponentes [31]. Éste tipo de fraudes son los que operan ante un público poco instruido. Un ejemplo actual es el creacionismo, que usa a menudo las descripciones y las terminologías de varias de las perspectivas teológicas (basadas en el diseño) que en sus orígenes causó confusión en lo científico, lo filosófico, y la literatura popular. Las frases tales como "creacionismo en lo oculto," "neo-creacionismo," y "creacionismo en sigilo" son comunes. A menudo las confusiones rodean las distinciones entre ID (del inglés Inteligent Design) y creacionismo tierra-joven (YEC). Estos términos son usados en los escritos y lecturas de los debates de la creación/evolución [39]. He aquí un ejemplo de sutileza en el engaño de un escrito no científico, cargado de *non sequiturs,* que pretende convencer con las bondades del creacionismo:

> *Hasta hace poco, la mayoría de los desertores activos de la evolución neo-Darviniana (naturalistas) pueden ser clasificados como creacionistas de "la nueva-tierra" (o como yo les llamo "tradicional"). Su desacuerdo pudo haberlos separado hacia una motivación fincada en el literalismo bíblico, mas no de las evidencias científicas, después de las críticas tradicionales hacia los*

creacionistas, es injusto para el contenido de sus puntos de vista actuales —muchos creacionistas prominentes son destacados científicos— la ausencia de una comunidad grande de disidentes del Darvinismo entorpece el crecimiento de las alternativas científicas para la teoría naturalista. Tal como la gran comunidad que ahora existe en el movimiento "diseño inteligente (ID). [40].

En décadas pasadas, la comunidad ID ha madurado en la idea del profesor Phillip Johnson de la UC Berkeley, cuya idea central es que la ciencia debe ser libre para buscar la verdad donde exista la mentira. La posibilidad de diseñar, además, no puede ser excluida de la ciencia. Este panorama tiene profundas raíces en la historia de la ciencia occidental y es esencial por sanidad de la ciencia como una empresa para la búsqueda de la verdad. Entender la bóveda de diseño para una posibilidad empírica, sin embargo, algún número de teorías particulares también pueden ser posibles, incluyendo el creacionismo tradicional, lo progresivo (o "la vieja-tierra") el creacionismo, y la evolución teísta. Tanto las evidencias científicas y como las Sagradas Escrituras pueden servir para decidir la competición entre estas teorías. La "gran tienda" de la ID provee un entorno en el cual la verdad puede sobrevenir después de la lucha, en la cual la cultura secular puede influir [40].

Los párrafos anteriores que se retoman literalmente, sirven para ejemplificar la importancia de los principios de los que se parte, para poner a prueba la creencia que se debe transformar en conocimiento previo, después de ser consensuada por la comunidad científica. Sólo que existe un problema, ya que la fe religiosa es clara, por lo que no se pueden someter a consenso las "verdades absolutas," pues como tales no se deben someter a discusión, porque la religión no permite la duda, para eso son "absolutas." Más no se niega, la posibilidad de acción a partir de la realidad o existencia real. Esto es diferente al desarrollo de actos partiendo de las verdades absolutas que se fundamentan en la posibilidad o existencia posible. Se requiere entonces, de creencias que permitan pensar, juzgar, sospechar algo o estar persuadido de ello, no de intentar fundamentar las verdades reveladas. Creencia en el sentido de verosimilitud o probabilidad, más no en dar asenso, apoyo o confianza persona alguna que fundamenta su verdad en lo absoluto. Más bien es el reconocimiento de los actos de la persona cuando se ha corroborado que dichos actos han pasado el arbitraje del colectivo científico, que permite la formación de consensos, pero que a su vez permite abrir discusiones posteriores sobre los disensos.

Las "verdades absolutas" y el principio de autoridad van de la mano, ambos conceptos se guardan en una "misma caja" efectivamente determinista, ésta aniquila toda posibilidad de entender metacognitivamente la magnitud de la ignorancia en el que nos encontramos. Al aceptar el principio del autoritarismo, aceptamos renunciar a nuestra auto-responsabilidad para entrar en una búsqueda constante de "guías seguros." De esta manera perdemos nuestra independencia y nuestra autonomía, condiciones indispensables para la creatividad y la innovación. Aún más, al aceptar los "guías seguros" se imposibilita la ruptura el círculo vicioso de la ignorancia. Si bien, la forma de actuar consciente es una condición que le compete al individuo, existen también las formas de actuar en la que se descarga la responsabilidad en la autoridad ("guía seguro"), que es la que decide lo que procede y que debe estar representada en todos los ámbitos [41].

El abandono de la auto-responsabilidad permite que la autoridad asuma una visión determinista envolvente, que no deja que las ideas de los demás fluyan. Esto nos conduce a un estado social hegemónico, en donde el inmovilismo conviene a los que desean mantener sus cotos de poder. De esta manera, en un sentido metafórico el juego se mantiene estable, al existir un solo tipo de jugadores que reparten un juego monótono, y que no permiten a los jugadores profesionales proponer una partida en donde el nuevo orden sería caótico para los primeros, poniendo en riesgo la hegemonía que les permite obtener los mejores dividendos [31].

Las influencias que impiden romper este círculo vicioso van más allá del sistema burocrático para ejercer el control, esto es, las ingerencias de principios filosóficos impositivos por parte de las religiones hacia la sociedad, como lo es el creacionismo que usa el Diseño Inteligente como arma criptocientífica en los movimientos sociopolíticos cristianos conservadores. Estos movimientos sociales son secularmente apuntados a un público pobremente educado en ciencia [42].

En el proceso de evolución genéticamente no determinista, debemos estar muy atentos a las interacciones que se dan a través de la comunicación en el sentido más amplio, este incluye las llamadas de alarma, el despliegue de amenazas. Éstos conducen al juego teórico de los problemas concernientes a las señales de engaño y honestidad [24]. Por otro lado, también es importante tomar muy en cuenta lo relacionado con la adquisición y el desempeño del lenguaje humano, que en una población heterogénea puede ser estudiado como un juego evolutivo [43]. Esta teoría del juego evolutivo es usada en economía y en ciencias sociales y aplicadas en los juegos experimentales en el que el objeto de estudio es el hombre [44-46].

La teoría de los juegos una opción compatibilista para el pensar y actuar

Conozco una mesa de juego en donde no existe la suerte, en donde los jugadores profesionales que aportan a la polla, es imposible que pierdan. Una mesa en donde los jugadores amateur, que en otras mesas han sido victimas del engaño y el fraude, no apuestan, para evitar el riesgo y sólo pierden la

> *oportunidad de ganar. En estas mesas, también asisten juga-*
> *dores deseosos de aplicar las jugadas fraudulentas aprendidas*
> *en otras mesas, pero se retiran con las manos vacías, al no tener*
> *oportunidad de ocultar sus maniobras.*

La sociedad está subordinada particularmente a las interacciones sociales y económicas, que dependen a su vez de la habilidad del sujeto para decidir si las acepta como verdaderas o falsas [34]. En estas interacciones, independientemente que se acepte o no, uno mismo se encuentra inmiscuido en el juego evolutivo cotidiano, no determinista desde el punto de vista genético. De aquí que, es importante estudiar el lenguaje humano y sus conexiones con la matemática de la teoría de los juegos, la teoría del aprendizaje, y las lingüísticas computacionales. Además, uno debe aprovechar la oportunidad de entender los temas principales de la psicología evolutiva, en la que se incluye la cooperación y la comunicación entre los individuos, conceptos que están intrínsecamente ligados a la teoría de los juegos. Otra teoría que se incluye es la de la mente, por ejemplo, es en sí una estrategia útil que debe ayudar a entender ciertos juegos para ganar. Por eso es que, todas estas teorías interrelacionadas con la de los juegos, son herramientas apropiadas, porque no se puede negar que los sucesos de un individuo dependen de otros [24].

Similar a las interacciones entre los individuos, uno mismo es el producto de los patrones de las interconexiones entre las neuronas del cerebro. Cómo somos nosotros, es en gran parte aprendido a través de la experiencia y mucha de esta información es almacenada implícitamente, en las rutas que afectan nuestro comportamiento, pero no está completamente accesible a la conciencia. Este mensaje es importante porque la mayor parte de la psicología contemporánea de la personalidad y la sicopatología, están basadas en las mediciones de lo que la gente conoce conscientemente sobre ellos mismos [47]. El comportamiento es orquestado por la interacción entre lo heredado y las acciones de las influencias ambientales en el mismo substrato, el genoma. Para el comportamiento, la expresión de los genes en la mente es la lectura inicial de la interacción entre lo heredable y la información ambiental [48].

La evolución de los juegos para ganar, están destinados al uso de la razón y de la lógica y puede perdurar sólo cuando se practican tomando en cuenta la realidad objetiva. Dicho de manera determinista, que dos más dos son cuatro y no cinco, ni tres. Aunque en el mismo juego se tengan que enfrentar situaciones de esa naturaleza, que se sostienen por las propias creencias que afectan el comportamiento humano. En este sentido, es ese intercambio social, el que conforma el componente crítico de todos los días. Por lo que las personas necesitan la habilidad para inferir el estado mental de los otros, tales como sus deseos, creencias, y formas de relacionarse. En estas interacciones sociales y económicas, es importante juzgar exactamente si una persona es honesta o deshonesta. Entender rápidamente si las personas con las que se relaciona, es difícil detectarles el engaño [39, 49, 50] por lo que tiene que valerse de algunas pistas para juzgar el comportamiento de los individuos cuando son sinceros [50].

En la teoría de los juegos para ganar, particularmente en el póquer, se pone especial atención a la exploración del potencial de la cooperación cuando se intenta a corto plazo el engaño. Esto es debido a que la cooperación humana a menudo depende de una reciprocidad retardada, en la cual cada par arriesga un costo a corto plazo, para adquirir una ventaja a largo plazo [51]. En el hombre varía la propensión para cooperar (por ejemplo, entre varones y féminas, o entre economistas y no economistas) [52]. Su comportamiento se encuentra condicionado a la pareja con la cual cooperarán. Este condicionamiento lo hacen reuniendo información para sopesar la propensión del par con el cual pueden cooperar [51].

La teoría de los juegos, permite desenmarañar las situaciones complejas en las cuales las mejores estrategias de un jugador dependen de las acciones de los otros. Esto se concibió originalmente por el estudio del póquer, el ajedrez, y sus similares. Posteriormente, los economistas adaptaron la teoría de los juegos para explicar los mercados y la competencia. Esta teoría atrajo a los investigadores de otras áreas, incluyendo a los estudiosos del comportamiento animal. Sobre todo, a algunos biólogos que hasta hace poco empezaron a considerar la teoría del juego para probar las predicciones en el campo de la evolución [53].

UN PRINCIPIO COMPATIBILISTA PARA ROMPER EL CÍRCULO VICIOSO DE LA IGNORANCIA

Aceptar la propia ignorancia de manera racional, es tener la noción de lo que no se sabe y hasta dónde se puede profundizar en el entendimiento. La ignorancia irracional sería intentar entenderlo todo. Desde otra perspectiva, creer que se conoce todo, es poner una barrera para construir nuevo conocimiento. Aunque no es fácil aceptar la ignorancia, pues esto implica desaprender; y nada puede ser peor para el que está dispuesto a aprender que deshacerse de lo que "conoce," sobre todo cuando el conocimiento ya está automatizado. Las ideas equivocadas, que se inculcan de manera impositiva a través de las cátedras, van a lo más profundo, por lo que desaprender puede ser más duro que aprender [54]. Este proceso de desaprender las falsas concepciones es duro, porque requiere de la introspección del individuo, demanda un esfuerzo mayor que el uso de las falacias memorizadas irracionalmente.

El ejercicio mismo de la introspección requiere del rechazo o aceptación de principios que pueden ser deterministas. Lo que implica que podemos asumir que somos capaces de crear las categorías de las acciones voluntarias para manejar los deseos de segundo orden relacionados con la metacognición de nuestra ignorancia como lo concluyen Kruger y Dunning [55] en sus investigaciones. En este sentido, se espera que las competencias metacognitivas estén sujetas a cambios y que nuestra ignorancia e incompetencia pueden sufrir modificaciones en el momento que nos hacemos conscientes de ellas [56], así se explica en los párrafos que vienen a continuación.

Es difícil aceptar que uno mismo es incompetente o ignorante. Cuando tenemos alguna incompetencia en las estrategias adoptadas para escoger lo que puede ser exitoso y satisfactorio para nosotros, podemos sufrir una carga dual: pues no solo reaccionamos haciendo conclusiones erróneas que nos conducen a la elección desafortunada, sino que la incompetencia misma nos roba la aptitud para realizarlas [57].

Las aptitudes que engendran las competencias en un dominio particular, son a menudo muy similares a las aptitudes necesarias para evaluar las competencias en el dominio de nosotros o de los demás. Es por eso que, los psicólogos cognitivos consideran que estas incompetencias individuales se fundamentan en la carencia de la metacognición [56], meta-memoria [58], metacomprensión [59] y el seguimiento de las aptitudes de uno mismo. Estos términos se refieren a la aptitud de entender cómo podemos desempeñarnos mejor, y cuándo es probable que uno esté en el error. Por ejemplo, considerarse apto para escribir el inglés. Las aptitudes que le permiten a uno construir una oración gramatical, son las mismas aptitudes necesarias para reorganizar la misma oración, y de esta manera las mismas aptitudes para determinar si se efectuó la equivocación lingüística. Es decir, el mismo conocimiento que determina la aptitud para producir un juzgamiento correcto, también es el que determina la aptitud para reconocer el juzgamiento incorrecto. Al faltar lo primero puede ser deficiente en lo último [55].

Las aptitudes metacognitivas para explicar la incompetencia propia, parten del hecho de que la gente parece ser imperfecta en las evaluaciones de ellos mismos y sus aptitudes, quizá la mejor ilustración de estas tendencias es "el efecto de estar por encima del promedio," o la tendencia de la persona promedio a creer que él o ella está por encima los demás, desafiando la lógica de las estadísticas descriptivas [60, 61]. Por ejemplo, los estudiantes de escuelas superiores tienden a verse a si mismos como los que tienen más aptitudes de líderes con respecto a los demás, y los jugadores de fútbol se ven a sí mismos como los que tienen más sentido común para "entender el fútbol" que sus entrenadores [56].

La metacognición de la ignorancia nos sirve además, porque, de esta manera se han dado los grandes avances de la ciencia; desde el momento en que descubrimos las fronteras de la ignorancia y el avance del conocimiento que ha logrado la comunidad científica, somos capaces de comprender nuestra ignorancia con respecto a las preguntas más profundas ya planteadas o las que seamos capaces de plantear. Esto nos lleva a las aproximaciones sucesivas que nos conducen a la formulación de nuevas preguntas surgidas de las respuestas. Dicho de otra manera: para cuando la ciencia logre contestar las preguntas, puede parecer que se ha llegado al final. Este conocimiento acumulado disminuye la ignorancia del pasado, pero surgen nuevas preguntas, por lo que se expanden las áreas de la ignorancia a explorar [62].

La mera ausencia de conocimiento no todo el tiempo se puede considerar como ignorancia. Tal es el caso de la construcción del conocimiento en la ciencia, en donde se demuestra que el entendimiento de lo que los científicos no conocen, es tan importante como entender lo que conocen [63]. La ausencia del conocimiento se da como resultado de la lucha cultural y política de los pueblos. Puesto que la ignorancia inconsciente de los individuos pertenecientes a una institución se vuelve perniciosa, pues la cotización a la baja de los individuos con escasa comprensión científica, sostiene a los que son capaces de desarrollar su inteligencia. Esta dependencia ensancha la brecha de la ignorancia, desgastando el soporte para combatirla, por lo que se vuelve un círculo vicioso [64]. Romper este círculo vicioso en las universidades es extremadamente difícil, donde los programas impositivos de la SEP-ANUIES recompensan la cantidad más que la calidad (consultar programas (http://www.anuies.mx), que es a la inversa de los programas para los estímulos que se ofrecen a los físicos contemporáneos en los Estados Unidos [65]. Sobre todo cuando las mismas autoridades son ignorantes del riesgo que implica establecer un sistema de recompensa, en donde importa la obtención masiva de títulos doctorales, más que el desarrollo intelectual de los académicos, en un afán de demostrar acreditaciones que no avalan una formación competitiva de acuerdo a los estándares internacionales [29].

Una propuesta compatibilista para una universidad en crisis

Una propuesta compatibilista sí, si se considera que: el determinismo y la libre voluntad/auto-responsabilidad se pueden conjugar; que la libertad de voluntad no cambia el sentido determinista de las leyes naturales pero puede incidir en el curso de la acción, para que determinada ley (natural), surta su efecto o se suprima por otra [9].

En la aplicación del principio compatibilista en las universidades, los conceptos de 'aprendizaje en las organizaciones' y 'práctica en las comunidades', actualmente se conciben en las organizaciones no como un trasfondo de las estructuras para el control racional, sino como un sistema libremente acoplado por las redes de los procesos de 'representación' y la creación de conocimiento colectivo que favorecen la autonomía de las agencias en todos los ámbitos. Estas ideas son, por supuesto, particularmente un reconocimiento del hecho de que el control jerárquico central se encuentra en proceso de declinación en muchas organizaciones. Aunque los cambios de la organización en gran escala son simplemente complejos y elevadamente riesgosos para la conducción de cualquier grupo o para el individuo mismo [66]. A pesar de estos riesgos, el rumbo de la administración de las organizaciones actualmente se plantea en un sentido diferente a la verticalidad que se había venido dando.

La crisis de legitimidad para las universidades occidentales surge en primer lugar para la libertad académica que es cuestionable, de la misma manera que en la sociedad se cuestiona en lo general la autonomía de la ciencia. En segundo lugar las nuevas clases globales no necesitan de la nacionalidad de las universidades, más que lo que ellas necesitan de la nación-Estado. Por lo que la universidad está perdiendo su rumbo al ser absorbida por el mercado y, a la vez, éste último, reemplaza al Estado, que queda como un fiador primario, mientras que el mercado no ofrece la estabilidad a la que estábamos acostumbrados. Bajo estas condiciones, en las economías emergentes basadas en el conocimiento, la universidad se transforma cada vez más por la influencia de la tecnociencia, lo cual le da un nuevo acomodo de vida. En tercer lugar, la disponibilidad del conocimiento que antes sustentaba a las universidades, ya no es tal, pues éste ya no se confina por largos periodos en los espacios institucionales [67].

La disponibilidad del conocimiento y la velocidad con la que éste se produce ha venido desplazando la división disciplinaria, que en un momento dado rindió sus frutos en el avance de la ciencia después de la Segunda Guerra Mundial, y actualmente es uno de los factores que no permiten el desarrollo de las universidades [15]. Aún más, esta división disciplinaria recorta y estrecha el alcance de la educación universitaria, y se considera como un indicador de aversión al conocimiento. Por lo que los conductores de la universidad posmoderna, han hecho elecciones deliberadas al respecto, y han sido capaces de realizarla con la mínima oposición de los directamente interesados en la libertad académica [68].

Mientras que en las universidades en crisis se insiste en la división disciplinaria. La interdisciplina se ha convertido en sinónimo de todos los pensamientos progresistas sobre la investigación y la educación, no por alguna simple creencia filosófica en la heterogeneidad; sino por la complejidad científica de los problemas que actualmente se encuentran bajo estudio [69]. Estos problemas requieren de los actores una mayor abstracción, de la capacidad de selección y la simplificación que, además sirven como marcadores intelectuales de la orientación cognoscitiva en el proceso de evaluación de la calidad externa e interna [70].

Otro factor que agravó la crisis en las universidades, fue el mismo avance de la tecnología de la información, pues al ser entregada a través de la plataforma tecnológica, se equipara con el conocimiento, y generalmente se concibe como una reserva, más que como lo que es, un verdadero flujo. La noción de que el conocimiento es un flujo sugiere una concepción radical diferente. Los individuos crean el conocimiento y lo generan en ellos mismos. Por otra parte, éste conecta, une, e involucra a los individuos. Es inseparable de los individuos que lo desarrollan, lo trasmiten, y son influidos por él. Mientras que el punto de vista prevaleciente del conocimiento como una reserva, está en la idea central de todo el sistema educativo universitario, en cuanto a que los hechos son para aprehenderlos y regurgitarlos en los exámenes, como único sistema de evaluación [71].

La plataforma tecnológica permitió el acceso a una enorme cantidad de información, que a su vez incrementó exponencialmente su generación. Esto constituye un problema actual que conduce al replanteamiento de las especialidades, las que deben permitir la movilidad intelectual del individuo [72], más que impedir el acceso a las prácticas emergentes, que son la constante en un mundo competitivo marcado por la globalización. Mientras que se entiende este replanteamiento, las universidades en crisis siguen proponiendo la superespecialización de los currícula a través de las disciplinas [15], y los verdaderos requerimientos actuales de los individuos es la especialización en las habilidades genéricas que permitan la movilidad intelectual. Al respecto, se puede alegar que estas habilidades ya se han incluido en los currícula actuales, pero no se puede aspirar a que efectivamente se desarrollen, pues no se entiende que es un asunto del que aprende, no del que enseña.

La revolución social y económica por la que atravesamos actualmente se compara con el impacto sufrido por la agricultura al iniciar la Revolución Industrial. Ésta es considerada como la revolución del conocimiento [73]. Los avances radicales en la información tecnológica son manifestaciones obvias de este cambio. Por lo tanto, lo fundamental para los universitarios son los cambios que se planteen en los planes y programas de estudio para el manejo del conocimiento como especialidad.

Una propuesta que puede salvar la autonomía de los integrantes de las universidades y que rescataría la menoscabada autonomía universitaria por efecto de las acciones deterministas de quienes imponen el orden que se debe seguir y que no permite que las ideas de los demás surjan; es el apoyo de los universitarios que sin perder su identidad se encuentran conectados a organizaciones vía Internet con el afán de buscar constantemente el nuevo conocimiento. Estas unidades pueden ser organizadas localmente por sus miembros los cuales funcionen como investigador-facultad propia y se consideren como 'centro de utilidad' responsables de sus propios financiamientos, de la misma manera que funciona una flota de mercado local en reserva [13]. Esta forma de funcionar como células que conforman una red es la noción de la 'heterojerarquía', que puede ser útil cuando se ambicionan las diferencias entre las propias formas y las actuales, estructuras visibles. La 'organización heterojerárquica' es un nombre colectivo de todas las formas que se discuten en torno la organización virtual. Ellas son llamadas 'heterojerárquicas' porque combinan las relaciones de dependencia encontradas en las jerarquías con las relaciones de independencia relativa encontradas en el mercado [74]. Las heterojerarquías son caracterizadas por una mínima heterogeneidad organizacional, tienen una autonomía con respecto a la delegación de las metas-propuestas y a las oportunidades exploradas, pero con una integración respecto a la cooperación interna y a la cultura. Los ejemplos de 'heterojerarquías' cerradas a la vida académica incluyen Internet, donde el rasgo de la utilidad pública y ventaja de la interdependencia, así como las reglas culturales estrictas, fortalecen el formato [13]. Esta sería una forma de estimular el trabajo científico para crear universidades ambientales que minimicen la carga administrativa y maximicen el aprendizaje y el descubrimiento [75].

Conclusiones

Lo que demandan las autoridades de las universidades en crisis, es el altruismo ausente de crítica y como tal, no permite el acto de juzgar. Éste debe apegarse al determinismo establecido por la jerarquía representada a través de la organización vertical. Ellos consideran que la estructura rígida no tiene que ver con la actuación de los que se supone (los de la base de la pirámide organizacional) solo deben poner en marcha las estrategias que se recetan a través de los programas y proyectos. Ellos consideran, como bien lo dice Porter [29], que "los actores académicos en las universidades son los albañiles los cuales deben seguir las instrucciones que surgen de los planos diseñados en el escritorio." A pesar de que los académicos son los formadores de la masa crítica de la sociedad, por lo que requieren de un libre pensamiento, que los extraiga del aleccionamiento doctrinario mediocre. De esta manera, los que verdaderamente intentan acceder a la sociedad del conocimiento son desanimados. Pues se recompensa más el sacrificio inculcado en una supuesta "responsabilidad compartida," que el esfuerzo intelectual que requiere de la convivencia social con individuos auto-responsables que desean aprender a expresar sus ideas y exponerse a la crítica.

Las formas de pensamiento complejas que confluyen en la universidad, requieren de una urgente desestructuración rígida del sistema educativo para pensar en las posibilidades que brinda la administración horizontal. Esta forma de administrar puede ser representada por la heterojerarquía, en un intento de fortalecer la libertad de voluntad para el desarrollo del pensamiento crítico. Las heterojerarquías se plantean para participar y fortalecer grupos jerárquicos en donde se ejerce la independencia para competir entre sí, sin la asignación de la "autoridad suprema", por lo tanto, los grupos favorecidos por el sistema actual, un momento dado pueden ser relegados por los más competitivos. De esta manera se reduce el riesgo del colapso de la institución, "tragedia en común" que estamos viviendo en la universidad.

Esto no es fácil de entender por todos los actores de la universidad. Es importante recordar que existe el activismo de los académicos universitarios, que han renunciado a su auto-responsabilidad, alegando que se cumple con los planes y programas de estudio propuestos bajo los lineamientos de los que dictan las políticas, es ésta la posición cómoda que es difícil de abandonar. Mientras que para aquellos que no han abandonado su auto-responsabilidad, existe la posibilidad de pertenecer a la universidad posmoderna representada por grupos de participación virtual. Que es la posibilidad que tienen los actores que deciden no cooperar para la universidad que da el sustento, como una forma de protesta implícita a las formas engañosas en que se plantean en las partidas de esa mesa de juego.

Si consideramos a la universidad como el lugar en donde confluye la madre que nutre (*Alma Mater*) no existe conflicto con el concepto "universidad posmoderna" pues ambas se pueden manejar como los sitio en donde todo converge y todo surge, de la misma manera que la virtualidad requiere de la comprobación empírica y de un punto de partida y convergencia donde se redefine la filosofía y la política bajo la cual se operará. Además, la esencia seguiría siendo la misma, si acaso es que sus actores deciden optar por los procedimientos que facilitan la interacción libre, sin acciones deterministas, en donde se congrega la cooperación de todos sus actores. Pero además, la universidad posmoderna como *Alma Mater* debe facilitar la movilidad de las ideas surgidas a través de los procesos interdisciplinarios, independientemente de la posición geográfica y social de los grupos de donde surjan. Mientras que la concepción de la especialidad y la disciplina debe ser conducir en el sentido de abrir las posibilidades del desarrollo de la innovación y maleabilidad intelectual de los individuos. Desde el punto de vista contrario, una universidad que impone el activismo irreflexivo, no puede seguir siendo *Alma Mater*. Desde el momento en que mantiene ocupados a los individuos en la ejecución de lo que consideran unos cuantos el ¿cómo hacerlo? Sin dar oportunidad a los demás de cuestionarse ¿por qué hacerlo?

Por lo anteriormente expuesto, se plantea que las reglas del juego deben ser modificadas no en un intento igualitario como se da en las condiciones actuales, pues sólo conducen a la mediocridad. En cambio, un intento competitivo en donde sólo los productores tengan la posibilidad de acceder a las mejores oportunidades, para permitir el ejercicio constante entre la libertad y la auto-responsabilidad. A final de cuentas los que abandonen su responsabilidad y los que usen las maniobras del engaño y el fraude, también pueden tener cabida en esta propuesta, aunque al terminar su juego en una mesa planteada con tales reglas, sus dividendos estarán en números rojos y no como actualmente sucede.

Glosario

ABSTRACCIÓN. (del latín, *abstrahere*, 'destacar', 'sustraer' o 'abstraer'), concepto filosófico que implica la realización de una operación intelectual que lleva a aislar un determinado elemento, excluyendo otros que puedan encontrarse relacionados con él; destacar un elemento 'haciendo abstracción' de otros. Desde Aristóteles, el término adquirió un significado filosófico preciso, que implica separar con la mente alguna cosa de otra y destacarla adecuadamente. El concepto de abstracción posee una gran importancia en la historia de la filosofía y ha sido muy debatido en la teoría del conocimiento, para la que es posible abstraer una serie de cualidades o rasgos de los objetos y considerarlos en forma independiente. La filosofía moderna ha analizado el problema de la abstracción desde dos posturas: el racionalismo, que defiende la posibilidad de una abstracción regulada metódicamente, y el empirismo, que exige a toda abstracción un fundamento en la experiencia sensible.

ACCIÓN. *Sustantivo fem.* Operación de un ser, considerada como producida por este ser y no por una causa exterior: *buena o mala ~; dejar sin ~*. Esp. Ejecución de un acto voluntario.

ACTIVISMO. *sustantivo masc.* Actitud de dar primacía a la acción frente a la discusión o elaboración teórica.

ALBEDRÍO. *sustantivo masc.* Potestad de obrar por reflexión y elección: *libre ~. Al ~ de uno*, según su gusto o voluntad, sin sujeción alguna. Apetito, antojo, capricho. Costumbre jurídica no escrita.

AZAR. *Sustantivo masc.* Casualidad, caso fortuito. Desgracia imprevista. Estorbo en el juego de la pelota. En los juegos de naipes o dados, carta o dado que tiene el punto con que se pierde. En el juego de trucos o billar, cualquiera de los dos lados de la trona que miran a la mesa.

CASUALIDAD. (de casual). *Sustantivo fem.* Suceso imprevisto cuya causa se ignora.

CIRCUNSTANCIA. *Sustantivo fem.* Conjunto de lo que está en torno a uno; el mundo, en cuanto mundo de alguien.

COACCIÓN. *Sustantivo fem.* Fuerza o violencia que se hace a una persona para precisarla a que diga o ejecute alguna cosa. DER., poder legítimo del derecho para imponer su cumplimiento o prevalecer sobre su infracción.

COMPATIBILIDAD. *Sustantivo fem.* En la filosofía de Leibnitz son compatibles todas las cosas que sean literalmente «componibles», que puedan existir juntas, que pertenecen al mismo mundo posible. Puesto que, para Leibnitz, la posibilidad metafísica no es más que la ausencia de contradicción, dos o más cosas son componibles siempre que su atribución común a un solo mundo no suponga ninguna contradicción. Por consiguiente, la compatibilidad para cualquier grupo de cosas implica su capacidad de producirse bajo un solo y mismo sistema general de leyes. La importancia de esta última medida se deduce del hecho que Leibnitz afirmó que todos los predicados simples eran compatibles.

CONDICIONAMIENTO. Forma básica de aprendizaje que se fundamenta en la asociación de respuestas emocionales a situaciones nuevas. Existen dos tipos principales de condicionamiento: el clásico y el operante o instrumental. El condicionamiento clásico se basa en los estudios sobre el reflejo condicionado que llevó a cabo el fisiólogo ruso Iván P. Pavlov; el condicionamiento operante está basado en el principio del refuerzo positivo y negativo (el premio y el castigo) desarrollado por el psicólogo estadounidense Burrhus F. Skinner.

CREACIONISMO. *Substantivo masc.* Doctrina filosófica opuesta al evolucionismo, según la cual las especies de seres vivos fueron creadas por Dios y no provienen unas de otras por evolución.

DETERMINISMO. *Substantivo masc.* Doctrina metafísica que afirma que todo fenómeno está determinado de una manera necesaria por las circunstancias o condiciones en que se produce, y, por consiguiente, ninguno de los actos de nuestra voluntad es libre, sino necesariamente condicionado.

DILEMA. *Sustantivo fem.* Razonamiento en que una premisa contiene una alternativa de dos términos y en que las demás premisas muestran que los dos casos de la alternativa implican la misma consecuencia. P. ej., *el dilema contra los escépticos: o crees, o no crees: si crees, algo crees; si no crees, crees que no crees; luego, algo crees.* Problema o situación ambigua.

DISCIPLINA. *Sustantivo fem.* Doctrina; regla de enseñanza impuesta por un maestro a sus discípulos. Asignatura. Conjunto de reglas para mantener el orden y la subordinación entre los miembros de un cuerpo. Observancia de estas reglas: fiel a la ~ militar. Azote. Acción de disciplinar o disciplinarse. Efecto de disciplinar o disciplinarse.

DISEÑO. *Sustantivo masc.* Trabajo de proyección de objetos de uso cotidiano, teniendo básicamente en cuenta los materiales empleados y su función: ~ de un edificio, de un vestido; ~ gráfico, arte y técnica de traducir ideas en imágenes y formas visuales; ~ industrial, arte y técnica de crear objetos que luego serán fabricados en serie por la industria. Descripción, bosquejo de alguna cosa hecho por palabras.

DISIDIR. *Verbo intransitivo.* Separarse por cuestiones doctrinales de una comunidad, de una escuela filosófica o artística, de un partido político, etcétera.

DISYUNTIVA. *Adjetivo.* Que desune (separa). Adjetivo us. tb. c. *Sustantivo fem.* GRAM. Oración disyuntiva, período coordinado formado por dos o más oraciones, una de las cuales excluye a las demás: *págueme o fírmeme un pagaré; o es tonto, o no se ha enterado, o se hace el distraído.* GRAM. Conjunción disyuntiva, la que enlaza oraciones de esta clase; la más usual es o.

ESPECIOSO. *Adjetivo.* Hermoso, precioso, perfecto. Fig. Aparente, engañoso.

ESTADÍSTICA DESCRIPTIVA. La estadística descriptiva analiza, estudia y describe a la totalidad de individuos de una población. Su finalidad es obtener información, analizarla, elaborarla y simplificarla lo necesario para que pueda ser interpretada cómoda y rápidamente y, por tanto, pueda utilizarse eficazmente para el fin que se desee.

ESTÍMULOS CONDICIONADOS. Se refiere a los estímulos aprendidos. Todo estímulo crea una excitación y una inhibición, mecanismos opuestos básicos para comprender los reflejos condicionados.

HEGEMONÍA. *Sustantivo fem.* Supremacía que un estado o un pueblo ejerce sobre otros.

INDETERMINISMO. *Sustantivo masc.* Doctrina que considera el acto volitivo como absolutamente espontáneo, sin que esté determinado de una manera necesaria e ineluctable. El acto volitivo es, pues, según el indeterminismo, un acto no causalmente condicionado, o sea, libre.

INTELIGENCIA. *Sustantivo fem.* Facultad de comprender, capacidad mayor o menor de saber o aprender: hombre de ⁓ privilegiada.

LIBERTISMO O ESPIRITUALISMO. Doctrina que practica la filosofía a través del análisis de la conciencia o que, en general pretende inferir de la conciencia los datos de la investigación filosófica o científica. Doctrina como crítica racional para el actuar y el decir consciente de los efectos que se deben afrontar cuando se aceptan de antemano las posibles consecuencias que se puedan ocasionar.

LITERALISMO BÍBLICO. Es una forma de entender las cosas tal y como están escritas, los defensores del literalismo bíblico sostienen que para entenderla se debe seguir al pie de la letra, sin ningún tipo de interpretación, siguiendo la letra del texto bíblico.

SAGRADAS ESCRITURAS. La *Biblia*

SECULAR. *Adjetivo.* Clero o sacerdote que no está en un convento o sujeto a una regla.

SOMÁTICO, somática (v. somato-) *adjetivo.* 1. Relativo a lo que es material y corpóreo en un ser animado, en oposición a psíquico. 2 [célula] Que se diferencia y forma los tejidos y órganos del cuerpo de un individuo, a diferencia de las que están destinadas a dar origen a un nuevo ser.

TRASCENDER. *Verbo intransitivo.* Exhalar olor vivo y penetrante. Empezar a ser conocido algo que estaba oculto. Hacer sentir sus efectos o tener consecuencias una cosa en lugar o medio distinto de aquel en que se produce. FIL. Aplicarse a todo una noción que no es género, como acontece con las de unidad o ser. FIL. En el sistema kantiano, traspasar los límites de la experiencia posible. *Verbo transitivo.* Penetrar, averiguar [alguna cosa que está oculta]. También transcender.

TUTELA. (Del lat. *Tutela*) Derecho legal para dirigir al menor, administrar sus bienes cuando aquél no esté sujeto a la patria potestad y representarle. Se diferencia de la *curatela* o de la tutela del mayor incapaz para gobernarse por sí mismo, aunque en determinadas legislaciones (la española, p. ej.) la primera abarca a la segunda. El tutor no puede renunciar a su función ni cobrarla (aunque quepa compensación, si los bienes del pupilo lo permiten). La tutela puede ser acordada por el Estado, por los padres en testamento, por el juez o por el consejo de familia (tutela dativa). • **ejemplar.** La que se constituye para cura de la persona y bienes de los incapacitados mentales.

TUTOR. *Sustantivo masc., o fem.* Persona encargada de la tutela de alguien. Persona que ejerce las funciones que la legislación antiguamente señalaba al curador. Rodrigón (caña). Fig., defensor, protector. Profesor encargado de orientar y aconsejar a los alumnos pertenecientes a un curso o a los que estudian una asignatura. DER. ~ dativo, el nombrado por autoridad competente, a falta del testamentario y legítimo; ~ legítimo, el designado por la ley civil, a falta de tutor testamentario; ~ testamentario, el designado en testamento por quien tiene facultad para ello.

ZEITGEIST. Espíritu del tiempo. *Los descubrimientos y las invenciones son los productos inevitables del sistema sociocultural, a menudo personificados como zeitgeist o espíritu del tiempo.*

Referencias

[1] Simonton D.K., "Scientific creativity", In: Simonton D.K., ed. *Creativity in science : chance, logic, genius, and Zeitgeist.* Cambridge, UK; New York: Cambridge University Press 2004;15:216.

[2] Russell B., "Alma y cuerpo", In: Russell B., ed. *Religión y ciencia,* México DF: Breviarios del Fondo de Cultura Económica. 1951:87.

[3] Haynes S.D.; Rojas D.; Viney W., "Free will, determinism, and punishment", *Psychol Rep*, 2003;93(3 Pt 2):1013-21.

[4] Vaughn L.; Schick T.J., "Do we have free will? Free Inquiry" 1998;18(2):43-7.

[5] Phemister A., "Revisiting the principles of free will and determinism", *Journal of Rehabilitation*, 2001;67(3):5-12.

[6] Damasio A. "Toward a neurobiology of emotion and feeling: operational concepts and hypotheses", *Neuroscientist*, 1995;1:19-25.

[7] Koons R., "Is Hard Determinism a Form of Compatibilism?", *The Philosophical Forum.* 2002;33(1):81-99.

[8] Campbell D, Enckell H. Metaphor and the violent. Int J Psychoanal. 2005 Jun;86(Pt 3):802-23.

[9] Primas H., "Hidden Determinism, Probability, and Time's Arrow: Between Chance and Choice", In: Atmanspacher H.; Bishop R., ed. *Interdisciplinary Perspectives on*

Determinism. Switzerland: Imprint Academic Thorverton 2002:89-113.

[10] Zwart H., "Comparative Epistemology:Contours of a Research Program", *Acta Biotheoretica*. 2005;53:77-92.

[11] Orwell G., *Rebelión en la granja/1984*, Editores Mexicanos Unidos SA, Mexico DF, 2007:307-17.

[12] Chomsky N., "Control del Pensamiento, el Caso de Oriente Próximo" (1986). In: Chomsky N, ed. *Piratas y Emperadores*. London: Ediciones B, SA, 2003:37.

[13] Jacob M.; Hellström T., "Organizing the Academy: New Organizational Forms and the Future of the University", *Higher Education Quarterly*, 2003;57(1):48-66.

[14] Crutchfield P., "What Lies Between Order and Chaos?", In: Casti JL, Karlqvist A, eds. *Art and complexity*. 1st ed. Amsterdam Boston: Elsevier 2003:10:169.

[15] González CP., "Las Nuevas Ciencias y las Humanidades: De la Academia a la Política" *Anthropos*, 2004;37:15-91.

[16] Lipton P., "Genetic and Generic Determinism: A New Threat to Free Will?", In: Rees D.; Rose S., eds. *The New Brain Sciences: Perils and Prospects*. Cambridge, United Kindom: Cambridge University Press, 2004:88-100.

[17] Fehr C. "Feminism and Science: Mechanism Without Reductionism", *NWSA Journal*. 2004;16(1):136.

[18] Manabe S.; Stouffer R., "Century-scale effects of increased atmospheric C02 on the ocean–atmosphere system", *Nature*. 1993;364:215–8.

[19] Alley R.B.; Marotzke J.; Nordhaus W.D.; Overpeck J.T.; Peteet D.M.; Pielke RA Jr.; et al., "Abrupt climate change", *Science*. 2003;299(5615):2005-10.

[20] Breivik P.S., *Student learning in the information Age*. Phoenix, AZ: Oryx Press, 1998:25.

[21] Milinski M.; Semmann D.; Krambeck H.J.; Marotzke J., "Stabilizing the earth's climate is not a losing game: supporting evidence from public goods experiments", Proceed-

ings National Academy Science United States of America, 2006;103(11):3994-8.

[22] Wedekind C.; Milinski M., "Human cooperation in the simultaneous and the alternating Prisoner's Dilemma: Pavlov versus Generous Tit-for-Tat", Proceedings National Academy Science United States of America, 1996;93(7):2686-9.

[23] Vogel G., "Behavioral evolution: the evolution of the golden rule", *Science*, 2004;303(5661):1128-31.

[24] Nowak M.A., Sigmund K., "Evolutionary dynamics of biological games", *Science*, 2004;303(5659):793-9.

[25] Clutton-Brock T., "Breeding together: kin selection and mutualism in cooperative vertebrates", *Science*, 2002;296(5565):69-72.

[26] Prieto C., *Cinco mil años de palabras: comentario sobre el origen, evolución, muerte, y resurrección de algunas lenguas.* Mexico, DF: Fondo de Cultura Económica 2005:21-32.

[27] Hansson S.O., "Uncertainties in the knowledge society. International", *Social Science Journal*, 2002;54(1):39-46.

[28] Freire P., *La educación como práctica de libertad*, México: Siglo Veintiuno Editores SA de CV, 1969:7-24.

[29] Porter L., "La universidad de papel: Ensayos sobre la educación superior en México", *Revista del Centro de Investigaciones Interdisciplinarias en Ciencias y Humanidades*, Universidad Nacional Autónoma de México, 2003:51-128.

[30] Ekman P.; O'Sullivan M., "Who Can Catch a Liar?", *American Psychologist*, 1991;46(9):913-20.

[31] Wallace F.R., *Poker: a guaranteed income for life by using the advanced concepts of poker*, REV and ENL. ed. New York: Crown Publishers 1977;266p.

[32] Wadier H., *Por un aprendizaje feliz en la lectura*, Serie Biblioteca pedagógica de la cultura, Argentina: Kapelusz SA, 1986:28.

[33] Bentley P., "Bureaucracy won't change the character of a cheat", *Nature*, 2006;439(7078):782-4.

[34] Grezes J.; Frith C.; Passingham R.E., "Brain mechanisms for inferring deceit in the actions of others", *Journal in Neuroscience.* 2004;24(24):5500-5.

[35] Scientific Misconduct: Policy on Allegations, Investigations and Reporting Stanford University, 2002, [cited June 2, 2006]; Available from: http://www.stanford.edu/dept/DoR/rph/2-5.html

[36] Policy Statement on the Integrity of Scholarship. Michigan University, 2002, [cited June 2, 2006]; Available from: http://www.research.umich.edu/policies/um/integrity_policy.html

[37] Jennings R.C., Data selection and responsible conduct: was Millikan a fraud? Sci Eng Ethics. 2004;10(4):639-53.

[38] Guidelines on Good Research Practice, Cambridge University, [cited June 2, 2006]; Available from: http://www.admin.cam.ac.uk/offices/personnel/policy/research.html

[39] Ross M., "Who believes what? Clearing up confusion over intelligent design and young-earth creationism", *Geoscience Education*, 2005;53(3):319-23.

[40] Nelson P. "Life in the big tent: traditional creationism and the intelligent design community", *Christian Research Journal.* 2002;24(4):1-7.

[41] Jaynes J., "The Double brain" In: Jaynes J, ed. *The origin of consciousness in the break-down of the bicameral mind*, Boston Massachusetts: Houghton Mifflin Company, 1976:100-26.

[42] Padian K., "Waiting for the Watchmaker", *Science*, 2002;295:2373-4.

[43] Nowak M.A.; Komarova N.L.; Niyogi P., "Computational and evolutionary aspects of language" *Nature*, 2002;417(6889):611-7.

[44] Nowak M.A.; Page K.M., "*Sigmund K. Fairness versus reason in the ultimatum game*", *Science*, 2000;289(5485):1773-5.

[45] Wedekind C.; Milinski M., "Cooperation through image scoring in humans", *Science*, 2000;288(5467):850-2.

[46] Fehr E.; Fischbacher U., "The nature of human altruism", *Nature*, 200323;425(6960):785-91.

[47] Davidson R., "Synaptic Substrates of the Implicit and Explicit Self", *Science*, 2002;296:268.

[48] Robinson G.E., "Genomics: beyond nature and nurture", *Science*, 2004;304(5669):397-9.

[49] DePaulo B.M.; Zuckerman M,; Rosenthal R., "Humans as lie detectors", *Journal Communication*, 1980;30:129–39.

[50] Vrij A.; Edward K.; Roberts K.P.; Bull R., "Detecting deceit via analysis of verbal and nonverbal behavior", *Jounral Nonverbal Behaviour*, 2000;24:239–63.

[51] Mesterton-Gibbons M.; Adams E.S., "Behavioral ecology: the economics of animal cooperation", *Science*, 2002;298(5601):2146-7.

[52] Frank R.H.; Gilovich T.; Regan D., "Does Studying Economics Inhibit Cooperation?" *Journal Economy Perspective*, 1993;7:59-171.

[53] Pool R., "Putting game theory to the test", *Science*, 1995;267(5204):1591-3.

[54] Smith R.; Shockley G., "A healthy state of ignorance", 2001 [cited 11 July 2006]; Available from: http://www.bmjjournals.com/cgi/reprintform

[55] Kruger J.; Dunning D., "Unskilled and Unaware of It: How Difficulties in Recognizing One's Own Incompetence Lead to Inflated Self-Assessment", *Journal of personality and social psychology*, 1999;77(6):121-1134.

[56] Clayson D., "Performance Overconfidence: Metacognitive Effects or Misplaced Student Expectations?", *Journal of Marketing Education*, 2005;27(2):122-9.

[57] Kennedy D., "Sustainability and the commons", *Science*, 2003;302(5652):1861.

[58] Klin C.M.; Guzman A.E.; Levine W.H., "Knowing that you don't know: metamemory and discourse processing", *Journal Experimental Psychology Learn Memory Cognition*, 1997(6):1378-93.

[59] Maki R.H.; Jonas D.; Kallod M., "The relationship between comprehension and metacomprehension ability" *Psychonomic Bulletin and Review*, 1994:126-9.

[60] Alicke M.D.; Klotz M.L.; Breitenbecher D.L.; Yurak T.J.; Vredenburg D.S., "Personal contact, individuation, and the better than-average effect", *Journal of personality and social psychology*, 1995;68:804-25.

[61] Klar Y.; Medding A.; Sarel D., "Nonunique invulnerability: Singular versus distributional probabilities and unrealistic optimism in comparative risk judgments", *Organizational Behavior and Human Decision Processes*. 1996;67:229-45.

[62] Siegfried T., "In praise of hard questions, *Science*, 2005;309(5731):76-7.

[63] McCook S., "Lost in Translation?, *Science*, 2005;307:210-1.

[64] Gore A., "The Metaphor of Distributed Intelligence", *Science*, 1996;272:177.

[65] Merton R.K., "The Matthew effect in science. The reward and communication systems of science are considered", *Science*. 1968;159(810):56-63.

[66] Caldwell R. "Things fall apart? Discourses on agency and change in organizations", Human Relations", 2005;58(1):83-114.

[67] Delanty G.,T"he Governance of Universities: What is the Role of the University in the Knowledge Society?", *Canadian Journal of Sociology*, 2002;27(2):185-98.

[68] Ungar S., "Misplaced Metaphor: A Critical Analysis of the «Knowledge Society»". *Social Sciences and Humanities Research Council of Canada*. 2003:331-45.

[69] Rhoten D.; Parker A., "Education. Risks and rewards of an interdisciplinary research path", *Science*, 2004;306(5704):2046.

[70] Howie G., "A reflection of quality: instrumental reason, quality and knowledge economy", *Critical Quarterly*, 2001;44(4):140-7.

[71] Clarke T.; Rollo C., "Capitalising knowledge: corporate knowledge management investments", *Creativity and Innovation Management*, 2001;10(3):177-86.

[72] Kasztler A.; Karl-Heinz L., "Bibliometric analysis and visualisation of intellectual capital", *Journal of the American Society for Information Science*, 2002;49(1):516-25.

[73] Chichilnisky G., "The knowledge revolution", *The Journal of International Trade & Economic Development* 1998;7(1):39-54.

[74] Hedlund G.A., "Model of Knowledge Management and the N-form Organisation", *Strategic Management Journal*, 1994;15:73-90.

[75] Cooper L.F., "Is the tissue-integrated interface a periodontium analogue: myth or metaphor? *Internal Journal Prosthodont*, 2003;16 Suppl:32-44 y 7-51.

Determinación de la relevancia bibliométrica de los temas tratados en la filosofía de la biología

Marcos Bucio-Pacheco,[9],2,3 Víctor Manuel Salomón-Soto,[1,2,3]
Joel López-Pérez,[1,2] Miguel Arenas-Vargas[1,2]

Resumen

La filosofía de la biología fue desarrollada en los años setenta como una respuesta al neopositivismo. El objetivo de este trabajo fue identificar los temas del conocimiento que discute actualmente la Filosofía de la biología usando un análisis bibliométrico. Dicho análisis se desarrolló de acuerdo a la propuesta de Luwell. Los resultados indican que los temas que más se discuten son: adaptación, especie, ecosistema, desarrollo, Darwin y Lamarck. Se concluye que la evolución sigue siendo el tema dominante de discusión en la Filosofía de la biología.

Palabras clave: *Filosofía de la biología, Filosofía, Biología, Análisis bibliométrico.*

[9] *ocelotl@uas.uasnet.mx, vsalomon@uas.uasnet.mx, Escuela de Biología de la Universidad Autónoma de Sinaloa, Ciudad Universitaria, Av. Universitarios S/N CP 80010 Culiacán, Sinaloa, México.
[1]Centro de Innovación y Desarrollo Educativo, Culiacán, Sinaloa, México, [2]Centro de Estudios Justo Sierra, Surutato, Sinaloa, México, [3]Escuela de Biología de la Universidad Autónoma de Sinaloa.

Introducción

Las publicaciones científicas y sus recursos –tales como las citas y las palabras en un texto– tienen patrones de distribución que permiten evaluar de manera confiable el desarrollo científico de un país, de un área del conocimiento o la producción de un científico [9]. Es por ello que los indicadores bibliométricos se están utilizando cada vez más como herramienta para evaluar el funcionamiento de la ciencia. Con dichos indicadores se desarrollan, al menos, dos principales tipos de estudios: el análisis de la estructura y evolución de subcampos científicos y la evaluación de los avances de la ciencia y la tecnología.

Young [15] dijo que la ciencia no sólo debe medirse, sino que debe medirse empíricamente. Desde esta perspectiva, la teoría de la medición tiene como premisa básica la asignación de números a las entidades empírica [13], lo que permite tener un valor asociado a un fenómeno. En el caso de la ciencia, dicha teoría de medición se aplica usando los métodos bibliométricos que son cuantitativos por naturaleza y se usan para hacer declaraciones sobre características cualitativas [12].

La bibliometría permite la penetración en un ámbito distinto e importante del conocimiento, porque confronta la cantidad contra la calidad [8]. Entonces la bibliometría es una rama metodológica del campo interdisciplinario de la métrica científica, que se ha convertido en una de las principales corrientes contemporáneas en los estudios sociales de la ciencia y de la tecnología [1]. En sí, los estudios bibliométricos son usados porque la literatura científica es un buen indicador de la actividad científica [14].

Permite descubrir tendencias y patrones dentro de las disciplinas científicas, nacionales e internacionales [3]. Además, este tipo de análisis permite examinar el número, la distribución geográfica de la literatura científica, la evolución del tema y la producción científica de una institución, país o autor [6]. Es por ello que los estudios bibliométricos determinan la importancia social y científica de una disciplina específica, durante un período determinado.

Los indicadores bibliométricos se fundamentan en las bases de datos bibliográficas, se diseñan para almacenar y recuperar datos que después sirven para hacer las mediciones cuantitativas [12], [11] Ventura establece que las mediciones bibliométricas deben usarse como criterios de promoción para el científico y no oportunidades para sus aspiraciones políticas, porque evidencian su productividad, capacidad de gestión y la relación que tiene con otras instituciones científicas. Por lo tanto, los análisis bibliométricos sustentados en evidencias cuantitativas, son también, una herramienta para establecer la entramada red de los colegios ocultos.

En este trabajo partimos de esta última idea, puesto que hay pocos indicios de que los análisis bibliométricos se usen para descubrir la estructura ideológica de un área. Entonces y para llevar a cabo este proyecto se construyeron las siguientes preguntas: ¿Un análisis bibliométrico permitirá descubrir la estructura ideológica de un área? ¿Será posible evaluar esto en la Filosofía de la biología?

, si es así, ¿Cuáles son los temas actuales del conocimiento que aborda la Filosofía de la biología? Entonces nuestro objetivo fue usar el análisis bibliométrico para identificar los temas del conocimiento que está discutiendo la Filosofía de la biología.

Materiales y métodos

Se realizó un análisis bibliométrico del tema Filosofía de la biología usando 291 referencias obtenidas desde la base de datos científica *Current Contents* a través del sitio de la empresa *Dialog Classic* (http://www.dialogclassic.com). La métrica se llevó a cabo con cuatro campos de la ficha bibliográfica: autor, año, revista y palabras clave. Las referencias que se usaron fueron de 1989 al 2006 y sólo se tomaron los diez registros con mayor número de repeticiones.

El procedimiento analítico se desarrolló de acuerdo a la técnica establecida por Luwell:

1. Selección de las fichas bibliográficas. Las palabras clave usadas para seleccionar las fichas bibliográficas fueron *'Philosophy'* y *'Biology'*; posteriormente se accedió a los *Current Contents* usando el portal de *Dialog Classic* (http://www.dialogclassic.com).

2. Extracción de los campos a analizar. Para esto se utilizaron comandos propios del sistema, que permiten depurar las búsquedas y realizar mediciones. Los comandos que se usaron fueron: /Ti para restringir la búsqueda al titulo, /1989:2006 para restringir los resultados a ese período de tiempo y /RD para eliminar duplicados. Además se usaron los comandos: *RANK AU*, para categorizar a los autores, *RANK ID* para categorizar las palabras clave, *RANK JN* para categorizar revistas y *RANK PY* para publicaciones por año.

3. Métrica de los campos. Una vez que se solicita el comando *RANK* y el comando subsecuente, el sistema automáticamente genera un listado ordenado por número de repeticiones.

4. A la par, será necesario investigar las líneas de investigación de cada autor y los temas de cada publicación de las revista a través de sus portales de Internet, esto con la finalidad de tener mayor cantidad de datos posibles de análisis.

Resultados

En la figura 1 se muestra la tendencia anual del número de publicaciones que en su título contienen las palabras *Philosphy and Biology*. Los cuadros 1, 2 y 3 muestran los resultados de las diez revistas, los diez autores y las diez palabras clave.

Figura 1. Número de publicaciones por año
Error! Not a valid embedded object.

Cuadro 1. Revistas con mayor número de publicaciones

Revistas	Repeticiones	Factor de impacto
ISIS	20	0.486
BIOLOGY & PHI- LOSOPHY	18	0.967
PHILOSOPHY OF SCIENCE	13	0.562
REVUE PHILO- SOPHIQUE DE LA FRANCE ET DE L ETRAN	10	SFI
HISTORY AND PHILOSOPHY OF THE LIFE SCI- ENCES	9	0.049
ACTA BIOTHEO- RETICA	8	0.676
BRITISH JOUR- NAL FOR THE PHILOSOPHY OF SCIENCE	7	0.737
JOURNAL OF THE HISTORY OF BIOLOGY	7	0.176

REVIEW OF METAPHYSICS	7	SFI
INTERNATIONAL JOURNAL OF SCIENCE EDUCATION	5	SFI

SFI. Sin factor de impacto.

Cuadro 2. Autores con mayor número de publicaciones

Autores	Cantidad
HULL D. L.	7
GAYON J.	4
MAYR E.	4
PIGLIUCCI M.	4
ROSENBERG A.	4
RUSE M.	4
SARKAR S.	4
VANDERSTEEN W. J.	4
BURIAN R.M.	3
CARSON S.	3

Cuadro 3. Palabras clave con mayor número de repeticiones

Palabras clave	Cantidad
BIOLOGY	5
PHILOSOPHY	3
PHILOSOPHY OF SCIENCE	3
COMPLEXITY	2
DARWINISM	2
ECOLOGY	2
EVOLUTION	2
PHILOSOPHY OF BIOLOGY	2
POPULATION GENETICS	2
REDUCTIONISM	2

De 1989 a 2000 la tendencia fue a la alza y de 2000 a 2005 se distingue, en lo general, una estabilización en el promedio de publicaciones. En 2006 se observa una decaída considerable. Este comportamiento inicial puede explicarse porque fue en los años setenta cuando se desarrolló la Filosofía de la biología. Con respecto a las revistas, tres de ellas no están en el índice del JCR, entre las que se encuentra una en francés. El listado por sí mismo no permite distinguir los temas que analizan; sin embargo la descripción de la revista y su contenido indican que los temas que se discuten (adaptación, Darwin, Lamarck, especie, desarrollo y ecosistema) están estrechamente relacionados con la evolución (41%).

De las diez palabras que más se repiten, cinco se relacionan con la evolución, lo que coincide con los temas que son tratados por las revistas. Ahora bien, cuando se analiza a los autores, la tendencia es similar que lo observado para las revistas. Estas dos variables, por sí mismas no permiten visualizar las áreas del conocimiento que discute la filosofía de la biología. Sin embargo, al relacionar la línea de investigación de los autores, se observa que está orientada hacia la evolución, exceptuando a Carson, que analiza el pensamiento biológico de Aristóteles.

Discusión

Nuestras preguntas iniciales fueron: ¿Cuáles son los temas actuales del conocimiento que aborda la Filosofía de la bio-logía?, y ¿Un análisis bibliométrico permitirá descubrirlos? Nuestros hallazgos indican que los temas que discute la Filo-sofía de la biología están orientados hacia la comprensión del proceso evolutivo. Esta afirmación está basada tanto en las palabras clave, los temas de publicación de las revistas y las líneas de investigación de los científicos. De manera natural, entonces, caben las siguientes preguntas: ¿Por qué se discute preferentemente sobre evolución?, ¿Es la evolución el motor principal para comprender la biología?

Ernest Mayr [7] dijo que la evolución es la idea más poderosa y profunda que ha sido concebida en los últimos dos siglos y acota: "[...] no es posible responder preguntas de la biología sin tomar en cuenta el contexto evolutivo". Esta insistente dis-cusión sobre la evolución es la consecuencia lógica del análisis de las ideas de Darwin que, después de 147 años de haber sido formuladas, siguen y seguirán en discusión, puesto que los datos empíricos que se generan en pos de ella, le dan vigencia. Por otro lado, Gayón [2] dice que la Filosofía de la biología surgió en los años setenta como respuesta al neopositivismo de Carl Hempel quien, a su vez, propuso que la ciencia tiene como fundamento no el estudio de un sólo objeto, sino la formulación de leyes generales, para predecir nuevos fenómenos. Precisamente por una razón contradictoria –el cambio constante de los organismos impide la formulación de leyes en la biología la evolución ha tomado tanta importancia en la construcción de la Filosofía de la biología.

Hull [4] expresa que, si bien hay muchas ideas de la biología que no encajan a la perfección en la teoría de la evolución de Darwin, siempre terminan discutiendo con ésta, simple y sencillamente porque es la base de la construcción del pensamiento biológico moderno. A partir de Darwin, los biólogos han estado interesados en generar datos empíricos para comprobar o refutar sus ideas, dichos experimentos han descubierto nuevos vacíos, construido nuevas preguntas, formulado nuevas hipótesis y desarrollado, complementado y ampliado más la teoría. Así, la evolución se ha conformado como la idea con mayor trascendencia en la biología.

A medida que se avanza en la comprensión del proceso evolutivo sucede un fenómeno dialéctico:

1. Surgen nuevas ideas que apoyan y consolidan el mecanismo evolutivo propuesto por Darwin.
2. Se generan datos empíricos que permiten visualizar la posible existencia de otro u otros mecanismos que complementan el mecanismo de selección natural.

Por un lado, las mutaciones azarosas dan cuenta del surgimiento de nuevas razas de virus y microbios; la selección natural ha sido demostrada por la resistencia a los antibióticos, a herbicidas, a insecticidas y la adaptación de los parásitos y patógenos se observa en escala de tiempos cortos, convirtiéndose en amenazas constantes para la salud humana, de los animales y para la agricultura actual. Desde otra perspectiva, la transferencia horizontal de genes, fenómeno que se ha observado principalmente en microorganismos marinos sugieren la

revisión de conceptos claves en la biología, tales como, organismo, especie y la propia evolución.

Podemos dar por establecido que la discusión sobre los
mecanismos que intervienen en la evolución de los seres vivos
es el concepto base de la Filosofía de la biología. Sin embargo,
esta generalización no descarta la posibilidad de que pueda
surgir una nueva idea que se contraponga a la evolución y que,
incluso, la supere. No obstante, y de acuerdo con las nuevas
discusiones sobre la importancia del desarrollo embrionario
en el proceso evolutivo, no se alcanza aún a distinguir en el
horizonte científico dicha idea.

En este sentido Pigliucci [10], dice que, aun y cuando el
pensamiento de la teoría evolutiva del desarrollo (Evo-Devo)
revolucionará muchas de las ideas de la evolución, termi-
nará fortaleciendo y complementado las ideas propuestas por
Darwin. El objetivo de esta teoría es establecer las bases genéticas de las innovaciones evolutivas: ¿Cuáles son y cómo se
presentan los mecanismos genéticos que permiten las grandes
innovaciones evolutivas? La oleada de experimentos que intentan explicar este razonamiento contribuye, en la actualidad,
a que las ideas sobre la evolución se sigan discutiendo en el
futuro, lo que predice que los temas de discusión en la Filosofía de la biología sigan siendo dominados por este concepto.

En conclusión, podemos decir que el análisis bibliométrico demuestra ser una herramienta valiosa para comprender la estructura general de un área del conocimiento. Dicha
estructura, sin embargo, no debe estar supeditada a un listado
jerarquizado, porque la interpretación se reduciría a términos
estadísticos y la comprensión no alcanzaría grandes alcances.
Se sugiere expandir los resultados numéricos del análisis para su
correcta interpretación, la cual tendrá que ser, necesariamente,
sobre las ideas que construyen determinada área del conocimiento, lo que implica las líneas de investigación de los autores
y los temas de publicación de las revistas. De no ser así la inter-

pretación de los resultados de este estudio pudo conducirnos a una Filosofía biológica y no a la Filosofía de la biología.

Referencias

[1] Almeida-Filho N.; I. Kawachi *et al.*, "Research on health inequalities in Latin American and the Caribbean: Biblometric analysis (1971-2000) and descriptive content analysis (1971-1995)", *Latin Amercan Social Medicine*, 2003;93(12): 2037-2043.

[2] Gayon, Jean., "From Darwin to today in evolutionary biology." The Cambridge Companion to Darwin. Ed. Jonathan Hodge. Cambridge University Press, 2003. Cambridge Collections Online. Cambridge University Press. DOI:10.1017/CCOL0521771978.011

[3] Glover S.W.; Bowen S.L., "Bibliometric analysis of research published in Tropical Medicine and International Health 1996–2003", *Tropical Medicine and International Health*, 2004;9(12): 1327-1330.

[4] Hull D.L., "The essenci of Scientific Theories", *Biological theory*, 2006;1(1): 17-19.

[5] Luwel M.; Noyons E.C.; *et al.*, "Bibliomertric assessment of research performance in Flanders: policy background and implications", *R&D Management*, 1999;29(2):133-141.

[6] López-Muñoz F.; Alamo C.; *et al.*, "Bibliometric analysis of biomedical publications on SSRIS during 1980-2000", *Depression and anxiety*, 2003;18: 95–103.

[7] Mayr, E., *Introduction, What is the evolution?*, London, England, Oxford Publishing, 2001;1-8.

[8] McMillan G.S.; Hamilton III R.D., "Using bibliometrics to measure firm knowledge: an analysis of the US pharmaceutical industr", *Technology Analysis & Strategic Management*, 2000;12(4):413-427.

[9] Nwagwu W., "A bibliometric analysis of productivity patterns of biomedical authors of Nigeria during 1967–2002", *Scientometrics*, 2006;69(2):259-269.

[10] Pigliucci, M., "Natural Philosophy of Science", *Biology and philosophy*, 2005;15: 301-310.

[11] Ventura O.N.; Mombru A.W., "Use of bibliometric information to assist research policy making. A comparison of publication and citation profiles of full and Associate Professors at a School of Chemistry in Uruguay", *Scientometrics*, 2006;69(2):287-313.

[12] Wallin J. A., "Bibliometric methods: pitfalls and possibilities." *Basic & clinical pharmacology & toxicology*, 2005;97:261-275.

[13] Wolman AG. "Measurement and meaningfulness in conservation science", *Conservation Biology*, 2006;6:1626-34.

[14] Xu, W.; Chen Y-Z.; *et al.*, "Neuroscience output of China: A MEDLINE-based bibliometric study", *Scientometrics*, 2003;57(3):399-409.

[15] Young R. F.; Wolf S.A., "Goal attainment in urban ecology research: a bibliometric review, 1975–2004", *Urban ecosystem*, 2006;9:179-193.

EL *EXPLANANDUM* Y EL *EXPLANANS* DEL ÁCIDO RIBONUCLÉICO DE INTERFERENCIA

Rosa del Carmen Xicohténcatl Palacios[10]

RESUMEN

Establecer explicaciones es una de las actividades de los científicos, el *explanandum* es el enunciado que cumple la función de conclusión del razonamiento explicativo, es el que describe el hecho que se quiere explicar, mientras que las premisas del razonamiento que cumplen con la función explicativa, son llamadas *explanans*. En el presente ensayo se buscará primero caracterizar al ARN de interferencia (ARNi) como *explanandum* (un hecho que necesita de explicación) y, en segundo lugar, *evaluar* la eficacia de los tipos de explicación (es decir, de los *explanans* en competición). El descubrimiento del mecanismo de control de la expresión génica que se basa en los sistemas de silenciamiento génico o interferencia por ARN, es universal en las células eucariotas. Éste proporcionó una herramienta poderosa para analizar rápidamente la función de miles de genes. Además, es una esperanza en

[10]   Profesora e investigador de tiempo completo en la fmvz, de la Benemérita Universidad Autónoma de Puebla, miembro del Centro de Innovación y Desarrollo Educativo y Doctorada por el Centro de Estudios Justo Sierra (cejus), Surutato, Badiraguato, Sinaloa, México, e-mail: mailto:rosaxic@yahoo.com.mx

el campo de la terapéutica de enfermedades tan graves como el Alzheimer. El ARNi permitió la exploración de un campo completamente nuevo dentro de la biología celular, por lo que constituyó una verdadera revolución científica en la comprensión del funcionamiento de las células.

Introducción

Uno de los problemas más difíciles en el desarrollo de las ciencias biológicas consiste en establecer explicaciones científicas. El problema de lo que sea una explicación, constituye, sin duda alguna, la finalidad y la condición primera del trabajo académico y científico. El modelo de explicación científica que se sigue comúnmente es en realidad el modelo deductivo-nomológico que se convirtió en el modelo tradicional a la hora de abordar el tema de la explicación científica en los tratados de filosofía de la ciencia. Se trata de un modelo común de explicación científica que consta de dos partes el *explanandum* y el *explanans*. Este último es el enunciado o conjunto de enunciados que describe al fenómeno que ha de explicarse; el primero es el enunciado o conjunto de enunciados que se aducen para proporcionar una explicación. El alcance explicativo del razonamiento total reside en demostrar que el resultado descrito en el *explanandum* era de esperarse en vista de las circunstancias antecedentes y de las leyes generales numeradas en el *explanans*. Con mayor precisión, la explicación puede construirse como un razonamiento en que el *explanandum* se deduce del *explanans*.

Explicar científicamente un hecho es poder deducirlo, junto con condiciones iniciales, de un conjunto de leyes e hipótesis científicas. Se trata, pues, de subsumir un hecho bajo una ley general. Según Popper [1] "Dar una explicación causal de un acontecimiento quiere decir deducir un enunciado que lo describe a partir de las siguientes premisas deductivas: una o varias leyes universales, y ciertos enunciados singulares —las condiciones iniciales–. Por ejemplo, se puede decir que se ha dado una explicación causal de la ruptura de un cierto hilo, si se encuentra que tal hilo puede soportar el peso de un kilo, al cual se le puso un peso de dos. Si se analiza esta explicación causal encontraremos varios elementos constitutivos. Por una parte está la hipótesis siguiente: "Siempre que un hilo determinado sufra una tensión mayor a cierta presión que le es característica habrá de romperse", esto es un enunciado que tiene el carácter de una ley universal de la naturaleza. Por otra parte, se tienen enunciados singulares que sólo se aplican al evento específico en cuestión: "La tensión característica que puede soportar este hilo es de un kilo" y "el peso a que se sometió este hilo fue de dos kilos". De este modo, se presentan dos clases distintas de enunciados, los cuales son ingredientes necesarios de una explicación causal completa. Ellos son *(1) enunciados universales*, esto es, las hipótesis que tienen el carácter de leyes naturales, y *(2) enunciados singulares*, que se aplican al evento específico en cuestión, los cuales se denominaran "condiciones iníciales". Es a partir de los enunciados universales en conjunción con las condiciones iníciales que *se deduce* el enunciado singular, "este hilo se romperá". Llamamos a este enunciado una *predicción* específica o singular" [1]. De modo que lo esencial de la explicación científica es la deducción, su carácter deductivo. El hecho queda explicado si puede deducirse de una o más leyes científicas.

El trabajo que sobre la explicación científica desarrolló Carl Hempel entre las décadas de los cuarenta y sesenta del siglo XX, sentó las bases para el análisis filosófico de este tema en los decenios posteriores [2]. Hempel se ha ocupado de discernir qué es una explicación científica y en qué circunstancia se produce. Es importante tener en cuenta que para Hempel la explicación es fundamentalmente una estructura lingüística, más específicamente, un razonamiento. El enunciado que cumple la función de conclusión del razonamiento explicativo es el que describe el hecho que se quiere explicar y será llamado *explanandum*. Por su parte las premisas del razonamiento, las que cumplen la función explicativa, son llamadas *explanans*, y constan de dos tipos de enunciados: aquellos que expresan los acontecimientos particulares o condiciones iníciales para la ocurrencia del hecho a explicar y aquellos que expresan las leyes generales. Para que una explicación sea sólida, ambos componentes deben satisfacer condiciones, tanto lógicas como empíricas. Entre las condiciones lógicas que se citan, el *explanandum* debe ser una consecuencia lógica del *explanans*; así el *explanans* debe contener leyes generales exigidas realmente para la derivación del *explanandum*; y el *explanans* debe tener contenido empírico: debe ser posible de comprobarse mediante experimentos y observaciones. La condición empírica de adecuación señala que las oraciones que constituyen el *explanans* deben ser verdaderas [3, 4].

En artículos sucesivos Hempel [4, 6] expresó las condiciones arriba señaladas de un modo estricto, específicamente, indicó que toda explicación científica debe seguir un modelo, el modelo deductivo-nomológico (*nomos*, ley) de explicación, el cual para ser científicamente adecuado debe cumplir los siguientes requisitos: Requisitos lógicos de adecuación: (R1) El *explanandum* debe ser una consecuencia lógica del *explanans* y debe ser deducible de la información contenida en el *explanans*, porque de lo contrario este último no podría constituir la base adecuada para el *explanandum* (R2) El *explanans* debe contener leyes generales para la derivación del *explanandum*. Sin embargo, no es necesario para toda explicación científica que haya al menos una ley, pues en el caso en que el *explanandum* no sea un acontecimiento particular sino que expresa una regularidad general, bastan leyes generales (sin condiciones iniciales) para deducirlo; (R3) el *explanans* debe tener contenido empírico, es decir, en principio debe ser posible comprobarlo mediante el experimento o la observación. Requisito empírico de adecuación: (R4) Las condiciones que constituyen el *explanans* deben ser verdaderas [7]. Ambas clases de enunciados, formulados de manera completa y adecuada, explican el fenómeno que se estudia. Así, la explicación se constituye del *explanandum* y el *explanans*, el primer tipo de enunciado es una oración que describe al fenómeno, más no el fenómeno mismo, y el segundo se refiere a la clase de oraciones que se aducen para explicar el fenómeno.

La verdad de los enunciados del *explanans* es un requisito que podría considerarse obvio, aunque ello nunca puede considerarse definitivamente. El mismo Hempel [3] introduce una diferencia entre explicaciones verdaderas y potenciales. Las últimas cumplen con todos los requisitos, salvo en lo que refiere a la verdad del *explanans*. El abandono de tal exigencia se compensa por la inclusión de otra condición que establece que el *explanans* debe confirmarse exhaustivamente en el momento de formular la explicación [8]. La emergencia del concepto ARNi a principios de 1998, tuvo como antecedentes una serie de problemas singulares y desconcertantes que originaron una explicación. En los siguientes capítulos se buscará caracterizar al ARNi como *explanandum* y evaluar la eficacia de los tipos de explicación (es decir, de los *explanans* en competición). Señalando el poder explicativo de una teoría, la cual desarrolla una definición explicita y presenta una teoría formal para el caso de un lenguaje científico de estructura lógica simple.

LAS BIOMOLÉCULAS: EL *EXPLANANDUM* BIOLÓGICO

Desde finales de los años cincuenta y la década de los sesenta del siglo XX, los investigadores del origen de la vida admitieron cada vez más la naturaleza específica y compleja de la vida unicelular y de las biomoléculas de las que dependen esos sistemas: ácido desoxirribonucleico (ADN), ácido ribonucleico (ARN) y proteínas. Los genes son aquellas secciones de ADN que codifican la información que se transformará en las proteínas de los organismos. En un gen, la secuencia de los nucleótidos a lo largo de una hebra de ADN se transcribe a un ARN mensajero (ARNm) y esta secuencia a su vez se traduce a una proteína que un organismo es capaz de sintetizar o "expresar" en uno o varios momentos de su vida, al usar la información de dicha secuencia. Estas secuencias constituyen cerca del dos por ciento del genoma humano. Sin embargo, el resto del genoma esta lleno de ADN que no es codificante [9]. Cada vez más se localizan genes no codificantes que, sin embargo, dan origen a ARNs activos, incluyendo variantes que pueden silenciar o regular a los genes convencionales. Los genes que codifican para proteínas poseen secciones no codificantes llamados intrones. Aunque algunos intrones se degradan, otros poseen elementos activos que se convierten en ARNi, y pueden controlar otros genes [10].

El ARN que se ubica en los ribosomas de las células se denomina ARN ribosómico (ARNr), mientras que otras moléculas de ARN que se encuentran libres en el citosol, corresponden al ARN mensajero (ARNm) y ARN de transferencia (ARNt). Todos los tipos de ARN juegan un papel esencial en la síntesis de proteínas. Las moléculas de ARNm se encargan de transmitir la información genética del núcleo a los ribosomas, es decir, son portadoras del código que dirige la síntesis de proteínas. El código está estructurado por codones, formados por tres nucleótidos que constituyen el ADN, a los cuales se les denomina, adenina, citosina, guanina y timina. La combinación de cualquiera de ellos forma la triada del codón que corresponde a los aminoácidos, que a su vez forman las cadenas de proteínas. En tanto, las moléculas de ARNt se unen a un aminoácido específico y al mismo tiempo pueden reconocer un codón específico en el ARNm. En 1998 se descubrió una nueva clase de ARNs, el denominado ARNi, así como un complejo multiproteico asociado a éste, lo cual ha permitido dilucidar nuevos papeles para los ARNs en la represión de la traducción genética. Una sola de estas moléculas de ARNi regula la expresión de varios genes simultáneamente, de esta forma se controla la expresión en cascadas de traducciones completas de proteínas. En especies vegetales, por ejemplo, un solo ARNi está a cargo de controlar la forma y tamaño de las hojas, mientras que en la mosca *Drosophila* un ARN i controla el tamaño del animal adulto, al regular el balance entre la división celular y la apoptosis. Todos estos descubrimientos transformaron la visión lineal y simplista de que una molécula de ADN, genera una de ARN y ésta a su vez una proteína. Los cientos de ARNi que se han reportado a la fecha, permiten comprender el por qué tantas secuencias en los genomas que no codifican para proteínas. Las funciones naturales de los ARNi y los procesos relacionados con el mismo parecen ser la protección del genoma contra la invasión de elementos genéticos movibles como virus y transposonos, así como dirigir el funcionamiento de los programas de desarrollo de organismos eucarióticos.

Los *EXPLANANS* que facilitaron el descubrimiento del ARNi

La explicación de un fenómeno tan complejo como lo es el ARNi, puede construirse como un razonamiento en que el *explanandum* se deduce del *explanans*. Este ejemplo, ilustra la explicación por subsunción deductiva bajo leyes generales, o explicación deductiva-nomológica. Cada una de las investigaciones que a continuación se presentan constituye el enunciado de un hecho particular que ocurre en un cierto lugar o tiempo, subsumiéndolo bajo leyes generales. Puede decirse que determinado hecho o conjunto de hechos ha causado un efecto específico, sólo si hay leyes generales que conecten el primero con el último, de modo que dada una descripción de los hechos antecedentes, la ocurrencia del efecto puede deducirse con ayuda de las leyes.

El *EXPLANAN* en las petunias

Las antocianinas son componentes flavonoides derivados de la ruta fenilpropanoides, las cuales son responsables, entre otras funciones, de la coloración de la planta especialmente del color de las flores. A finales de los ochentas, Napoli y Lemieux bajo la dirección de Jorgensen [12] trabajaron en la obtención de petunias de diferentes colores. Intentaban sobrexpresar la chacona sintetasa (CHS) en la pigmentación de los pétalos de la petunia para lo cual introdujeron un gen quimérico de la enzima CHS de la petunia; de esta forma esperaban obtener petunias con una coloración púrpura intenso. Inesperadamente, la introducción del gen mutante bloqueo la biosíntesis de la antocianina, por lo que las plantas desarrollaron flores totalmente blancas y flores con dibujos blancos o con sectores pálidos sobre la pigmentación original; ninguna de las plantas control, exhibieron el fenotipo que se esperaba al introducirles el gen *chs* (figura 1). A este efecto se le denominó co-supresión, sin embargo, estos investigadores no pudieron determinar el ¿por qué? la introducción de una copia extra de un gen resultaba en la supresión del mismo gen endógeno presente en la planta.

Figura 1. Fenotipos de flores transgénicas quiméricas *chs*

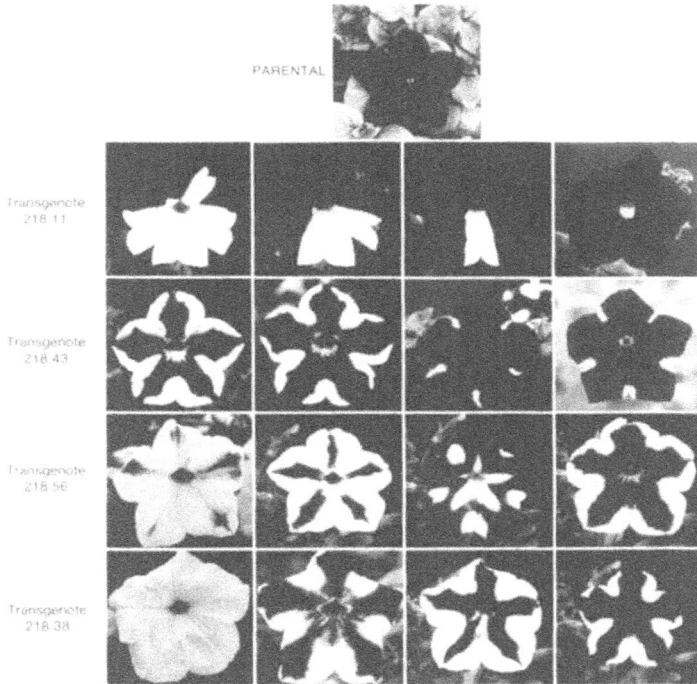

El explanan *en* Neurospora crassa

Desde 1941, cuando George W. Beadle y Edward L. Tatum [13] iniciaron sus trabajos sobre la relación de genes y enzimas, el hongo *Neurospora crassa* ha sido un modelo biológico para los investigadores, dado que es un organismo pequeño que forma generaciones rápidamente y cuyo genoma es fácilmente manipulable. En 1990 Romano y Macino [14] trabajaron con el hongo *Neurospora crassa,* con el que intentaban lograr la expresión de dos genes involucrados con la producción de carotenos (compuestos que proporcionan el color naranja a los hongos), estos investigadores introdujeron copias extra de los genes *Alb-1* y *Alb-3* al genoma de *Neurospora crassa*. Sin embargo, la expresión de los genes endógenos *alb-1* y *alb-3* no se dio y por el contrario los hongos resultaron sin color. Este fenómeno denominado supresión transitoria, se consideró como reversible espontáneo y progresivo, y condujo a fenotipos intermedios o silvestres, y al parecer, la supresión transitoria era monodireccional.

EL *EXPLANAN* EN DIVISIÓN ASIMÉTRICA DEL *CAENORHABDITIS ELEGANS*

En 1995 Su Guo y Kemphues [15] en la Universidad de Cornell, llevaron a cabo estudios sobre la división asimétrica en la embriogénesis de *Caenorhabditis elegans*. Este organismo es un gusano cilíndrico que pertenece al grupo de los nematodos. Las ventajas experimentales del *C. elegans* incluyen su tamaño pequeño, su ciclo de vida corto, su fácil manejo, y el hecho de que su cuerpo es transparente. Debido a las características del modelo, se facilita la observación del desarrollo embriológico. Este proceso en el cual el huevo fecundado se transforma en un organismo adulto, está controlado genéticamente, como lo indican su reproducibilidad a través de las generaciones y la existencia de mutaciones que interrumpen pasos específicos.

La transición del cigoto a un organismo multicelular requiere la generación de un gran número de tipos celulares diferentes con una relación espacial apropiada, lo cual dará origen a cada uno de los órganos, aparatos y sistemas y a la ubicación de los mismos. Tal diversidad celular, espacialmente coordinada, puede surgir por dos mecanismos distintos: inducción y orientación asimétrica de la división celular. En la inducción, las células equivalentes reciben su posición dependiendo de las señales del ambiente que inducen diferencias en el destino de las células. En contraste, la división asimétrica orientada, genera células hijas en posiciones apropiadas con diferentes destinos, como una consecuencia de las diferencias citoplasmáticas entre las células hijas.

En el *C. elegans*, la cadena de divisiones mitóticas, tan finamente coreografiada, se inicia con el huevo fecundado, que se encuentra dentro de una cáscara externa dura. Las tres primeras divisiones producen un embrión de cuatro células, cada una con un destino embriológico determinado. En la primera división se produce la segregación de factores citoplasmáticos mencionados anteriormente y se obtienen, por lo tanto, dos células con contenidos distintos. Una de ellas, la célula P, dará lugar al polo posterior del embrión, mientras que la otra, la célula AB, dará lugar al polo anterior (figura 2).

Figura 2. Asimetrías en el embrión temprano

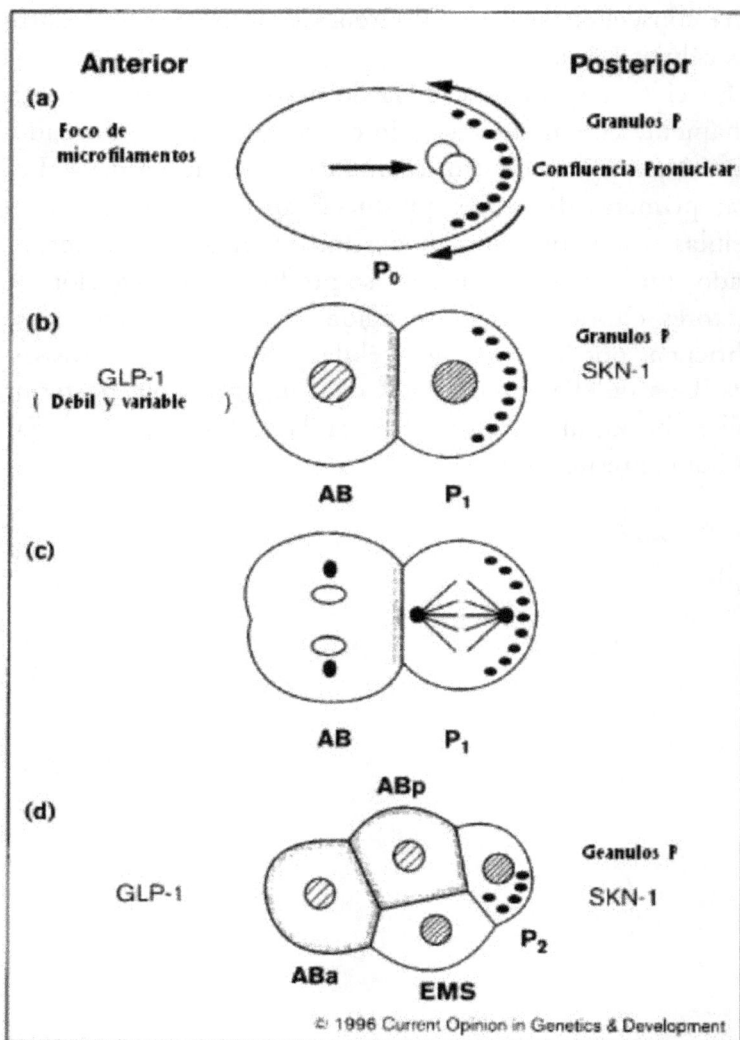

© 1996 Current Opinion in Genetics & Development

Asimetrías en el embrión temprano, *a)* Embrión de una célula. La flecha indica la dirección del flujo citoplasmático que ocurre de manera temprana en el ciclo celular. Las flechas orientadas posteriormente indican el flujo cortical; las flechas orientadas anteriormente indican el flujo del citoplasma interno. El sombreado anterior indica la redistribución transitoria del lugar de los microfilamentos; los puntos obscuros indican los gránulos P y los círculos sin sombrear representan los pronúcleos, *b)* Embrión con dos células en interfase AB es mas largo que P; GLP-1 (sombreado en la membrana entre las células en el citoplasma) se expresa variablemente en AB pero no en P1, la proteína SKN-1 (con rayas) está presente en altas concentraciones en el núcleo P1 y los gránulos P están presentes exclusivamente en el núcleo P, *c)* Embrión de dos células en mitosis. El eje AB es transversal al eje AP; el eje P1 alinea a lo largo del eje A-P. AB y P1 se dividen asincrónicamente; *d)* Embrión de cuatro células. GLP-1 se encuentra en la membrana de ABa y Abp; ASK-1 está presente en altas concentraciones en P2 y EMS; y los gránulos se restringen a P2 [15].

Para investigar las funciones de los genes *mex-1, mes-1* y otros seis pares de genes los investigadores introdujeron oligonucleótidos antisentido al nematodo *C. elegans* con el fin de inhibir la expresión de algunos genes involucrados en el desarrollo, encontraron que cuando introducían el oligo sentido y antisentido juntos, la supresión del gen de interés era mucho más eficiente y duradera. A pesar de determinar que eran las dos secuencias, sentido y antisentido juntas, las que potenciaban el efecto de supresión, el grupo del doctor Kemphues [15] no pudo explicar el fenómeno aunque denominó a este fenómeno Silenciamiento de genes de postranscripción o PTGS (del inglés Post Transcriptional Gene Silencing).

LA INTERFERENCIA GENÉTICA DEL GEN *UNC-22* PERMITIÓ SUBSUMIR LOS *EXPLANANS* EN EL ARNi

El experimento realizado por Fire *et al.* [17], que se publicó en 1998, fue decisivo en la explicación del fenómeno de "silenciamiento". En este trabajo, los autores inyectaron ARN monocatenario o bicatenario en *C. elegans* de un gen implicado en la función muscular (*unc-22*). Las copias de ARN monocatenario sentido o antisentido apenas produjeron efectos en los gusanos. Por contrario, el ARN bicatenario sorprendentemente inhibió específicamente la expresión del gen *unc-22*, y dio lugar a gusanos con serios problemas de espasmos musculares. Esta inhibición fue denominada silenciamiento por ARNi y se identificó posteriormente en otros organismos.

Los resultados obtenidos en la coloración de las petunias, demostraron que el fenómeno de co-supresión no era algo particular de ellas, sino que parecía ser un fenómeno general en los eucariontes. El fenómeno de supresión estudiado por Romano y Macino [14] en hongos así como el fenómeno de silenciamiento de genes de postranscripción por Guo y Kemphues [15] podrían compartir algunos elementos comunes. Actualmente se conoce que el fenómeno de silenciamiento de genes de postranscripción y el silenciamiento en plantas y hongos, junto con el fenómeno de ARNi en animales es uno y el mismo. Este fenómeno está altamente conservado a lo largo de la evolución, presentándose en organismos tan variados y distantes como levaduras, diversas plantas unicelulares y pluricelulares, hongos, insectos, nematodos y mamíferos (incluyendo al humano). Sin embargo, es interesante hacer notar que no existen reportes de ARNi en bacterias.

LOS *EXPLANANS* DEL MECANISMO DE ACCIÓN DEL ARNi

El *explanandum* debe ser una consecuencia lógica del *explanans*; expresado en otras palabras, el primero debe ser lógicamente deducible de la información contenida en el *explanans,* de lo contrario este último no podría constituir una base adecuada para el *explanandum.* Dichos *explanans* debe tener contenido empírico; ser comprobable mediante experimentos y observaciones, este hecho le otorga la condición de ser verificable. Al respecto, los *explanans* relacionados con el mecanismo de acción de ARNi generadas por los investigadores Fire *et al.* [17] se presentan a continuación.

El ARNi es un mecanismo para silenciar la secuencia específica de la postraducción del gen *unc-22* altamente conservado en *C. elegans*, por lo cual el ARNi señala al homólogo del ARNm para su degradación. Tanto en animales como en especies vegetales, la interferencia por ARN se caracteriza por la presencia de fragmentos de ARN de unos 22 nucleótidos, que son homólogos al gen cuya expresión es suprimida. Estas secuencias de unos 22 nucleótidos se denominan ARN interferentes pequeños (ARNsi) y sirven como *secuencias guía* que «instruyen» a un complejo supramolecular con actividad nucleasa para destruir moléculas de ARNm específicas. Al complejo supramolecular se le ha denominado el complejo silenciador inducido por ARN. Si en este complejo, se produce un adecuado empalmado por complementariedad entre un ARNm y un ARNsi específico para él, la actividad nucleasa de este complejo silenciador lo corta en dos (de aquí que se hable de actividad *slicer*, es decir, «rebanadora») la cadena de ARNm, haciéndola afuncional.

Futuras contribuciones al *explanandum* ARNi

El ARNi proporciona una herramienta poderosa que analiza rápidamente la función de miles de genes, bloqueando específicamente la expresión de cada uno de ellos y estudiando los efectos que dichos silenciamientos específicos provocan. También se busca utilizarlo como una herramienta terapéutica. Existen desafíos muy importantes en desarrollar terapias que utilizan ARNi. Debido a que ARNi requiere la expresión de ARN de doble cadena (ARNds) incluyendo ARN de horquilla pequeños (ARNsh), estos ARNds podían activar potencialmente el sistema inmune innato, al impedir genes no diana, o saturar la maquinaria de ARNi. El mayor factor que dificulta la aplicación terapéutica de ARNi es la necesidad de un sistema de selección seguro y eficiente para los ARNds.

Los lentivirus pueden ser una opción para activar las acciones terapéuticas de las ARNsh. Estos son una familia de retrovirus que se pueden integrar en el genoma no solamente de células que se dividen también en células que no se dividen (tales como las neuronas) para lograr la expresión estable y a largo plazo de los ARNsh. Esta característica hace de los lentivirus uno de los sistemas de transporte favoritos para los genes exógenos, especialmente en el sistema nervioso central. El lentivector, mediante el ARNi ha demostrado ser plausible para el tratamiento de la enfermedad de Alzheimer y la esclerosis lateral amiotrófica en modelos de ratón. Sin embargo, el lentivirus tiene sus propias desventajas; requiere de existencias de altos títulos virales y su eficacia podría estar reducida debido al silenciamiento de muchas copias integradas del lentivector.

Aplicaciones clínicas potenciales del ARNI

Se ha demostrado el potencial terapéutico de los ARNi en modelos animales de varias enfermedades neurodegenerativas, incluyendo la enfermedad de Alzheimer, la esclerosis

lateral amiotrófica, la ataxia espinocerebral y la enfermedad de Huntintong. La eficacia del ARNi es particularmente impresionante en el modelo de la esclerosis lateral
amiotrófica, donde se ha reportado el doble del periodo
de latencia y prolongación de la vida aproximadamente un
ochenta por ciento después de la inyección intramuscular
de ARNsh.

Pfeifer *et al.,* [24] han reportado datos *in Vitro* e *in Vivo*
que estimulan la esperanza sobre una terapia basada en
ARNi contra la enfermedad prionica (proteína prionica,
PrPc). Ellos muestran que la introducción de un lentivirus
que transporta anti PrPc de la expresión de ARNsh suprime
efectivamente la replicación del prion en una línea celular
de neuroblastoma murino persistentemente infectada con
una cepa de prion de ratón. También es prometedor que no
aparezcan anormalidades notables en los ratones quiméri-
cos, sugiriendo que el lentivector que media ARNi es bien
tolerado al menos en el modelo biológico del ratón. Estos
datos indican que el ARNi tiene potencial como terapéutico para la enfermedad prionica, suministrando un nuevo
escenario para la búsqueda de un tratamiento efectivo para
este tipo de enfermedades, figura 3. También puede ser
posible utilizar el ARNi para impedir o retrasar la ocurrencia de la enfermedad prionica en sujetos que portan
la mutación patogénica en el gen PrP humano. Aunque
antes de que ARNi pueda ser aprovechada para el tratamiento de la enfermedad prionica, se requiere de mucha
más investigación.

Figura 3. ARNi y otras estrategias para el tratamiento de enfermedades prionicas.

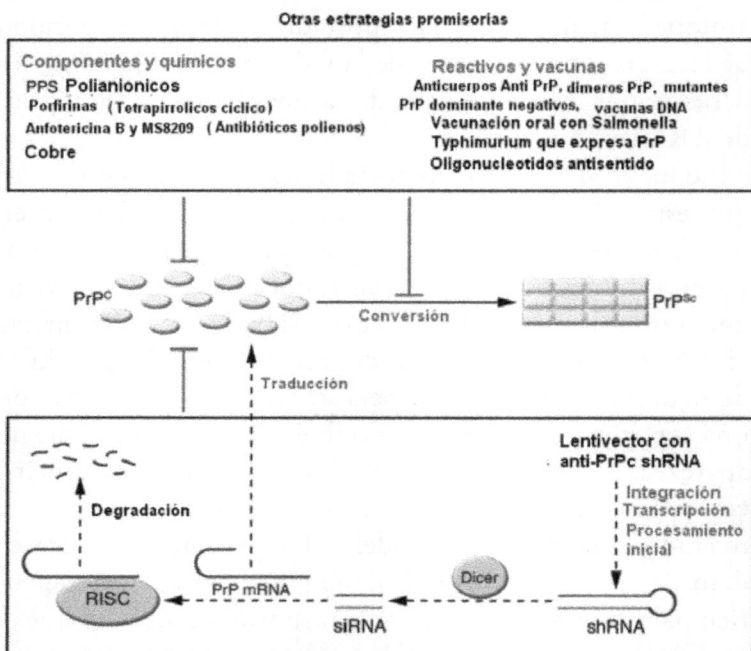

Las PrPc monoméricas (óvalos amarillos) se convierten en PrPSc multiméricas (rectángulos amarillos) en el proceso de replicación y patogénesis del prion. En esta figura se muestra que un anti PrPc ARNsh transportado por un lentivector es transfectado en una neurona o en una célula madre (Embryonic Stem cell ES), integrada en el cromosoma, y transcrita; anti-PrPc ARNsh es separada en el citoplasma, donde es procesada por la endonucleasa Dicer en ARNsi. A su vez activa el complejo silenciador inducido por el complejo silenciador, inducido por ARN para degradar PrP- ARNms, reduciendo la expresión de PrPc y consecuentemente disminuyendo la acumulación de PrPSc y mejorando significativamente el tiempo de supervivencia después de la infección por el prion.

Dimensión explicativa

El trabajo que sobre la explicación que desarrolló Carl Hempel entre las décadas de los años cuarenta y sesenta del siglo XX sentó las bases para el análisis filosófico de este tema en los decenios posteriores. El influyente análisis lógico Hempeliano, perseguía un tratamiento unificado de las explicaciones tanto en ciencias naturales como en ciencias sociales, cuyo rasgo central era el uso de leyes de amplia cobertura en la explicación de sucesos particulares.

Si se entiende la ciencia como "quehacer dedicado a describir sobre cómo funciona causalmente el mundo," resulta necesario concretar la búsqueda de mecanismos referidos a generalizaciones concretas. Para Hempel explicar es deducir lógicamente el *explanandum* de las leyes generales, bajo las llamadas condiciones iniciales. Sin embargo, esto no garantiza la relación causal. De hecho, un mecanismo causal tiene un número finito de eslabones. Cada eslabón se puede describir por una ley general y en ese sentido, cada uno de los eslabones se transforma en una caja negra, cuyo engranaje puede permanecer en la ignorancia, hasta que surge la deducción-nomológica del *explanandum*. Lo que quiere decir, es que pueden existir muchas leyes generales y no obtener ningún conocimiento respecto al funcionamiento del mundo. El papel de los mecanismos en la explicación no se agota en reducir fenómenos a sus componentes, no es un mero reduccionismo; más bien, es esencialmente reducir el vacío entre *el explanans* y *el explanandum*. Un mecanismo proporciona una cadena continua y contigua de efectos causales o intencionales, un vacío es una caja negra en una cadena.

El proceso de determinación de la mejor explicación a menudo implica generar una lista de posibles hipótesis, en la que se compara su poder causal conocido (o teóricamente plausible) con respecto a los datos relevantes; luego, progresivamente, eliminar las explicaciones potenciales pero inadecuadas y, finalmente, en el mejor de los casos, elegir la explicación causal adecuada que más se ajusta de acuerdo a la percepción que se tenga de la realidad y de los medios disponibles para explicarla. De aquí que cuando se desea explicar un fenómeno, la variable que se busca explicar se convierte en *explanandum*. Mientras que las variables empleadas para explicar el fenómeno, por ejemplo, el conjunto de hechos causales que permitieron concebir el ARNi, son *el explanans*. En este caso el conjunto de fenómenos inicialmente sin relación acaecidas en petunias, *N. crassa* y fenómenos embriológicos del *C. elegans,* así como el tipo de encadenamientos teóricos de las hipótesis propuestas por Fire *et al.* [17], conectan el *explanandum* con el *explanans*.

En conclusión, hasta aquí se han presentado los antecedentes que permiten caracterizar la explicación científica, según la obra del epistemólogo Hempel, entendida como un razonamiento basado en las leyes generales. Dicho de otra manera, la explicación causal es una variedad del tipo de razonamiento deductivo-nomológico.

REFERENCIAS

[1] Popper K.R., La lógica de la investigación científica, Tecnos, 1992.

[2] Hempel C.G., *Filosofía de la ciencia natural*, Madrid, Alianza, 1982.

[3] Hempel C.G., "Aspectos de la explicación científica", en: Surcos, editor, *La explicación científica*, 1a edicion, Paidós, 2005, p. 435-90.

[4] Hempel C.G., *La explicación científica*, 1a edición ed., Surcos editor, Paidós, 1965.

[5] Hempel C., "Studies in logic and confirmation", *Mind*, 1945;54:1-26.

[6] Hempel C., "Studies in the logic of confirmation II", *Mind*, 1945;54:97-121.

[7] Vanderbeeken R., "Models of intentional explanation", *Philosophical explorations*, 2004;7(3):233-46.

[8] Bar A.R., "La explicación como producto lógico o como producto de la praxis", *Cinta de Moebio*, Revista electrónica de epistemología de ciencias sociales, 2001(11):1-11.

[9] Karp G., *Biología celular y molecular. Conceptos y experimentos*, cuarta edición, Mc Graw-Hill Interamericana, 2005.

[10] Watson J.D.; Baker T.A.; Bell S.P.; Gann A.; Levine M.; Losick R., *Biología molecular del gen*, Madrid, España, Editorial médica panamericana, 2006.

[11] Hempel C.G., "Explicación nomológica: deductiva e inductiva", en: Surcos editor, *La explicación científica*, 1a edición, Paidós, 2005, Vanderbeeken, R. "Models of intentional explanation", *Philosophical explorations*, 2004, 7(3):233-46, p. 392-434.

[12] Napoli C.; Lemieux C.; Jorgensen R., "Introduction of a chimeric chalcone synthase gene into petunia results in reversible co-suppression of homologous genes in trans", *Plant Cell*, 1990;2(4):279-89.

[13] Beadle G.W.; Coonradt V.L., "Heterocaryosis in Neurospora Crassa", *Genetics*, 1944;(3):291-308.

[14] Romano N.; Macino, G., "Quelling: transient inactivation of gene expression in Neurospora crassa by transformation with homologous sequences", *Mol Microbiol*, 1992;6(22):3343-53.

[15] Guo S.; Kemphues K.J., Molecular genetics of asymmetric cleavage in the early caenorhabditis elegans embryo, Curr Opin Genet Dev., 1996;6(4):408-15.

[16] Schneider S.Q.; Bowerman B., "Cell polarity and the cytoskeleton in the Caenorhabditis elegans zygote", *Annual Review in Genetic*. 2003;37:221-49.

[17] Fire A.; Xu S.; Montgomery M.K.; Kostas S.A.; Driver S.E.; Mello C.C., "Potent and specific genetic interference by double-stranded ARN in *Caenorhabditis elegans*", *Nature*, 1998;391(6669):806-11.

[18] Vaca L., "ARN interferente: una herramienta y un novedoso mecanismo de regulación génica", *Mensaje bioquímico*, 2004;28:45-60.

[19] Hempel C.G., "La lógica de la explicación, en: Surcos editor", *La explicación científica*, 1a edición, Paidós, 2005;392-434.

[20] Sen G.L.; Blau H.M., "A brief history of ARNi: the silence of the genes", *Faseb Journal*, 2006;(9):1293-9.

[21] Bernstein E.; Caudy, A.A.; Hammond S.M.; Hannon G.J., "Role for a bidentate ribonuclease in the initiation step of ARN interference", *Nature*, 2001;409(6818):363-6.

[22] Sledz C.A.; Holko M.; De Veer M.J.; Silverman R.H.; Williams B.R., "Activation of the interferon system by short-interfering ARNs", *Nature Cellular Biology*, 2003;(9):834-9.

[23] Bridge A.J., Pebe S.; Ducraux A.; Nicoulaz A.L.; Iggo R., "Induction of an interferon response by ARNi vectors in mammalian cells", *Nat. Genet.*, 2003, jul;34(3):263-4.

[24] Pfeifer, A.; Eigenbrod, S.; Al-Khadra, S.; Hofmann, A.; Mitteregger, G.; Moser, M. *et al.*, "Lentivector-mediated ARNi efficiently suppresses prion protein and prolongs survival of scrapie-infected mice", *Journal of Clinical Investigation*, 2006;116(12):3204-10.

La complejidad de la naturaleza ¿es factible estudiarla?

Alejandro Moreno Reséndez[11]

El científico no estudia la naturaleza porque es útil; la estudia porque encuentra placer en ella, y encuentra placer en ella porque es hermosa. Si la naturaleza no fuera hermosa, no valdría la pena conocerla, y si no valiera la pena conocerla, la vida no valdría la pena vivirla.

Henri Poincaré

Resumen

Con el propósito de dominar la naturaleza y explicar lo que en ella sucede el hombre ha desarrollado el conocimiento científico, para lo cual, la ciencia contemporánea utiliza el enfoque reduccioncita, con éste se considera que la naturaleza se gobierna por medio de reglas sencillas, sin embargo, y debido a la complejidad de la propia naturaleza ha surgido el cuestionamiento

[11] Doctor en Ciencias Agropecuarias, profesor-investigador del Departamento de Suelos de la Universidad Autónoma Agraria Antonio Narro – Unidad Laguna, correo electrónico: alejamorsa@yahoo.com.mx, alejamorsa@gmail.com y alejamorsa@hotmail.com

sobre el paradigma de la simplicidad imperante. Ante este cuestionamiento se presenta un conjunto de comentarios sobre las nuevas tendencias de la ciencia, relacionadas con la complejidad y la presencia de los sistemas complejos que imperan en la naturaleza, con el propósito de aportar elementos que sirvan para discutir, al interior de las actividades de socialización, acerca de esta forma de explicar lo que sucede en la misma.

ANTECEDENTES

El mundo en que vivimos es muy complejo y constituye un enorme reto comprender la naturaleza fundamental de sus complejidades. Sin embargo, hoy en día, la ciencia moderna ha alcanzado hasta el momento cuotas de éxito notables a la hora de explicar el mundo mediante el reduccionismo: en primer lugar descomponiéndolo en sus elementos constituyentes y a continuación analizando sus propiedades y finalmente reconstruyendo el sistema completo mediante la superposición de sus elementos. Esta metodología se basa en la creencia de la ciencia moderna de que la naturaleza se gobierna por reglas sencillas, de tal modo que el conocimiento y posterior comprensión de estas reglas constituirían precisamente la finalidad de la ciencia. Además, este enfoque reduccionista lleva consigo una profunda relación con la teoría lineal, que asimismo constituye otro de los pilares en los que se apoya la ciencia e ingeniería de hoy día. Y esto ocurre así debido a que en la teoría lineal se cumple el principio de superposición, que viene a significar, en pocas palabras, que la suma de las soluciones de un problema es también una solución. Sin embargo, *existen fenómenos que emergen sólo cuando los elementos están conectados formando sistemas más complejos y que poseen propiedades de las que los propios elementos carecen.* Nuevas tendencias en la ciencia moderna han tomado el reto de examinar estas propiedades yendo más allá de la aproximación reduccionista. Esto es lo que se llama ciencia y tecnología de la complejidad.

La naturaleza y la generación de conocimiento

Ciertos fenómenos en la naturaleza emergen únicamente cuando los elementos constituyentes están conectados formando sistemas más complejos, poseyendo además propiedades que los propios elementos carecen

Miguel A. F. Sanjuán

La ciencia es determinista y representa el intento de representar el mundo conocido a través de un sistema cerrado. Sin embargo, aún cuando las leyes son deterministas, la naturaleza no lo es y los nuevos descubrimientos rompen los límites del determinismo o del formalismo [3]. En atención a lo anterior Munné [10] estableció la siguiente pregunta ¿Por qué, si la realidad es compleja, domina hoy un paradigma basado en la simplicidad?

En la naturaleza las cosas existen en virtud de relaciones mutuamente consistentes, entre sí y consigo mismas. La teoría aparece como conjetura y filosofía global sobre la naturaleza; no acepta ningún absoluto, ninguna constante, ley o ecuación fundamental. El universo es una red dinámica de sucesos interrelacionados en la que ninguna parte es más fundamental que otra y la consistencia de sus interrelaciones determina la estructura de la totalidad de la red [1].

En este sentido, el hombre, de manera permanente debe tener en mente que, la ciencia es meramente un método para dominar y emplear la naturaleza [12]. Sin embargo, también es importante que reconozca que, el mundo de la ciencia y de la investigación científica es muy complejo y que, a lo menos, debe "saber" que hay mucho que "no sabe" sobre concepciones, teorías, tendencias estocásticas y propuestas que estarían consciente o inconscientemente orientando su quehacer, que tal vez estaría trasgrediendo dimensiones básicas de manera inaceptable en un sector; o por último, diseñando un proyecto con elementos considerados teóricamente antagónicos [4].

Anteriormente, la ciencia "normal" desarrolló leyes y ecuaciones deterministas y exactas e hizo creer que la totalidad de los fenómenos naturales podían ser descritos por ecuaciones lineales. El reduccionismo (física cuántica y biología molecular) llevó a pensar que era posible la comprensión de la complejidad total del organismo humano a nivel celular y molecular, en términos de la física y la química clásicas, pero las propiedades esenciales de un sistema viviente son las del todo, que ninguna de sus partes individuales posee. Un organismo es más que la simple suma de sus partes, es función y no sólo estructura, es patrón y no sólo forma y su función es cibernética al responder a los estímulos externos. Es un sistema organizado y homeostático de comportamiento caótico, pero no aleatorio (no errático) e impredecible [2].

Las nuevas tendencias de la ciencia moderna, se deben a que los sistemas complejos (SC) abundan en la naturaleza y en la sociedad y aunque muchos científicos los han reconocido e identificado, no existía hasta el momento una metodología científica coherente, capaz de abordarlos en su realidad. La ciencia, hasta ahora, se había limitado a estudiarlos utilizando las herramientas e instrumentos que les brinda el único modelo hasta el momento existente, el modelo lineal, que presupone o fija condiciones estables (de laboratorio) para aproximarse a esta realidad [16]. El mejor regalo de la ciencia no está en los resultados prácticos ni en los grandes esquemas conceptuales sino en el método científico, que es confrontar sistemática y rigurosamente los modelos teóricos con los fenómenos de la naturaleza [18].

Cuando se pregunta acerca de cómo se construye el conocimiento, a lo que se refiere esta pregunta es a cómo se está pensando, desde dónde, hacia dónde, por qué y para qué se construye el conocimiento; lo que representa un compromiso tanto epistémico como ético. Lo que se está buscando no es la correspondencia de un concepto con la realidad, lo que está en juego es la propia construcción de la realidad en la que toman parte los conceptos, las ideas, las intuiciones, los perjuicios, etcétera [6].

La generación de conocimientos es en esencia un proceso complejo en el que tienen cabida las fluctuaciones generadas por el azar, las bifurcaciones, los cambios y transformaciones, puesto que interactúan múltiples factores y variables, tanto de tipo individual como una diversidad de condiciones sociales, culturales y educativas. Las variables sociales, culturales y educativas son exógenas al individuo y sin embargo determinan y marcan sus expectativas, experiencias previas, visión del proceso de aprendizaje, actitudes y motivación [3].

La base de todo conocimiento se halla en las relaciones, en las pautas que subyacen en los procesos y estructuras, en la resonancia entre las mentes; las formas biológicas así como el pensamiento humano están constituidas por un conjunto de relaciones más que de partes y por lo tanto debe usarse un lenguaje de relaciones para describirlas, porque la lógica es atemporal, describe sistemas lineales de causa y efecto, pero en ningún caso es adecuada para la descripción de fenómenos biológicos cuyas secuencias causales son circulares y temporales, al aplicarles la lógica se generen paradojas y oscilaciones; como expresiones esenciales del pensamiento humano se consideran las historias, son un camino real para el estudio de relaciones dispersas en el tiempo; la parábola y la metáfora se hallan en la raíz de la vida y a través de ella la gran estructura de interconexiones se mantiene unida, es el lenguaje de la naturaleza la pauta que conecta, expresa similitudes estructurales y de organización [15].

El conocimiento humano es la traducción de la percepción del mundo real a partir de símbolos, de la percepción de los discursos y teorías que los seres humanos expresan en sus conversaciones sobre el mundo y sus estados. Infieren y/o conciben como eventos, leyes, fenómenos, sistemas, etcétera, procesos que implican computaciones y cogitaciones mediatizadas por las informaciones, representaciones y expectativas que la vida en sus quehaceres conlleva, posibilita y obstaculiza [6].

La complejidad

Desde el punto de vista filosófico, el concepto de complejidad surge cuando se empieza a disponer de técnicas matemáticas para discernir el comportamiento de los sistemas. Así, desde los años setenta comienza a emerger un novedoso paradigma científico que aborda el comportamiento sistémico como una realidad universal compleja, inevitable de asumir si se aspira a comprender la magnitud de los fenómenos universales partiendo de una nueva dimensión para su estudio, más allá del marco cartesiano [14].

La complejidad es una manera de ver el mundo como unidad en la diversidad. Unidad-diversidad habitada por la indeterminación, la incertidumbre y la contradicción que caracterizan al conocimiento humano. La complejidad, del latín complexus (lo que está tejido junto) hace alusión a una red interconectada de fragmentos, de islas de saberes y conocimiento permeados por la incertidumbre que posibilita la comprensión del mundo desde una visión global y solidaria, pero no totalizadora [9]. En el mismo sentido, se ha establecido que la complejidad resulta de un conjunto de propiedades cualitativas que, por lo que hasta hoy se conoce, son al menos la caoticidad, la fractalidad, el catastrofismo y la borrosidad. Éstas son propiedades irreductibles, inherentes pues a la realidad en sus diversas manifestaciones no sólo físicas sino también psíquicas y sociales [10].

La complejidad es, efectivamente, el tejido de eventos, acciones, interacciones, retroacciones, determinaciones, azares, que constituyen el mundo fenoménico. La complejidad se presenta con los rasgos inquietantes de lo enredado de lo inextricable, del desorden, la ambigüedad, la incertidumbre. De allí que, para el conocimiento es necesario poner orden en los fenómenos, descarta lo incierto, selecciona los elementos de orden y de certidumbre para eliminar la ambigüedad, clarificar, distinguir, jerarquizar [6]. La complejidad, al igual que otros términos como el caos, la auto organización, el desorden, etc., constituye un concepto de gran relevancia en el nuevo enfoque epistemológico que se está desarrollando en estos tiempos [7].

La primera ciencia de la complejidad que se acercó a la vida como fenómeno universal fue la termodinámica clásica, pero ésta no logró explicar completamente los fenómenos asociados a la vida misma, debido al carácter lineal de su estructura matemática que imposibilitaba describir los sistemas alejados del equilibrio termodinámico (esto último considerado la primera gran característica de los organismos vivos como sistema); lo más que esta ciencia pudo esclarecer fueron los procesos delimitados por flujos débiles cercanos al equilibrio, en los cuales el sistema termodinámico alcanzaba un estado estacionario con una generación de entropía mínima (medida del desorden de un sistema), que mantenía a éste muy próximo al equilibrio [14].

Actualmente tiende a consolidarse el término complejidad que designa el estudio de los sistemas dinámicos que están en algún punto intermedio entre el orden en que nada cambia, como el de las estructuras cristalinas, y el estado de total desorden como el de un gas ideal en equilibrio termodinámico. Los fenómenos de complejidad se refieren a muchos sistemas que cambian en la naturaleza cuyo comportamiento va cambiando con el transcurrir del tiempo (sistemas dinámicos). Dichos fenómenos aparecen cuando los sistemas se hacen extremadamente sensibles a su condición inicial de posición, velocidad, etc., de modo que alteraciones muy pequeñas en sus causas son capaces de provocar grandes diferencias en los efectos. Tal como se ha mencionado, como consecuencia de ello no es posible predecir con exactitud cómo se comportarán dichos sistemas más allá de cierto tiempo, por lo que parecen no seguir ninguna ley, como si estuviesen regidos por el azar [11].

Hoy en día, el verdadero desarrollo del pensamiento y del conocimiento humano se establece en el modo de trabajo de las ciencias de la complejidad -ciencias de la vida-, la complejidad es la medida de libertad de un sistema, lo que se traduce en que el conocimiento y el pensamiento surgen y se alimentan en territorios de frontera, y nunca en islas cerradas como propiedad privada. La complejidad representa el modo de comprender y explicar la realidad en términos dinámicos, y no lineales, y no únicamente en fijos y regulares [6].

A diferencia de los físicos fundamentales que quieren descubrir las leyes fundamentales de la naturaleza y sus restricciones, los científicos que trabajan en el campo de la teoría del caos y la complejidad utilizan ecuaciones que son sólo modelos aproximados de la realidad. El caotista quiere capturar los aspectos esenciales de su sistema bajo estudio, no quiere describir todos los aspectos del sistema. Para ello utiliza ecuaciones muy simples, que muestran universalidad en el sentido de que la misma ecuación puede describir variados sistemas aparentemente diferentes, por ejemplo: una población de pájaros y el comportamiento de la bolsa de Nueva York [8].

El nuevo paradigma de la complejidad, contrariamente a la creencia de la ciencia clásica donde los sistemas cerrados y estables constituyen la norma, sostiene que la no linealidad se encuentra por todas partes en la naturaleza y que, hoy por hoy, los sistemas clásicos constituyen una excepción [15]. Desde la perspectiva paradigmática de la complejidad, cada individuo presenta las mismas propiedades cualitativas que hacen de la naturaleza una realidad compleja, y no referir a ella estas propiedades sería tanto como desprenderla de la naturaleza y continuar desnudándola, como hasta ahora, de su complejidad [10].

La importancia de los sistemas complejos y su estudio

Durante las dos últimas décadas del siglo XX, comenzó a gestarse un cambio paradigmático que afecta a todas y cada una de las disciplinas científicas de manera simultánea. El nuevo paradigma se conoce con el nombre de Estudio de los SC. Se trata de una respuesta al cambio cultural frente a conceptos como los de desorden y caos que estaban desplazados del ámbito de la ciencia clásica, por ser considerados informes y vacíos de significación. Los SC se ubican entre la categoría de orden entendida como sinónimo de determinismo y previsibilidad total de la naturaleza y el caos, concebido como azar y desorden total, donde nada puede ser previsto. La complejidad, en cambio, supone irreversibilidad, temporalidad, no-linealidad, aleatoriedad, fluctuaciones, bifurcaciones auto organización, probabilidad y extrae de esta nueva información una enorme riqueza de posibilidades para hacer crecer la ciencia [15].

Acerca del pensamiento complejo

Rompiendo con el paradigma de la reducción del conocimiento a las partes que lo componen, con el determinismo, la ocultación del azar de la novedad y la aplicación de la lógica mecanicista a los problemas de la naturaleza y lo social, ha surgido el pensamiento complejo que busca distinguir, reconocer los singular y lo concreto, sin desunir; religar en un juego dialógico entre orden, desorden, organización, contexto e incertidumbre, sin dar como verdad esa particular organización de un conjunto determinado [15].

El pensamiento complejo es aquel modo de pensar capaz de unir conceptos que se rechazan entre sí y por lo tanto todo lo contrario de aquel otro modo de pensar que practica la disyunción, la separación y la reducción, y que desglosa y cataloga las cosas en compartimentos cerrados. El pensamiento complejo es, también, capaz de pensar el sujeto con sus ambivalencias, incertidumbres e insuficiencias, reconociendo su carácter central y periférico, significante e insignificante. Sin un pensar complejo, se disuelve o trasciende al sujeto, sin llegar a comprenderlo jamás [10].

Adicionalmente, se define el pensamiento complejo como aquel capaz de profundizar críticamente en la esencia de los fenómenos, en la urdimbre de condiciones en que éstos tienen lugar. Esta forma de pensamiento no admite determinaciones lineales, ni reduccionismos, ni hiperbolizaciones, sí visiones dinámicas, interconectadas de los procesos. Su metáfora fundamental es la "red de redes", para indicar el entramado en que los objetos emergen como configuraciones, que no deben ser fragmentadas para su estudio [5].

Según Morín [9] el pensamiento complejo se sustenta en siete principios:

1. Principio sistémico u organizativo: la interconexión de las partes con el conocimiento del todo. Este principio permite comprender las interrelaciones existentes entre conocimientos fragmentados, así como las reconfiguraciones dinámicas de un sistema y los fenómenos emergentes de este tipo de actividad.

2. Principio hologramático; donde la totalidad del sistema se encuentra comprendida en la parte o componente y donde esta última se inscribe, a su vez, en el todo. Este principio permite encontrar las relaciones de isomorfismo entre conocimientos y saberes fragmentados de las disciplinas y, por lo tanto, operar traducciones de una disciplina a otra.

3. Principio del bucle retroactivo: donde el efecto actúa sobre la causa y la causa sobre el efecto. Este principio permite modelar y simular sistemas dinámicos con

fines didácticos de tipo explicativo o predictivo, donde es posible visualizar las consecuencias de una acción, ya sea en el sentido de búsqueda del equilibrio del sistema (retroalimentación negativa) o de su desestabilización (retroalimentación positiva).

4. Principio del bucle recursivo: donde los productos y los efectos de una acción se convierten, ellos mismos, en productores causantes de esa acción. Este principio permite comprender la capacidad de autopoiesis o auto creación de los seres vivos y aparece como el fenómeno explicativo esencial que los constituye. En otro orden de ideas, también permite explicar la capacidad de comprensión que el hombre tiene de los fenómenos complejos de tipo social o natural.

5. Principio de autonomía/dependencia: donde la individualidad-autonomía de los seres humanos se encuentra fundada sobre la colectividad-dependencia. Este principio permite comprender, entre otros, la emergencia de un fenómeno y su contexto, el sistema observado, en función de la expresión de su autonomía y la dependencia del contexto del cual emerge. También permite comprender la relación simbiótica existente entre la búsqueda de autonomía y la libertad del individuo, así como la necesidad de recurrir a los lazos sociales y afectivos que lo unen a la sociedad para poder lograr la autonomía y la libertad buscadas.

6. Principio dialógico: donde dos principios o nociones que debieran excluirse mutuamente se unen y resultan inseparables en un ámbito de la realidad. La dialógica implica una relación solidaria entre orden, desorden y organización para evolucionar hacia mayores niveles de complejidad, por ejemplo, un organismo (orden) necesita ser perturbado en un cierto grado (desorden), con el fin de reorganizar su propia estructura (organización).

7. Principio de reintroducción del conocedor en todo conocimiento: donde la intervención del observador de un fenómeno modifica la representación de ese mismo fenómeno. Este principio permite comprender el rol del observador en la constitución de un fenómeno emergente.

Adicionalmente, Riofrio–Ríos [17] señala que los investigadores que han adoptado el programa de las ciencias de lo complejo como guía de sus actividades, consideran dentro de la armazón conceptual las siguientes características para su trabajo, al abordar la realidad:

a. Los SC tienen un número bastante grande de elementos.
b. Los elementos de un SC interactúan de manera dinámica y dichas interacciones cambian con el tiempo.
c. La naturaleza de las interacciones entre los elementos del SC es que son altamente interconectadas; de modo tal, que un elemento influencia y a su vez es influenciado por un gran número de otros.
d. Estas interacciones son de tipo no-lineal: pequeñas causas generan enormes resultados y viceversa.
e. Las interacciones son relativamente de corta duración. Por lo tanto, los constreñimientos físicos y la información se transmiten entre los elementos en la vecindad. Sin embargo, no quiere decir que no puedan existir influencias de larga duración pues, en un sistema que contiene una red de elementos ricamente interconectados, la conexión entre dos cualesquiera elementos usualmente se alcanza en pocos pasos.
f. También existen vías recurrentes de interacción. Existen procesos de retroalimentación tanto positiva como negativa.
g. De lo anterior se deduce que un SC tiene una historia: evoluciona en el tiempo. De tal modo que su

estado presente se encuentra determinado o constreñido por su pasado.

h. Por último, resulta difícil delinear los bordes de un SC, ya que la posición del observador influencia la definición de los bordes pues éstos se derivan frecuentemente teniendo en cuenta propósitos descriptivos.

Por lo tanto, las ciencias de lo complejo intentan abordar toda la realidad en su conjunto: desde los ámbitos micro físicos del universo pasando por los niveles de la astrofísica, la química, la biología, la psicología y todas las demás ciencias sociales, hasta los distintos aspectos que construyen las sociedades, incluyendo el comportamiento de los mercados y el ámbito empresarial, también los aspectos que se visualizan actualmente y aquellos que posiblemente surgirán en el proceso de la globalización [17].

Uno de los resultados más positivos debido al surgimiento de este nuevo enfoque de investigación es que se han formado grupos interdisciplinarios, integrados, por ejemplo, por biólogos, físicos, matemáticos, o sociólogos, economistas y expertos en computación, para estudiar los problemas inherentes a sistemas dinámicos complejos. Éstos abarcan desde líquidos turbulentos hasta sistemas ecológicos o los modelos económicos de las sociedades [11].

Conclusión

A manera de conclusión, se puede señalar que, en la medida en que el género humano profundice en el desarrollo del conocimiento científico, independientemente de los enfoques, además de incrementar su saber –reducir su ignorancia– tendrá mayores posibilidades de explicar razonablemente lo que sucede en el mundo que lo rodea. Sin embargo, el nuevo paradigma de lo complejo obliga a revisar nuestra forma de trabajo, pues la naturaleza incluye diversos fenómenos y sistemas complejos cuya explicación rebasa, de acuerdo con lo señalado en los párrafos anteriores, el modelo de ciencia tradicional que se emplea actualmente.

REFERENCIAS

[1] Andrade R.; Méndez R., Tiempo y devenir. Imaginario de futuros imposibles, Revista *Frónesis*, 2005;12(1):38-62.

[2] Briceño-Gil M. A., Epistemología y Medicina Compleja, Revista *Medicrit*, 2005;2(6): 95-103.

[3] Delmastro A.L.; Vílchez M.; Villalobos G.F., "Wagensberg, el azar y la complejidad: implicaciones y aplicaciones en el ámbito educativo", Revista *Ágora Trujillo*, 2004;2:103-122.

[4] Escudero-Burrows E., "Investigación cualitativa e investigación cuantitativa: un punto de vista", Revista *Enfoques educacionales*, 2004;6(1):11-18.

[5] Fariñas-León G.A., "Desafios do currículo na educação de pós-graduação e o desenvolvimento do pensamento complexo", Revista *E-Curriculum*, 2006;1(2):1-17.

[6] Giraldo-Monroya G., "Teoría de la complejidad y premisas de legitimidad en las políticas de educación superior", *Cinta de Moebio*, Revista electrónica de epistemología de ciencias sociales, 2005;22:1-26.

[7] Mateos de Cabo R.; Olmedo-Fernández E., s/f, "Implicaciones del caos determinista en la economía y la gestión empresarial", 11, disponible en: http://www.encuentros-multidisciplinares.org/Revistan%C2%BA11/N%C2%BA%2011%20Ruth%20Mateos%20y%20Elena%20Olmedo.htm, fecha de recuperación: 22 de noviembre de 2006.

[8] Morales D.A., "Determinismo, indeterminismo y la flecha del tiempo en la ciencia contemporánea", *Boletín de la Asociación Matemática Venezolana*, 2004;11(2):213-232.

[9] Morín E., "Modelo educativo: una aproximación axiológica de transdisciplina y pensamiento complejo", 1, Consejo Acadé-

mico Científico Internacional de la Multidiversidad Mundo Real "Edgar Morín", Hermosillo, Sonora, 2006, 200 pp.

[10] Munné F., "The return of complexity and the new image of human being: towards a complex psychology", *Interamerican Journal of Psychology*, 2004, 38(1):23-31.

[11] Muñoz-Diosdado A., s/f. "La dinámica no lineal en la enseñanza de la Física", 1-9, disponible en: http://www.efis.ucr.ac.cr/varios/ponencias/9la%20 dinamica%20no%20lineal.pdf, fecha de recuperación: 22 de noviembre de 2006.

[12] Pearcey N., "La fe y la nueva física: Determinismo, Indeterminismo y Reduccionismo", Revista *Génesis*, 2005, 1(2):8-17.

[13] Pérez-Ortiz J. A., "Música fractal: el sonido del caos", 2000, 1-47, disponible en: http://www.dlsi.ua.es/~japerez/pub/pdf/mfsc2000.pdf, fecha de recuperación: 24 de noviembre de 2006.

[14] Pichín-Quezada M. de J.; Fariñas-Salas A. O.; Miyares-Quintana S. M., "Los sistemas vivos y las ciencias de las complejidades. Relación entre soma y red biológica", Revista *Medisan*, 2004, 8(3):39-45.

[15] Raiza-Andrade y Cadenas, E.; Pachano E.; Pereira L.M.; Torres A., "El paradigma de lo complejo: un cadáver exquisito", *Cinta de Moebio,* Revista electrónica de epistemología de ciencias sociales, 2002 (14):1-51.

[16] Ramis-Andalia R. M., "La causalidad compleja: ¿un nuevo paradigma causal en epidemiología?" Revista Cubana *Salud Pública*, 2004, 30(3):1-13.

[17] Riofrio-Ríos, W., s/f., "¿Complejidad o simplicidad?: en busca de la unidad de la ciencia", A Parte Rei. 16: 1-19, disponible en: http://serbal.pntic.mec.es/~cmunoz11/complejo.pdf, fecha de recuperación: 22 de noviembre de 2006.

[18] Rojas-Garcidueñas M., "Ciencia y valores sociales", Revista Ciencia, UANL, 2003;6(1):28-30.

Evolución: ¿una teoría científica?

Víctor Manuel Salomón-Soto[12]

*[…] la biología evolutiva es una
frontera sin fin y existe todavía
mucho por ser descubierto. Lamento
no estar presente para disfrutar de
estos descubrimientos futuros.*

Ernest Mayr, 2004

Introducción

La publicación de *El origen de las especies* por Darwin (1860),
originó un acalorado debate entre defensores y sus críticos.
Este debate no ha terminado y recientemente se ha retomado
por lo proponentes de una teoría alterna a la teoría evolutiva,
el diseño inteligente, una secuela del creacionismo [1]. También desde los inicios de la filosofía de la biología una de las

---

[12] Centro de Estudios Justo Sierra, Centro de Innovación y Desarrollo Educativo (CIDE-Sinaloa) y Escuela de Biología de la Universidad Autónoma de Sinaloa, Ciudad Universitaria S/N, Culiacán, Sinaloa, México, e-mail: mailto:vsalomon@uas.uasnet.mx

preguntas a las que se enfrentó fue ¿cumple la evolución con los "requisitos" de la ciencia? [2] Si la respuesta es sí, ¿por qué entonces la teoría evolutiva sigue cuestionándose?

Muchas personas perciben las implicaciones morales y culturales de la evolución, traduciéndose en un punto incomodo como consecuencia de un pobre entendimiento de la teoría evolutiva y como ésta aplica en las ciencias. En este ensayo se abordan las bases del método científico y cómo se estructura la información científica, posteriormente se describen algunos hechos de la teoría evolutiva.

Principios científicos

La base de la ciencia es que la realidad es objetiva y constante y que los seres humanos tienen la capacidad de percibir y explicar esa realidad.

En general se acepta que el conocimiento científico se construye siguiendo un proceso, el cual, inicia con la observación y la descripción de los fenómenos, seguido de una pregunta sobre qué es lo que ocasiona el fenómeno observado, posteriormente formula una hipótesis para explicar el fenómeno, ya sea prediciendo la existencia de otro fenómeno o prediciendo los resultados de nuevas observaciones y finaliza diseñando y realizando experimentos que le permitan aceptar o rechazar las predicciones hipotéticas.

La hipótesis es una declaración limitada con respecto a causa y efecto en situaciones específicas; también refiere a nuestro estado del conocimiento antes de que se haya realizado el trabajo experimental y quizá incluso antes de que sean predichos los nuevos fenómenos [3]. La hipótesis, por lo tanto, es una posible explicación a lo observado, basada en experiencias propias o de otras personas.

En la ciencia, una teoría representa una hipótesis o conjunto de hipótesis que han sido confirmadas a través de pruebas experimentales [3], es una explicación coherente de los fenómenos naturales basada en la observación directa o en la experimentación, éstas son lógicas predictivas y sujetas a ser probadas por la comunidad científica, por consecuencia están sujetas a ser modificadas o, en su caso, descartadas. Estas mismas están exentas del prestigio o la fuerza de convencimiento de quien las propone.

Bases científicas de la teoría evolutiva

Con base en lo anterior, la evolución es equiparable a la teoría de la gravedad o la teoría atómica universalmente aceptada por la comunidad científica. La evolución se encuentra entre las teorías completamente probadas en las ciencias biológicas, con evidencias científicas en los campos de la Genética, Bioquímica, Biología del desarrollo, Anatomía comparada, Inmunología, Resistencia a antibióticos, Origen del hombre y Adaptación de las especies.

La evolución es una teoría de cambio que narra los patrones de similaridad y diferencias entre los seres vivos a través de la historia de nuestro planeta, es una teoría que explica el surgimiento de las nuevas formas de vida que se dan después del origen de la vida. Es importante entender que una teoría científica es la estructura que guía la investigación, da explicaciones con pruebas empíricas y es aceptada ampliamente por la comunidad científica. La teoría de la evolución se basa en hechos [4], Weissmann cita algunos hechos de la teoría evolutiva:

1- La edad de la tierra

Con base en las tasas de mutaciones estimadas para diferentes especies, se requieren muchas generaciones e incluso millones de años para que un cambio se fije en una población. Algo difícil de dimensionar sin una evidencia que respaldara el hecho de que la diversidad de las especies podía explicarse por el proceso evolutivo. Sin embargo, el desarrollo de técnicas para estimar la edad de la tierra, se apoya en grandes escalas de tiempo en los cuales pudo haber trabajado el proceso evolutivo. La edad de la tierra se ha estimado en aproximadamente 4 mil millones de años [5].

2- El hombre comparte un ancestro común con el chimpancé

Estudios en la escala de tiempo inmunológico en la evolución de los homínidos dan evidencia de un ancestro común para el hombre y el chimpancé con una edad estimada de aproximadamente cinco millones de años. Asimismo, análisis comparativos de alta resolución en los cromosomas de algunos homínidos, incluyendo al hombre, sugieren un ancestro común entre ellos [6].

3- África, origen del hombre

La técnicas más modernas de biología molecular dan evidencia de que el ancestro del hombre moderno se originó en África hace 2.0 a 0.2 millones de años [7, 8]. La estimación de la tasa de divergencia en la secuencia con una alta tasa de mutación, como lo es la región de control de ADNmt, ha permitido inferir el tiempo en el que existió el ancestro más reciente del hombre.

4- La selección natural y las mutaciones

La selección natural de mutaciones azarosas da cuenta de la emergencia de nuevas razas de virus y microbios [9, 10]. La selección natural y la supervivencia del más apto han sido demostradas por la resistencia a los antibióticos, a los herbicidas y a los insecticidas [11, 14]. La adaptación de los parásitos y patógenos se observa en escalas cortas de tiempo, colocando a la salud humana, de los animales y a la agricultura actual, en desventaja debido a la constante amenaza por las plagas que cambian rápidamente [15].

5- La selección natural es la base de la inmunología

Un estudio realizado en *Drosophila*, en el cual se compararon los datos de divergencia y polimorfismos de 34 genes que se considera codifican para proteínas del sistema inmune, contra 24 que no codifican para el sistema inmunológico, sugiere un importante rol de la selección en la evolución de las proteínas del sistema inmunológico [16]. En humanos, los genes del complejo principal de histocompatibilidad, que codifican para las glucoproteínas, son los principales ejemplos de *loci* que han estado bajo presión selectiva [17].

6- La selección natural sobre el hombre

Como en todas las especies, la selección natural y la supervivencia del más apto ha sido observada en humanos [18, 20]. Existen evidencias de que ciertas variaciones en el ADNmt permitieron que los humanos se adaptaran a climas más fríos, como efecto del balance entre la producción de ATP y el calor requerido para mantener la temperatura corporal.

Existe un creciente número de evidencias científicas de diferentes disciplinas que apoyan la teoría evolutiva, la cual, genera hipótesis explícitas a cerca del mundo que nos rodea, y estas hipótesis son contrastadas contra los hechos a través de la observación y la experimentación.

Los datos (los hechos) dan evidencia de que la diversidad de las especies, incluyendo el hombre moderno, descienden de especies parecidas, la explicación más aceptada hasta hoy es la selección natural propuesta por Darwin; la acumulación de datos empíricos será lo que decida si en el futuro se mantiene está misma explicación o se cambia por otra. Pero seguro no será con base en la ocurrencia o los perjuicios de algunos.

El pensamiento religioso disputa un lugar especial para el hombre, los hechos de la evolución lo colocan como una especie más dentro de la diversidad biológica, con la cualidad de generar ideas [21]. Y como lo comenta Cereijido [22] "[...] y que así como han evolucionado sus utensilios, armas, ropas, organización social, también la forma humana de interpretar la realidad ha ido evolucionando. Por eso fue pasando de modelos de la realidad basados en animismo, magia, politeísmo, monoteísmo, y hoy ha llegado a desarrollar el científico". La ciencia no es más que el último modelo en la manera humana de interpretar la realidad y, la teoría evolutiva es la explicación del origen de las especies basada en evidencias que hasta hoy a sido presentada, aún, cuando en la actualidad aparecen nuevos datos que indicarían una revaloración y reestructuración de conceptos clave en la biología, como: organismo, especie y, la propia evolución [23].

Referencias

[1]. Wise D.U., «"Intelligent" design *versus* evolution», *Science*, 2005;309(5734):556c-7.

[2]. Ruse M., "Forty years a philosopher of biology: why EvoDevo makes me still excited about my subject", *Biological theory*, 2006;1(1):35-7.

[3]. Wolfs F., "Home page of Frank Wolfs", [HTML] Roschester, N.Y.; 2004 [updated 2004; cited 2007 24 de enero]; Available from: http://teacher.nsrl.rochester.edu/phy_labs/AppendixE/AppendixE.html.

[4]. Weissmann G., "The facts of evolution: fighting the Endarkenment", *Faseb Journal*, 2005;19(12):1581-2.

[5]. Allegre, C.J.; Manhes, G.; Gopel, C., "The age of the Earth", *Geochimica et Cosmochimica Acta*, 1995;59(8):1445-56.

[6]. Secuencing and Analysis Consortium T.C., "Initial sequence of the chimpanzee genome and comparison with the human genome", *Nature*, 2005;437(7055):69.

[7]. Ingman M.; Kaessmann H.; Paabo S.; Gyllensten, U., "Mitochondrial genome variation and the origin of modern humans", *Nature*, 2000;408(6813):708.

[8]. Vigilant L.; Stoneking M.; Harpending H.; Hawkes K.; Wilson A,C., "African population and the evolution of human mitochondrial DNA", *Science*, 1991;253(5027):1503-7.

[9]. Penn D.J.; Damjanovich K.; Potts W.K., "MHC heterozygosity confers a selective advantage against multiple-strain infections", *Proceedings of the National Academy of Sciences of the United States of America*, 2002;99(17):11260-4.

[10]. Templeton A.R.; Reichert R.A.; Weisstein A.E.; Yu X-F.; Markham R.B., "Selection in context: patterns of natural selection in the Glycoprotein 120 Region of Human Immunodeficiency Virus 1 within infected individuals", *Genetics*, 2004;167(4):1547-61.

[11]. Daborn P.J.; Yen J.L; Bogwitz M.R.; Le Goff G.; Feil E.; Jeffers S. *et al.*, "A Single P450 Allele Associated with Insecticide Resistance in Drosophila", *Science*, 2002;297(5590):2253-6.

[12]. Delpuech J.; Aquadro C.F.; Roush R.T., "Noninvolvement of the Long Terminal Repeat of Transposable Element 17.6 in insecticide resistance in Drosophila", *Proceedings of the National Academy of Sciences of the United States of America*, 1993;90(12):5643-7.

[13]. Denholm I.; Devine G.J.; Williamson M.S., "Evolutionary Genetics: insecticide resistance on the move, *Science*, 2002;297(5590):2222-3.

[14]. Di Rago J.P.; Colson A.M., "Molecular basis for resistance to Antimycin and Diuron, Q-cycle inhibitors acting at the Qi site in the mitochondrial ubiquinol- cytochrome c reductase in *Saccharomyces cerevisiae*", *Journal of Biology. Chemistry*, 1988;263(25):12564-70.

[15]. Ebert D., "Experimental evolution of parasites", *Science*, 1998;282(5393):1432-6.

[16]. Schlenke, T.A.; Begun, D.J., "Natural selection drives Drosophila immune system evolution", *Genetics*, 2003;164(4):1471-80.

[17]. Meyer D.; Single R.M.; Mack S.J.; Erlich H.A.; Thomson G., "Signatures of demographic history and natural selection in the human major histocompatibility complex loci", *Genetics*, 2006;173(4):2121-42.

[18]. Mishmar D.; Ruiz-Pesini E.; Golik P.; Macaulay V.; Clark A.G.; Hosseini S. *et al.* "Natural selection shaped regional mtDNA variation in humans", *Proceedings of the National Academy of Sciences of the United States of America*, 2003;100(1):171-6.

[19]. Ruiz-Pesini E.; Mishmar D.; Brandon M.; Procaccio V.; Wallace D.C., "Effects of purifying and adaptive selection on regional variation in human mtDNA", *Science*, 2004;303(5655):223-6.

[20]. Sabeti P.C.; Schaffner S.F.; Fry B.; Lohmueller J.; Varilly P.; Shamovsky O. *et al.* "Positive natural selection in the human lineage" *Science*, 2006;312(5780):1614-20.

[21]. Bradie M., "What does evolutionary biology tell us about philosophy and religion?" *Zygon*, 1994;29(1):45-54.

[22]. Cereijido, M., "¿Qué demonios le sucede a la ciencia mexicana?" Ciencias, 2007; 86: 38-46

[23]. Goldenfeld, N.; Woese, C., "Biology's next revolution", *Nature*, 2007;445(7126):369.

La construcción del concepto de la vida

Ramiro Álvarez Valenzuela[13]

Introducción

Como máxima práctica del determinismo, las leyes causales constituyen la esencia de la ciencia. Aunque como doctrina general respecto a la naturaleza del universo, resulta dudoso apegarse al determinismo. Sobre todo cuando el determinismo es llevado al extremo teológico cristiano que considera que Dios es omnisciente y omnipotente, y que todo acto humano está predeterminado por él. Esta doctrina impide en teoría la existencia del libre albedrío y por lo tanto, la inmovilidad del sujeto para construir el concepto de la vida [1]. A pesar de esta posición, la búsqueda de respuestas a la pregunta ¿qué es la vida?, ha continuado su marcha. Aunque es indudable que la historia registra los debates protagonizados por los idealistas y materialistas acerca del origen de la vida. La discusión biológica y filosófica desde siglos pasados relacionados a este tema, se circunscribe principalmente

13   Doctorado en Ciencias Aplicadas al Aprovechamiento de los Recursos Naturales, Centro de Estudios Justo Sierra (cejus), Surutato, Badiraguato, Sinaloa, México, miembro del Centro de Innovación y Desarrollo Educativo,e-mail: mailto:ramal58@uas.uasnet.mx y mailto:ramal58@cejus.org

alrededor de dos preguntas: ¿Las especies se han originado y desarrollado a partir de un ancestro común?, o ¿han sido individualmente creadas por una fuerza divina? [2]

En la conciencia popular, la creación de la vida a partir de una fuerza vital o soplo divino pretende seguir siendo la única alternativa o al menos la más difundida desde los primeros razonamientos filosóficos. Por el contrario, la concepción evolutiva de la vida partiendo de la visión materialista, estrictamente hablando, es relativamente nueva, ésta surge a partir del establecimiento de la teoría de la evolución por Darwin, la cual ha enfrentado siglos de dominio ideológico y ha planteado una alternativa opuesta a la creación, y que, en el devenir histórico de los conceptos biológicos, éstos aún no terminan de construirse, y a pesar de la contundencia de las evidencias que fortalecen las teorías que han facilitado el avance en ciencia, siguen enfrentando barreras del inmovilismo religioso que impone la verdad, así ésta no sea evidente. Muchos de los obstáculos intransigentes son meros prejuicios teológicos, al igual que los enfrentados por la astronomía para lograr dar el salto evolutivo hacia el sistema copernicano.

El mito de la creación divina, considerado por muchos evolucionistas como obstáculo salvado, surge de nuevo como una corriente cuando se hace referencia de nuevo al término creacionismo como un intento de implantar este tema en los currículos de las universidades de EUA [3, 5]. Este tema posee múltiples connotaciones que tienen que ver con el contexto y la época en la que se explique. El creacionismo hace referencia a una doctrina filosófica opuesta al evolucionismo, según la cual las especies de seres vivos fueron creadas por Dios y no provienen unas de otras por evolución. También es una doctrina teleológica, según la cual Dios crea directa y expresamente el alma de cada uno de los hombres. En sentido general, consiste simplemente en la creencia extendida en las principales religiones monoteístas, como lo son el cristianismo, el judaísmo u otras religiones en el mundo que se han basado en la creencia de que Dios creó el universo y todo lo que éste contiene, incluyendo la tierra y la vida en ella, quizá sea éste el punto de mayor unanimidad en que las religiones monoteístas están de acuerdo.

El adoctrinamiento general referido anteriormente, aunque convincente para los creyentes, podría resumirse en la expresión teleológica cristiana, entendida ésta como la doctrina metafísica que considera al universo, no como una sucesión de causas y efectos, sino como un orden de fines que las cosas tienden a realizar. Se opone al mecanicismo en que mientras éste afirma el dominio de la ciega necesidad, la teología sostiene el dominio de la razón y de la finalidad. Este adoctrinamiento tiene sus orígenes en la filosofía de Platón, en cuanto a que declara inexistente el imperativo de la conservación del hombre como término medio, pues él consideraba que todo debe estar convergiendo y ordenándose hacia el Absoluto, hacia la idea del bien, representada en Dios. Contrario a esa posición determinista, Aristóteles consideraba que todo el orbe de los seres no converge en lo Absoluto, que si bien, Dios hace falta como primer motor del universo físico, el universo para él no era íntegramente un ser natural, de ser así, no hiciera falta Dios [6].

Los prejuicios que la teología cristiana tiene se fundamentan en connotaciones generales, ya que, para definir el origen de la vida, sostiene la creencia en un mundo creado por un ser todopoderoso, pero sin una alusión precisa a cómo fue creado. En este primer nivel del creacionismo, lo más importante de la doctrina permite, por ejemplo, la creencia en una evolución teísta: que el fenómeno de la evolución de las especies fuese consecuencia del despliegue de los poderes divinos, la creencia de que hay un propósito, un fin predeterminado en el proceso de la naturaleza [7]. A la tesis general de una creación como explicación del origen del mundo, lo llamaremos simplemente creacionismo, y su única reivindicación es la teología del mundo y de la vida.

Desde el inicio del cristianismo se ha enseñado que Dios como fuerza divina única creó el universo y todo lo que en él hay, todas las formas de expresión de materia y energía, incluyendo la vida como se manifiesta en la tierra. La teoría de la evolución, por su parte, enseña que todas las especies de organismos existentes, sin exceptuar la especie humana, son producto del desarrollo de formas simples de vida, las cuales funcionaron como ancestro común desde la perspectiva evolucionista a formas más complejas, tal como se perciben hoy día, por azar, asimismo sostiene, en una visión materialista, que descarta la necesidad de un creador inteligente o un diseñador maestro. Desde la perspectiva idealista sostenida por las religiones del mundo, la vida posee varios aspectos que no concuerdan con las leyes físicas y químicas. Así, la vida aparece como una fuerza que mueve la materia. Pero a su vez la remiten a todo fenómeno no explicado para considerar como evidente la inexistencia de pruebas. Que por su condición imposibilitan la explicación de la concordancia entre las leyes físicas y químicas y, la vida [4].

¿Qué es la vida?, el concepto vida posee muchas connotaciones. Existen diversas definiciones, algunas de ellas de corte religioso, biológicas, físicas, químicas, que se enmarcan desde ambas concepciones filosóficas en pugna, las cuales no hacen más que acrecentar las diferencias conceptuales y filosofías acerca de su origen [8].

De acuerdo a la definición de la Real Academia Española, la vida es una fuerza interna sustancial mediante la cual obra el ser o la materia que la posee. Esta fuerza interna radica, desde la cosmovisión religiosa, en el poder divino que la origina y le otorga esa cualidad que la hace diferente de cualquier manifestación sobre el tema. Es un carácter que distingue a los animales y vegetales de los demás seres y se manifiesta por el metabolismo, crecimiento, reproducción y adaptación al medio ambiente. Ese carácter es un signo o un perfil indeleble impreso en el alma a la que le otorga dicha cualidad, en él se da la unión del alma y el cuerpo. Es el espacio de tiempo que transcurre desde el nacimiento hasta la muerte.

La concepción biológica acerca de la vida posee otros enunciados, sin embargo, es preferible explicar los componentes necesarios que requiere la vida de acuerdo a su manifestación en nuestro planeta, entre ellos: *a)* Una fuente de energía, la cual proviene del sol y se distribuye en las cadenas de organismos de acuerdo a las leyes de la termodinámica, *b)* Componentes químicos básicos, es decir, moléculas orgánicas (carbohidratos como combustible primario para el funcionamiento de la maquinaria celular, así como proteínas, lípidos, aminoácidos, etc.) e inorgánicas (como el agua, para catalizar todas las reacciones químicas) y sus reacciones que se derivan por gradientes de energía, *c)* Una organización estructural que parte de la membrana celular, la cual separa y protege la maquinaria celular del medio circundante, *d)* La capacidad de auto-reproducirse, transmitir información genética y un grado de desarrollo que garantice su propia sobrevivencia [9].

Existen también otras afirmaciones acerca de las definiciones de vida, algunas desde diferentes perspectivas, entre ellas la de que la definición debería ser coherente con el conocimiento común en biología, química y física, asimismo, proporcionar un mejor entendimiento de la naturaleza de la vida, guiando nuestra búsqueda en sus orígenes así como su mantenimiento y desarrollo, y, debería incluir aquellos elementos que son comunes a todas las formas de vida –sin restringirse a la vida en la tierra– y al mismo tiempo con un criterio operacional para separar lo viviente de lo inerte [10].

Por otro lado, se ha definido "materia viva", "organismo", "lo viviente" y "vida" como equivalentes, y que desde el punto de vista holístico, podría interpretarse como tal. Sin embargo, la materia viviente es el único equivalente de vida. Parece razonable usar este termino en un contexto donde la vida se interconecta en su alrededor con la materia inerte. El uso de "materia viva" en el sentido de una parte de un organismo es más discutible, ya que es difícil reconocer si esta parte está realmente viva o no. "Organismo" y "vida" no son equivalentes, ya que cualquier organismo individual es sólo una parte de la vida como un sistema. Un organismo por sí solo es incapaz de existir, pero forma parte de la vida como un todo [10].

Otro forma de definir la vida explica que "La vida es: Un sistema el cual es auto-sostenido utilizando nutrientes y energía debido a sus procesos internos de producción de componentes y acoplado al medio a través de cambios adaptativos, los cuales persisten durante el periodo de tiempo del sistema" [11]. Esta explicación puede ser definida desde una concepción evolutiva, desde un enfoque materialista asentado en las bases de la bioquímica. Asimismo, se ha tratado de explicar la vida como un sistema de redes: "La vida –en el amplio sentido del término- es una red complicada, formada por agentes autónomos que se auto-reproducen, para los cuales la organización básica es instruida por material generado a través del proceso histórico-evolutivo de toda esta red colectiva" [12].

Las manifestaciones más importantes acerca de la vida pueden ser combinadas en tres grupos que la representan como un estado, como una estructura y como un proceso [10]. Como: *a)* Un estado, ya que la vida como la vemos en la actualidad es un estado de la materia (el estado viviente) que resulta de la interacción de materia y energía. Esta interacción inicia con la utilización de la energía solar por los organismos autótrofos, la cual se disemina por diferentes cadenas alimenticias y ciclos biogeoquímicos; *b)* Como una estructura, porque la vida en la tierra está representada por un sistema jerárquico específico (los sistemas vivientes) y consiste en agentes que se auto-reproducen, los cuales son la única referencia de la materia de vida y comúnmente es representada por los organismos. Estos agentes siendo individuales pueden interactuar con los demás organismos y, por lo tanto, el sistema puede ser considerado como una entidad fragmentada e integral, simultáneamente; y *c)* Un proceso, ya que la vida en la tierra sigue un proceso específico (el viviente), se expresa en transformaciones y cambios del medio circundante así como en las transmutaciones de los agentes vivientes por si mismos. Este proceso viviente tiene una dinámica que permite ver los cambios en el medio y que los organismos se expandan en el espacio que los rodea, incrementando su complejidad y diferenciación [10].

A pesar de dichas definiciones, ¿es posible contestar qué es la vida? Afirmar que es posible en una respuesta que adopte una postura convencionalista indagando profundamente, por ejemplo, en las diversas concepciones de vida que han tenido filósofos, biólogos, químicos y otros científicos a lo largo de la historia, encontrando allí elementos en común. Por contrario, un intento fácil para negar la posibilidad de una respuesta a la pregunta en cuestión, sería adoptar una postura kuhniana extrema (o, si se quiere, relativista) y decir que el concepto de vida depende del paradigma desde el cual se aborde el tema [13]. Desde esta perspectiva, si descartamos la visión idealista, la vida se puede explicar desde la perspectiva evolucionista. Partiendo de la definición de evolucionismo, todos los animales y plantas descienden de unos cuantos organismos simples, o tal vez de uno solo. La evolución significa cambios, transformaciones por las que pasan de una cosa a otra. Desde la perspectiva biológica, es una derivación de las especies de organismos vivientes, de otras ya existentes, a través de un proceso de cambio más o menos gradual y continuo.

En los siglos XVI, XVII y XVIII surgieron algunas teorías evolucionistas, en particular, las teorías concernientes al desarrollo del universo y a la evolución del sistema solar, así como del origen de la vida, algunas de ellas de corte idealista otras con carga ideológica materialista. La astronomía, la geología y la paleontología contribuyeron a la difusión de ideas evolucionistas. Éstas se desarrollaron a lo largo de varios siglos, se mencionan algunas, no necesariamente en orden de aparición.

Teorías sobre el origen de la vida

¿Cómo surgió la vida en la tierra? Desde tiempo inmemorable, el hombre ha ponderado su origen y ha intentado explicar el origen del cosmos, los planetas, la vida y él mismo como criaturas, la ciencia ha demostrado que la naturaleza puede ser comprendida por medio de nuestros sentidos, que se interconectan a su vez a nuestra mente, para cerrar un círculo de reflexión-acción-comprensión.

El hombre, en la búsqueda de certidumbre, se ha conducido, desde el mito, hasta donde le ha sido posible en la descripción objetiva e irrefutable del cosmos, de la vida y de él mismo. Aunque las interpretaciones literales de los mitos nos dan seguridad cuando establecemos explicaciones que parten de los hechos que no se pueden cambiar ni refutar. Sin embargo, es probable que la interpretación literal termine sustituyendo los hechos por explicaciones dogmáticas de la realidad subjetiva, y al final la explicación sea considerada verdad absoluta. Para evitar tal confusión, el papel de la ciencia es crear una nueva visión del mundo basada en la observación, formación de hipótesis y establecimiento de resultados experimentales. Sin embargo, la ciencia no es, ni puede ser en ningún sentido la que determina las verdades absolutas. La ciencia es una organización de verdades relativas que representan los hechos científicos del día, las leyes y las teorías, las cuales serán modificadas en un futuro, en una serie de nuevas explicaciones, fundamentadas en nuevas investigaciones [14]. A pesar de los avances en ciencia, la duda persiste a las preguntas relacionadas con la vida y su origen, la composición de los organismos, el azar y la evolución de la materia.

La preocupación por responder a las preguntas relacionadas con la vida, es sin duda tan antigua como el hombre mismo que se las plantea. En las distintas épocas y en los distintos estados de desarrollo de la humanidad, al problema del origen de la vida se le daban soluciones diversas, por lo que siempre se ha entablado en torno a ella una lucha ideológica entre los dos campos de la filosofía; el idealismo y el materialismo [13].

Teoría de la generación espontánea

Para los primeros observadores de la naturaleza, era común descubrir cómo los animales engendraban descendientes de la misma manera que ellos lo hacían, o cómo las semillas daban origen a otras plantas con características similares a las que producían dichas semillas, también observaron que la vida parecía surgir de manera repentina de los ríos, los lagos, la putrefacción, etc. De estas observaciones surge la idea de la generación espontánea, que habría de resultar útil no sólo para comprender el fenómeno cotidiano, sino que incorporado a los sistemas religiosos, se convirtió en el instrumento de la creación de la vida de acuerdo a la mitología de todos los tiempos, surge así el concepto idealista acerca del origen de la vida. Naturalmente, la iglesia aceptó de buen grado la generación espontánea, ligándola al misticismo bíblico, formalizando así el concepto del vitalismo, según el cual, para que la vida surgiera, era necesaria la presencia de una "fuerza vital", o de un "soplo divino" capaz de dar vida a la materia inerte. Para los idealistas, los seres vivos, incluyendo el hombre, surgieron por vez primera merced a la acción de fuerzas anímicas propiciadas por un ser supremo, adquiriendo una fuerza vital, dicho de otra manera, el idealismo se basa en un principio espiritual [14].

Esta teoría explica que la vida surge de la nada, de repente, por lo que se crearon con ella algunas explicaciones sobre el origen de algunos organismos. Antiguas creencias explicaban que los gusanos, moscas, etc., nacen del estiércol o de la carne podrida, que los piojos nacen del sudor humano, que las ranas y serpientes nacen del lodo de los ríos, que los cocodrilos nacen de los troncos de los árboles, que las luciérnagas nacen de las chispas de las hogueras, etc., y que los demás organismos nacen por voluntad de Dios, incluyendo los seres humanos, lo que demuestra que estas ideas descansan en la ignorancia y la interpretación simple de la naturaleza que nos rodea, de acuerdo a la posición materialista [14].

Los materialistas, por su parte, abordan el problema de manera diferente, explicando que la vida no es más que una forma especial de manifestación de la materia, que se origina y destruye de acuerdo a determinadas leyes de la naturaleza; todos los seres vivos al igual que el universo, están constituidos por materia, por lo que, conciben la vida como resultado de las leyes naturales, rechazando la participación de fuerzas divinas, sobrenaturales o espirituales. En contraposición a la teoría de la generación espontánea de los seres vivos, que ha sido aceptada en el transcurso de muchos siglos. Si bien en la actualidad carece de validez científica para resolver el problema del origen de la vida, es importante conocer su aceptación en el transcurso del tiempo, ya que enmarca el desarrollo del pensamiento humano con la comprensión de los fenómenos naturales [15].

La evolución de la teoría espontánea formalizada a través del vitalismo, ante la incapacidad de sostenerse, permite el surgimiento de la doctrina del holismo como evolución, consiste en la inversión de la hipótesis mecanicista y en considerar que los fenómenos biológicos no dependen de los fisicoquímicos, sino estos de los primeros. Una visión de las cosas desde esta perspectiva, ha puesto un alto reflexivo para reorientar el proceso simplista de la comprensión de los fenómenos biológicos. El enfoque propuesto por el holismo, en cuanto a que el todo es más que la suma de sus partes, ha permitido avances en las áreas de la medicina, la educación, el comportamiento humano, la agricultura en su conjunto, etc. Aunque también es innegable que de la misma teoría de la evolución espontánea surge la evolución emergente o creativa, en la que se define el proceso evolutivo como espontáneo e imprevisible y no determinado de manera mecanicista. Teoría en que la filosofía del organismo combina el acento evolutivo en el proceso constante con la teoría metafísica de Dios, los objetos eternos y la creatividad, impulsada, según Henri Bergson (1859-1941) por el *élan vital* o ímpetu vital, responsable de toda la evolución orgánica.

Teoría de la cosmozoa

A finales del siglo XIX y principios del siglo XX, la crisis ideológica causada por los experimentos de Pasteur, encaminó el problema del origen de la vida fuera de los límites de nuestro planeta, dándole el carácter de extraterrestre.

En 1865, Ritcher expone una teoría llamada cosmozoa en la cual intenta conciliar el principio de la eternidad de la vida con la concepción del origen de nuestro planeta. Los partidarios de esta teoría afirman que la vida ha existido eternamente, que jamás ha sido creada, ni ha surgido de la materia inerte, que es infinita en espacio y tiempo, pero de ser así, ¿Cuándo se originó la vida en la tierra? La tierra misma no es eterna, debió tener un comienzo cuando se separó del sol, y en realidad, durante su primer periodo de existencia, no pudo haber estado poblada de organismos debido a condiciones desfavorables de temperatura. Sin embargo, Ritcher no hace referencia a la evolución o creación de la vida, para él el problema no es cómo se origina la vida en la tierra o en otro planeta, sino la manera como los gérmenes son transportados por el espacio [15].

Teoría de la panspermia

En los primeros años del siglo XX, la idea del transporte de gérmenes de un cuerpo celeste a otro volvió a resucitar en una teoría propuesta por el físico-químico sueco Svante Arrhenius, a la que llamó teoría de la panspermia. En esta teoría, Arrhenius explica que los gérmenes son transportados en la fuerza ejercida por los rayos luminosos, además de la ausencia de humedad y oxígeno y el extraordinario frío en el espacio interplanetario, no son peligrosos para los gérmenes, ni tampoco el calentamiento que sufrirán las esporas al atravesar la atmósfera de la tierra podrían dañar su existencia [11, 12]. Sin embargo, posteriores investigaciones han permitido un mejor conocimiento poniendo en claro nuevos hechos que han sido contrarios a esta teoría, y parece cada vez menos probable que puedan ser transportados gérmenes de un planeta a otro. En la actualidad se sabe de la acción letal de los rayos luminosos de corta longitud de onda, especialmente los ultravioleta, sobre los organismos en general, basta una breve exposición para esterilizar un material dado, de manera total; los gérmenes vivos transportados mas allá de los límites de nuestro planeta mueren por la acción de las radiaciones ultravioleta que atraviesan los espacios interestelares [16].

Debido a que las condiciones de nuestro sistema solar no permiten la existencia de vida en otro planeta de acuerdo a como la concebimos en la tierra, entonces, ¿de que planeta vino la vida a la tierra? ¿De otra galaxia? Desde este punto de vista, Arrhenius no soluciona el problema del origen de la vida, ya que no explica cómo podría haberse originado la vida en ese planeta hipotético.

Teoría de Oparin-Haldane

En 1921, el bioquímico soviético, Alexander I. Oparin, presentó a la sociedad botánica de Moscú un trabajo en el cual explicaba que la vida se originó en la tierra a partir de la formación abiótica de los primeros compuestos inorgánicos, que posteriormente darían origen a los compuestos orgánicos y que éstos a su vez dieron origen a los primeros seres vivos, mediante una larga evolución de la materia.

Cuatro años después de conocerse la teoría de Oparin, el biólogo Inglés John B.S. Haldane, publica un artículo titulado El origen de la vida, en el cual plantea una alternativa acerca del tema, similar a la de Oparin, ambos científicos coincidían que la atmósfera primitiva de la tierra originalmente estaba formada por varios elementos entre los que destacan hidrógeno, helio, amoniaco, metano y agua. Consideraban que esta combinación de moléculas y elementos, aunque carente de oxígeno libre, era factible de generarse a partir del proceso de reducción de las demás moléculas. Estos compuestos y otros se acumularían posteriormente de manera lenta y progresiva en los mares primitivos de la tierra, formando la llamada sopa primigenia de donde habrían de surgir los primeros seres vivos en la tierra. La conclusión de estos argumentos la expresarían en el siguiente postulado.

La materia viva procede de elementos y compuestos simples (agua, metano, amoniaco y bióxido de carbono), presentes en la atmósfera reductora prebiológica y en los mares primitivos de la tierra, al combinarse entre si por la acción de la energía presente (descargas eléctrica, erupciones volcánicas y radiación solar), formaron moléculas más grandes, las cuales evolucionaron hasta constituir agregados polimoleculares de complejidad creciente y que delimitados del medio ambiente empezaron a interactuar con él. Eventualmente surgió una entidad con capacidad de formar otra como ella misma, en este punto, surgió la vida.

La teoría de Oparin-Haldane habría de influir de manera decisiva sobre casi todos los científicos que se preocupaban por el origen de la vida a partir de 1930, gracias a que sus planteamientos abrían, por una parte, la posibilidad de experimentar diversas alternativas, y por otra, el desarrollo de diversas disciplinas como la bioquímica, la astronomía, la geología y otras más que permitieron ir reconstruyendo los procesos de evolución previos a la aparición de la vida en la tierra.

Teorías de la evolución orgánica

Los mitos de los pueblos primitivos y de la mayoría de las religiones acerca de la creación tenían en común un concepto esencialmente estático de un mundo que, una vez creado, no había cambiado, y que además no llevaba mucho tiempo de existencia. El cálculo del obispo Ussher en el siglo XVII, según el cual el mundo había sido creado en el año 4004 a. C., es digno de mención aunque sólo sea por su equivocada precisión, en una época en que la duración de la historia estaba todavía limitada por el alcance reducido de los testimonios escritos y de la propia tradición. Fueron los naturalistas y filósofos de la Ilustración en el siglo XVIII, y los geólogos y biólogos del siglo XIX, quienes tuvieron que empezar a extender las dimensiones temporales del mundo. En 1749, Georges Louis Leclerc, conde Buffon, naturalista francés, fue el primero en emprender el cálculo de la tierra. Estimó que tenía 70 000 años por lo menos. Immanuel Kant fue mucho más lejos en su explicación de la edad de la tierra, al explicar una edad de millones de años; tanto Buffon como Kant, concebían un universo físico que había evolucionado.

Teoría de Jean Baptiste Lamarck

Antes de la teoría de Lamarck, en lo general se aceptaba que "la naturaleza o su autor al crear los animales, ha previsto todos los tipos posibles de circunstancias en las cuales tendrían que vivir y ha dado a cada especie una organización constante, así como una forma determinada e invariable de sus partes, que fuerzan a cada especie a vivir en los lugares y climas que se encuentran y conservar sus costumbres".

La primera teoría coherente de la evolución la propuso en 1809 el naturalista y filósofo francés Jean Baptiste Lamarck, quién centró su atención en el proceso de cambio a lo largo del tiempo: en lo que parecía una progresión de la naturaleza desde los organismos visibles y pequeños hasta los animales y plantas más completos y casi perfectos, y por tanto, hasta el ser humano. La teoría de Lamarck puede definirse en cuatro postulados fundamentales.

1. La existencia en los organismos de un impulso interno hacia la perfección.
2. La capacidad de los organismos a adaptarse a distintos medios ambientes.
3. El hecho frecuente de la generación espontánea.
4. La herencia de los caracteres adquiridos.

Respecto al primer postulado, Lamarck lo relaciona directamente con la generación espontánea, ya que pensaba que el camino hacia la perfección inicia todos los días con la formación de nuevos organismos por este tipo de génesis, esta creencia sobre el origen de los seres vivos dominaba según los conocimientos de la época, posteriormente fue rechazada por Louis Pasteur. Respecto al segundo postulado, podemos señalar que Lamarck no estaba equivocado, por que en la actualidad es una razón para la que no existen elementos en contra: de acuerdo a la teoría evolucionista actual (Darwin), todos los seres vivos tienen la capacidad de adaptación, característica indiscutible de todo sistema viviente.

Teoría de Darwin-Wallace

El principal interés de Lamarck lo constituía la evolución en sus dimensiones temporales: la evolución vertical. Darwin por el contrario, estuvo intrigado por el problema del origen de la diversidad, y más específicamente por el origen de las especies a través de la diversificación en una dimensión geográfica. Así, el 24 de noviembre de 1859, anunció su teoría, en su libro, *Origen de las especies por mecanismos de selección natural*, la cual vino a revolucionar la idea y los conocimientos sobre el origen de las especies, desde la visión materialista [17]. La teoría Darwiniana se resume en cuatro postulados fundamentales.

1.   El mundo no es estático, evoluciona: las especies cambian continuamente, se originan unas y se extinguen otras.
2.   El proceso evolutivo es gradual y continuo, no consiste en saltos discontinuos o cambios súbitos.
3.   Los organismos semejantes están emparejados entre sí y descienden de un antepasado común.
4.   El cambio evolutivo es el resultado de la selección natural

El argumento de Darwin es que la selección natural emerge como una condición necesaria por dos premisas: *1)* La suposición de que las variaciones hereditarias útiles al organismo ocurren y *2)* La observación de que nacen más individuos de los que pueden sobrevivir. La dificultad más grande que enfrentó la teoría de la evolución de Darwin fue al ausencia de una adecuada teoría de la herencia que explicara las variaciones a través de las generaciones, en las cuales se supone que actúa la selección natural [18]. Sin embargo, la solución a este problema que Darwin no pudo resolver, fue definida por las leyes de la herencia, aunque Darwin fue contemporáneo de Mendel, no pudo concretar su teoría por su desconocimiento. El redescubrimiento de las leyes de la herencia de Mendel en 1900 condujo a enfatizar el papel de la herencia en la evolución [17].

El Neodarwinismo

El Neodarwinismo considerado como la Teoría Sintética de la Evolución, también conocida como la síntesis moderna de la Teoría evolucionista, abarca un complejo de conocimientos biológicos centrados alrededor de la teoría de la evolución por selección natural formulados en términos genéticos, particularmente refiere a las mutaciones como el motor del cambio evolutivo. El término sintético alude primeramente a la ingeniosa combinación de la teoría evolucionista de Darwin con las leyes de la genética de Mendel, pero también a la incorporación de conocimiento relevante de varias disciplinas biológicas [19].

La teoría sintética de la evolución, permite la armonización de los distintos progresos producidos en líneas de investigación pertenecientes sobre todo a la genética poblacional y la sistemática. Este trabajo consiguió remover muchos de los obstáculos que diferentes investigadores habían detectado en relación con los mecanismos responsables de las mutaciones, y el papel desempeñado por la selección natural. Dobzhansky presentó un marco consistente para los procesos elementales de la evolución y los principios rectores de la especiación. Por si ello fuera poco, orientó al darwinismo hacia la aceptación de un concepto de selección natural construido sobre los desarrollos de la última genética, teniendo en cuenta, asimismo, los avances de la biogeografía y la ecología [19, 20].

A la luz de los conocimientos actuales es claro que las mutaciones y recombinaciones genéticas son la fuente principal de variación en la selección natural. La teoría sintética de la evolución reconoce el papel del medio ambiente como el factor que dirige pero que no causa el cambio evolutivo.

Es decir, el medio ambiente no es el que dirige y determina cuáles variaciones sobrevivirán y cuáles se extinguirán, esto se consuma por la selección natural: la naturaleza elimina aquellas variaciones menos apropiadas y perpetúa aquellas que son favorables en el medio ambiente. La clave para la comprensión de los mecanismos evolutivos reside en los conocimientos de la genética, puesto que los genes son la materia prima de la evolución. La teoría sintética de la evolución se basa en dos fenómenos principales: La diversificación o formación de variaciones hereditarias por mutación y recombinación genética, y por mecanismos de selección natural. Aunque ésta ha sido criticada en los campos que implican los procesos macroevolutivos (especiación) y diversificación morfológica) que son generales. Los procesos macroevolutivos son delineados por el fenómeno microevolutivo y son compatibles con la teoría de la evolución sintética. Pero los principios microevolutivos son compatibles tanto con el gradualismo, como con el puntualismo; lógicamente implican a ambos. De esta manera, la macroevolución y la microevolución se desconectan en el importante sentido de los patrones macroevolutivos que no pueden ser deducidos de los principios microevolutivos [19, 20].

Esta teoría se apoya en numerosos datos científicos y evidencias de diversas áreas de la ciencia como la genética, bioquímica, biología del desarrollo de la anatomía comparada, inmunología, geología, paleontología, entre otras [21]. La teoría Neodarwinista de la evolución representa un complejo arreglo de conocimiento biológico que se ubica como una mezcla de la teoría de Darwin mejorada en términos genéticos. Incorpora una multidisciplinariedad de conocimientos sobre la evolución biológica para explicar el proceso evolutivo y sus resultados desde la perspectiva de otras disciplinas como la genética, la biología para el desarrollo, la neurobiología, la zoología, la botánica, la paleontología y la biología molecular [22].

Por otra parte, la evolución nos indica mucho más de lo que conocemos acerca del origen de la especie humana y la adaptación de las especies a los cambios ambientales. De acuerdo a la opinión del comité editor de la revista *FASEB Journal* [20], si se elimina el tema evolución de los temas escolares, o se tergiversa la evolución como una teoría errónea o defectuosa, privan a los estudiantes de uno de los principios de las ciencias biológicas, así como de las bases del entendimiento de la biología actual. En contraste a la evolución, el diseño inteligente y creacionismo no son ciencias porque fallan al querer enseñar las necesidades esenciales al ser humano, no están apoyadas en datos científicos, evidencias, observaciones directas, ni establecen condiciones para generar pruebas de manera experimental. Por lo tanto, se ofrecen esas creencias como alternativa a la evolución dándole tiempo en clases, falseando o tergiversando la ciencia [21].

Para estos editores, la teoría de la evolución se basa en ciertos hechos que contradicen las escrituras religiosas [23]. Esos hechos que se anotan a continuación, sólo se podrían dictaminar si enseñara ciencia en las escuelas.

1. La tierra tiene aproximadamente 4 mil millones de años de edad.
2. Hace 5.7 millones de años que descendemos de nuestros ancestros los chimpancés.
3. Nuestro inmediato ancestro, el *Homo erectus*, se encontraba en cualquier lugar, y los humanos como nosotros, surgieron en África hace 100,000 años. Mientras que las evidencias fósiles validadas por las técnicas actuales determinan que esto sucedió entre 1.8 y 0.3 millones de años.
4. La selección es la base de la inmunidad.
5. La selección natural de mutantes al azar explica la emergencia de nuevas líneas de virus, microbios y tumores.

COMENTARIOS FINALES

Los creacionistas son en sí teleologistas. Ellos alegan que las causas finales son los fundamentos para demostrar la existencia de Dios. Los teleologistas cristianos se oponen a las interpretaciones mecanicistas del universo que consideran al desarrollo orgánico o la causalidad natural. Esta forma de teleología en la filosofía Aristotélica consideraba que las explicaciones o justificaciones de los fenómenos deben buscarse en las causas finales, sin ninguna dificultad para admitir el desarrollo orgánico o la causalidad natural.

Desde la perspectiva teleológica Aristotélica, se admite el desarrollo orgánico, puesto que considera al individuo como la parte más valiosa del universo. Por lo que, la concepción determinista de cualquier acontecimiento postula que puede estar sujeto a una causa, mental o física, no únicamente a Dios como causa final. Esta concepción se fundamenta en que "Dios es el fin referido, el cual dicta sus mandatos a la prudencia..." [24], considerada ésta como virtud cardinal del hombre para discernir y distinguir lo que es bueno o malo, para seguirlo o huir de ello. De tal manera que, al tener la virtud de la prudencia, la felicidad es más accesible al sabio, que se basta a sí mismo con mayor facilidad, pero a ella deben tender en realidad todos los hombres y los ciudadanos. Por lo tanto, si los teleologistas cristianos niegan la voluntad del hombre como partícipe de las causas finales, el único camino es la razón pura, sin necesidad de contaminarse con lo orgánico. De tal manera que, el creacionismo con su carta de presentación denominada Diseño Inteligente, se remite a una única causa final, Dios.

La teleología se basa en la proposición de que el universo tiene una intención y un propósito. En la filosofía aristotélica, la explicación o justificación de un fenómeno o proceso debe buscarse no sólo en el propósito inmediato o en su origen, sino también en la causa final: la razón por la que el fenómeno existe o fue creado. En la teología cristiana, la teleología representa un argumento básico para fundamentar la existencia de Dios, ahí el orden y la eficacia del mundo natural no parecen ser accidentales. Ahora bien, Aristóteles acepta la existencia de una esencia eterna, inmóvil y distinta de los objetos sensibles. Esta esencia, considerada dentro de las causas finales, la remite a la inteligencia, como la que se piensa a sí misma abarcando lo inteligible, porque se hace inteligible con ese contacto, con ese pensar. A este carácter divino se refiere cuando la inteligencia se encuentra en sí misma en el más alto grado de felicidad eterna, asequible al hombre sólo en cortos momentos [25]. La interpretación de este principio Aristotélico por Santo Tomas de Aquino y la teleología formada por él, es amalgamada con el absolutismo filosófico planteado por Platón. En cuanto a que para él no existe el término medio, en este caso el hombre –que los teleologistas consideran contingente como todas las criaturas– para quien lo necesario sólo es Dios, porque todo tiene que estar convergiendo y ordenándose hacia el Absoluto, en plan de virtudes teologales, como diría la teología cristiana, hacia una reabsorción en Dios con pérdida de la individualidad y aún del tipo de la realidad humana [6].

Desde un punto de orgánico, para Aristóteles el individuo era la "sustancia primera", a diferencia del género o especie, a los que denominó "sustancia segunda". En este sentido, cada individuo cuenta con un patrón o modelo innato cuya meta o 'causa final' es su pleno desarrollo. Mientras que Heráclito, mantuvo que la virtud ética consistía en la subordinación del individuo a las leyes de una armonía razonable y universal. Desde esta misma perspectiva orgánica, pero en contrario a esta posición, Hegel, desde un punto de vista absolutista, consideró que el individuo puede ser íntegro sólo en la medida en que mantiene relaciones sociales y se somete a la voluntad general, cuya manifestación es el Estado, su más alta expresión ética. Lo que no compartió Martin Heidegger, que consideraba que el individuo al ser sujetado a la voluntad general, estaba siempre en peligro de ser sumergido por el mundo de los objetos y el comportamiento superficial y convencional de la multitud [26].

A pesar de que vemos la vida como un fenómeno cotidiano, que miramos seres vivos, que conocemos algunos de sus procesos, aún no podemos conocerla en su real dimensión; así, ni siquiera la ciencia, la cual es probablemente el instrumento más poderoso que posee la humanidad, ha podido demostrar fehacientemente el origen de la vida en la tierra, su definición, ni siquiera tiene una respuesta definitiva. Las concepciones biológicas, físicas y químicas obedecen a un contexto histórico, las cuales, al no aceptar dogmas, existen mientras el cuerpo de conocimientos que las apoya mantiene la vigencia: los paradigmas científicos son aceptados al no haber nada que pueda refutarlos. Sin embargo, la dinámica de la ciencia hace modificar las concepciones de la naturaleza, se construyen nuevas visiones del mundo, hacen dinámico el cuerpo de conocimientos, modifican verdades, los conocimientos son refutables, transforman al mundo, las nuevas teorías se modifican como pautas sociales para orientar el rumbo de la búsqueda incesante de la verdad.

El creacionismo, por su parte, ejerce su influencia autoritaria basada en la ignorancia de los fieles, a pesar de que las evidencias científicas indiquen lo contrario. Con la promesa de transformar al individuo apelando a la fe fincada en los que se declaran autoridad, como únicos capacitados para traducirles el concepto de la vida. Esta visión del mundo distinta de la ciencia, explica lo cotidiano sin complicarse la existencia e invita a la aceptación de la verdad en común como verdad impositiva, no importando si ésta es relativa. Sin embargo, lo único que consideran que se puede hacer con respecto a lo que esta más allá de las leyes físicas, es creer, en ocasiones especular, opinar quizás, pero en ningún momento se puede lograr un saber que transforme la percepción y el conocimiento de la vida.

Referencias

[1] Russell B., "Alma y cuerpo", in: Russell, B., ed. Religión ciencia, México, D.F., Breviarios del Fondo de Cultura Económica, 1951:87.

[2] Amundson R., Typology reconsidered: two doctrines on the history of evolutionary biology, *Biology and philosophy*, 1998;13:153-77.

[3] Lessios H.A., "Admission that intelligent design is a religious view", *Nature*, 2007;5;448(7149):22.

[4] "Intelligent design' at San Francisco State", *Science, New York, N.Y.* 1993;262(5142):1976-7.

[5] Wolinetz C., FASEB opposes using science classes to teach intelligent design, creationism, and other non-scientific beliefs, *Faseb Journal*, 2006,(3):408-9.

[6] García B.J.D., "La poética como arte y como técnica", en: Aristóteles, ed. *Introducción a la Poética*, México, Editores Mexicanos Unidos, 1996:15-42.

[7] Mayr E., "Is biology an autonomous sciences", *Toward a new philosophy of biology*, 1988:9-23.

[8] Schrodinger E., "¿Qué es la vida?", In: Schrodinger E., ed. *Textos de Biofísica*. Salamanca: Tusquets Editores, 1984:13-4.

[9] Penny D., "An interpretive review of the origin of life research", *Biology and philosophy*, 2005;20:633–71.

[10] Zhuravlev Y.N.; Avetisov V.A., "The definition of life in the context of its origin", *Biogeosciences*, 2006;3:281–91.

[11] Luisi, P.L., "About various definitions of life, Origins Life", *Origins Life Evolution Biosphere*, 1998;28:613-22.

[12] Ruiz-Mirazo K.; Pereto J.; Moreno A., "A universal definition of life: autonomy and open-ended evolution", *Origins Life Evolution Biosphere*, 2004;34:323-46.

[13] Bernardo, H., "¿Qué es la vida? Un problema epistemológico", *A Parte Rei*, 2006:1-11.

[14] Oparin A., *El origen de la vida*, México, Océano, 1983.

[15] Martínez R.G.; Sosa A.C., *Introducción a la biología*, México, Editorial Diana, 1982.

[16] Templado J., *Historia de las teorías evolucionistas*, segunda reimpresión, Madrid, Alhambra, 1998.

[17] Ville A.C., *Biología, octava edición revisada*, México, McGraw-Hill, 2003.

[18] Ayala F.J.; Fitch W.M., Genetics and the origin of species: an introduction. *Proceedings of the National Academy of Sciences of the United States of America*. 1997;94(15):7691-7.

[19] Stebbins G.L.; Ayala F.J., "Is a new evolutionary synthesis necessary?" *Science, New York, N.Y.*, 1981;213(4511):967-71.

[20] Wilbur H.M.; Collins J.P., "Ecological aspects of amphibian metamorphosis: nonnormal distributions of competitive ability reflect selection for facultative metamorphosis", *Science, New York, N.Y.*, 1973;182(4119):1305-14.

[21] Wolinetz C., "FASEB opposes using science classes to teach intelligent design, creationism, and other non-scientific beliefs", *Faseb Journal*, 2006:408-9.

[22] Hey J; Fitch W.M.; Ayala F.J., Systematics and the origin of species: an introduction. *Proceedings of the National Academy of Sciences of the United States of America*, 2005;102 Suppl 1:6515-9.

[23] Weissmann G., "The facts of evolution: fighting the Endarkenment", *Faseb Journal*, 2005;(12):1581-2.

[24] Libro X: "De la felicidad", in: Gómez, R.A., ed. *Ética Nicomaquea Política*, 1ª Ed. de Ética Nicomaquea, Valencia, 1ª ed. de Política, Barcelona, ed. México, D.F., Porrúa, 1967:131-46.

[25] Larroyo F., "de Dios", *Metafísica*: Aristóteles, XI ed. México, Editorial Porrúa, 1992:207-8.

[26] Rivero W.P., "Presentación: reflexión en torno a Heidegger", *Signos filosóficos*, 2003(10):11-4.

Filosofía para el estrés y la evolución del cerebro

Félix Joel Ibarra Arias[14]*, María de Jesús Verduzco Heredia*[15] *y Héctor Manuel López Pérez*[16]

Introducción

¿Aceptar el placer o aceptar el dolor? La respuesta puede ser un asunto de conciencia, cuando usted decide por cuál principio conducirse para evolucionar. Aunque también puede ser un asunto de respuesta automática, cuando se abandona la autoresponsabilidad para volverse inconsciente. La otra eventualidad se presenta cuando la respuesta es forzada hacia el dolor por cualquier sistema de control aplicado a los individuos.

---

[14]   Centro de Estudios Justo Sierra (CEJUS), Surutato, Badiraguato, Sinaloa, México, miembro del Centro de Innovación y Desarrollo Educativo, jia1946@hotmail.com

[15]   Centro de Estudios Justo Sierra (CEJUS), Surutato, Badiraguato, Sinaloa, México, miembro del Centro de Innovación y Desarrollo Educativo.

[16]   Estudiante del Doctorado en Ciencias Agropecuarias, Universidad Autónoma Agraria Antonio Narro, miembro del Centro de Innovación y Desarrollo Educativo, profesor e investigador de tiempo completo de la Facultad de Administración Agropecuaria y Desarrollo Rural, Universidad Autónoma de Sinaloa, malopere@uas.uasnet.mx, malopere@gmail.com

En las dos últimas contingencias, las respuestas probables del
cerebro a los estímulos estresantes se pueden desviar tanto a
un estado alexitímico, como a un estado emocional que cau-
sará daños psicológicos u orgánicos [1].

Entender la vida como un constante orden, es vivir bajo el
conservadurismo que defiende la fe sobre la razón, la tradición
sobre la experiencia, la jerarquía sobre la igualdad, los valores
colectivos sobre el individualismo y la ley divina ante la ley
secular. Bajo esta visión, la evolución propuesta por Darwin
y desafío principal de la biología [2] no tiene cabida. Pues la
vida desde esa perspectiva, se explicaría como una constante
homeostasis que sólo puede ser interrumpida por la ley divina.
Por lo tanto, la influencia de factores que intervienen en la presión de selección se declara inexistente, y la vía más apropiada
para conducirnos será el creacionismo.

El concepto homeostasis, considerado éste como autorregulación de la constancia de las propiedades de ciertos sistemas
influidos por agentes exteriores, es aceptado por la comunidad científica. Un término relacionado con la homeostasis es
la alostasis y costo alostático, estos son procesos que se refieren a la adaptación y sólo cuando la respuesta alostática al
ambiente es intensa puede convertirse en un problema patológico. Ambos términos están estrechamente relacionados con
las condiciones y fuerzas determinantes para la adaptación, la
evolución y la selección natural de las especies observadas por
Darwin, factores que más tarde fueron llamados por Selye [3]
estresantes.

El estrés ambiental puede ser caracterizado como una fuerza
que forja la adaptación y la evolución en ambientes cambiantes,
en donde las propiedades de los factores estresantes y el organismo estresado actúan como si fuera una solo feudo [4]. En este
sentido, los estresantes ambientales modifican (muy a menudo
reducen) la integración del sistema regulador de la morfología y
el comportamiento neuro-endocrinológico. Este actuar al uní-

sono, trae como consecuencia la acomodación de la variación de los inductores de estrés, por lo que el desarrollo del complejo permite a los organismos "memorizar" eventos estresantes a la misma vez que asimila las respuestas para los estresantes [5].

Si se acepta el principio de que la mente humana puede crecer durante el transcurso de la vida de una persona. Se debe considerar además, que el crecimiento de la mente no es automático, por lo tanto es indispensable el esfuerzo consciente. Cuando una persona abandona ese esfuerzo, su mente deja de crecer. Cuando el crecimiento intelectual termina, la capacidad para la felicidad y el placer comienza a disminuir y el individuo empieza a morir. Las evidencias al respecto se muestran en el ámbito de las sinapsis, por lo que es posible que se establezca un equilibrio entre el crecimiento y regresión de las conexiones nerviosas [6]. Desde esta perspectiva, cuando los estresantes que afectan al cerebro no son impositivos indefinidamente, el estrés que ocasionan, puede funcionar como un estímulo para la evolución de la mente [7], aquí y ahora.

El aquí y ahora, es referido a que la evolución del cerebro adulto pude escapar al control absoluto de los genes. Por lo que se puede considera como un proceso evolutivo epigenético con variación aleatoria, aunado a la selección que se produce durante el desarrollo embrionario y continúa después del nacimiento [8]. Considerado el estrés como un estimulante para la evolución de la mente; importa entonces, el principio del cual se parte, pues no sería lo mismo, escoger la posición de Aristóteles, en cuanto a que para él, no existía ningún inconveniente en la búsqueda del placer ocasionado por los órganos de los sentidos, así como el placer puramente intelectual, sin llegar a los extremos del hedonismo. Placer que se vierte en la búsqueda de la felicidad, más no, el primero considerado como fin primordial [9]. Contrario a la posición anterior existe la otra posibilidad a escoger, esta es la más socorrida por nuestra sociedad y se refiere al principio de Platón. Él creía que era indispensable el control de los deseos y las pasiones a través de una sociedad organizada jerárquicamente por los gobernantes en la cima, considerados como los poseedores de la sabiduría y los indicados para reprimir a los individuos buscadores de placer [10].

Aceptar el principio propuesto por Platón, implica que somos irresponsables de nuestros actos. Por consiguiente, nos interesa que nos repriman, cada vez que sintiéremos placer e intentáramos expresarlo. Mientras que, promover este sistema por encontrarnos en la cima del poder, implicaría reprimirnos para predicar con el ejemplo, así nos cueste desviar nuestra conducta. Como la represión implica violencia, ya sea física o psicológica, entonces estamos predispuestos a estresarnos. Esto es así, desde el momento que no existe un consenso sobre si los dominantes o los subordinados son los que se estresan más psicológicamente [11]. Considerado de esta manera, nuestro camino será una sociedad en donde domina el estrés, la desviación de la conducta ocasionada por la represión o, la depresión como consecuencia de la culpa que se ejerce para reprimir el placer.

Al parecer, la represión propuesta por Platón no es tan dramática, ni se puede considerar que suceda de esta manera. La realidad es otra, como lo veremos en las evidencias que se presentan al interior de este escrito. Además, si tomamos en cuenta que Platón formó la corriente principal que domina al mundo actual, podemos ver claramente quiénes surgen de ella posteriormente, y llegan a proponer sistemas de represión. Al respecto, los gobiernos han sido ejemplos históricos y actuales, y lo que han logrado es desviar la conducta de los individuos. Aún más, sus propuestas han llegado a ser ridículas, en cuanto a moral se refieren. Tal es el caso de los seguidores de Hegel, que, al contrario de los representantes de la moralidad represiva de la Iglesia, llegaron a proponer que la libertad 'verdadera', era lo que se identificaba con la obediencia a la ley moral. Aún más, identificaron la ley moral con la ley del Estado, de manera que la libertad 'verdadera' consistía en obedecer a la policía. Esta doctrina fue muy del gusto de los gobiernos [12].

En referencia a las posiciones filosóficas de los párrafos anteriores, e independientemente del principio por el que se transite, Bijlsma y Loeschcke [4] plantean que los estresantes son parte de un mismo complejo que forjan la adaptación. Por lo que se retoma esta premisa para proponer como objetivo de este ensayo, analizar los principios y evidencias que se relacionan con la desviación de la conducta, el estrés, la opresión y su relación con el destino evolutivo del cerebro del hombre.

Respuestas del cerebro y su evolución

El funcionamiento del sistema nervioso puede obedecer tanto a las reacciones inmediatas instintivas o automáticas; pero además puede obedecer a las reacciones que requieren del razonamiento antes que se dé una reacción somatosensitiva, o bien una respuesta que permita la socialización del individuo [13]. Así como la profundidad de la abstracción en el razonamiento, es una aproximación al actuar inteligible del hombre, la condición para el funcionamiento del cerebro de los animales es un acercamiento a las reacciones inmediatas o instintivas. Aunque el proceder bajo estas reacciones en el hombre se transforma en un pensamiento automático, o bien su actuar también puede ser instintivo [14]. Aunque no existe nada de malo en esta forma de actuar, lo grave de este proceder es que se transforme en un círculo vicioso, que no permita acceder a la abstracción suficiente, para la búsqueda de soluciones a los nuevos problemas.

La mayoría de las respuestas ambientales a los estímulos estresantes son remitidas al pensamiento automático. Este tipo de pensamiento, tiene relación con la memoria de trabajo, indispensable para los quehaceres cotidianos, que sólo necesitan la conexión de las partes del cerebro con los sentidos para dar respuesta al ambiente. Por ejemplo, usar el teclado de una computadora sin necesidad de ver la posición de las teclas. Aunque éste último ejemplo, es indispensable para que el individuo se vuelva consciente, las actividades evolutivas del cerebro son tendientes a la automatización, para dar espacio al desarrollo de aquellas que requieren de ejercicios conscientes. De tal manera que al principio, las actividades automáticas del cerebro son actos conscientes que se vuelven automáticos con el proceso de conexión de las dendritas. Aunque existe la posibilidad de la adquisición del lenguaje sin la ayuda del pensamiento analítico, y sin las instrucciones de la "gramática" explícita, tal y como la forma en que los niños adquieren su lenguaje en los primeros años [15].

La evolución del cerebro en el hombre, da origen a una de las diferencias fundamentales entre éste y los animales. Estas diferencias evolutivas se han ensanchado constantemente desde hace 2.5 millones de años. Los constantes estímulos ambientales y las consecuentes respuestas, han conducido al cerebro a una elevada especialización que se refleja en un alto costo con respecto a los demás órganos del cuerpo [16]. Este precio es una pesada carga que se impone a determinada población y que retarda la adaptación para evolucionar. Algo similar al precio de la evolución que es ocasionado por la postura erecta y la locomoción bipedal en los homínidos prehumanos cuando comenzaron a utilizar los recursos del campo abierto y, como un resultado, los nuevos alelos que favorecieron el andar eréctil y el bipedalismo son, de esta manera, ventajas y, los individuos que no las poseían se eliminaron rápidamente. Auque sus imperfecciones traen una elevada incidencia de problemas en retrocesos atroces entre la gente de edad reproductiva y, otras partes del cuerpo; por ejemplo, nuestros pies y corazón son imperfectamente adaptados a nuestro andar eréctil, a juzgar por las frecuentes fallas [17].

El hombre comparte con los monos y los simios un particular interés en la vida social que, por decirlo así, no se encuentra en otro grupo de animales. Este interés condujo a los primatólogos a preguntarse: ¿Por qué somos sociales? (lo que en términos evolutivos simples sería ¿socializar confiere capacidades benéficas?) ¿Son únicas las capacidades cognoscitivas necesarias que sirven en la formación de tales lazos de relación social? [18]. La búsqueda de respuestas relacionadas con la vida social, adquiere especial importancia cuando tratamos de relacionar la mente con los sentimientos, las emociones y motivaciones [19].

En la actualidad, generalmente se acepta que las diferencias en el tamaño del cerebro de las distintas especies de primates, se lleva a cabo principalmente por las demandas de socialización (hipótesis del "cerebro social") [20]. Aunque por lo general, el comportamiento social está más relacionado con las medidas relativas del cerebro, tal como el tamaño de la corteza [21, 22]. La corteza cerebral es una hoja con múltiples capas, ésta es lisa en los roedores, pero las envolturas en los mamíferos, permite mayor apiñamiento de la corteza dentro del límite del volumen del cráneo [23]. Por lo que las diferencias primordiales entre la capacidad intelectual de los individuos está más relacionada con la corteza que con el tamaño [16]. Esta última variable sí es representativa cuando tomamos en cuenta el tiempo y las características evolutivas. Con respecto al tamaño, el valor actual del cerebro calculado para el hombre, es de seis veces más grande que el promedio del taxón de los mamíferos. Mientras que en comparación con los chimpancés el peso del cerebro humano es 250 por ciento más pesado [23], a pesar de que el tamaño del cuerpo entre estas especies es de sólo el veinte por ciento [24]. A pesar de estas impresionantes diferencias, el volumen del cerebro es evolutivamente más estable que el de algún otro órgano del cuerpo [21]. Esto se explica en las divergencias entre nuestros más cercanos perseguidores (los chimpancés), que empezaron hace 7 u 8 millones de años [23].

La estabilidad evolutiva del tamaño del cerebro se manifiesta
también entre los prehomínidos que vivieron hace 2.5 millones
de años y el hombre. Esto es, el largo lapso de tiempo sólo bastó
para establecer diferencias de dos veces el tamaño del cerebro [25].
Mientras que el lapso de estabilidad en el tamaño del cerebro de
los homínidos, se observa que fue de hasta 200 mil años [16]. En
esta etapa la dramática expansión evolutiva del cerebro humano
se detiene en un promedio de peso de 400-450 g, mientras que
al final del desarrollo evolutivo, el peso de 1350-1450 g se ha
mantenido por más o menos 200 a 400 mil años [24, 26].

El cerebro experimentó su mayor crecimiento explosivo hace
dos millones de años en los homínidos que vivían en África
y Asia [27]. Esto coincide con el desarrollo paulatino de su
inteligencia y el tamaño de sus cerebros, que se triplicó en ese
lapso para alcanzar 1369 cc en los *Neanderthal* que vivieron
hace 120 mil a 30 mil años, mientras que en el primer hombre
moderno (*H. sapiens*) el volumen del cerebro alcanzó los 1462
cc [24]. Estas evidencias que marcan la expansión en el volumen
del cerebro a largo plazo, son importantes, pero no debe con-
fundirse el tamaño como indicador del coeficiente intelectual
o IQ, en cuanto a la evolución reciente. Esto es importante,
pues en la actualidad las grandes diferencias individuales entre
las habilidades mentales y el tamaño del cerebro humano es
mínima entre las personas [16]. Aunque las relaciones establecidas entre el costo energético sí son considerables, pues el cerebro es un órgano sumamente oneroso, mientras que responde
sólo en un dos por ciento de la masa del cuerpo, agota el veinte
por ciento del consumo de la energía calórica del cuerpo [21].

LOS ESTRESANTES Y EL ESTRÉS

Los ambientes extremos se asocian estrechamente con la evolución fenotípica, aunque los mecanismos más allá de esta

relación son pobremente entendidos [5]. La adaptación a las condiciones ambientales, implica al estrés ambiental, considerado éste como una respuesta a las características del ambiente. Esto se refiere al estrés extrínseco que resulta de los cambios en los factores abióticos tales como la temperatura, los factores climáticos y los componentes químicos, cualquiera que ocurra naturalmente o los provocados por el hombre, se consideran como los más importantes agentes estresantes [28]. Aunque los factores bióticos, tales como la competición, la prelación, y el parasitismo, también pueden causar estrés [29]. Tal es su importancia, que Darwin consideró que la competición entre los 'seres orgánicos' es mucho más significativa para la adaptación que las condiciones ambientales [4].

Los estresantes son un desafío externo para la homeostasis. La competitividad entre los individuos es considerada por Sapolsky [30] como un estresante biótico, que aunado a la depresión por la edad, educación, género, daña significativamente el volumen del hipocampo (12% en el lado derecho y 15% en el lado izquierdo). Además de los factores anteriores, el estilo de vida, referido a la dieta, la ingestión de alcohol, fumar, hábitos de sueño y las actividades físicas habituales, hacen que los individuos sean diferentes en cuanto a la susceptibilidad a las enfermedades [31]. La competitividad como un estresante psicosocial es una anticipación, justificada o no, de un reto que amenaza la homeostasis. Estos estresantes engendran sentimientos de falta de control y predicción y un efecto de escape para las causas de frustración que ocasionan. Ambos tipos de respuestas a los estresantes activan un arreglo de adaptaciones endocrinas y neuronales. Cuando se moviliza en respuesta a un desafío físico agudo a la homeostasis (tal como huir a un depredador), la respuesta al estrés de adaptación moviliza la energía para que se ejerciten los músculos, se incremente el tono cardiovascular para facilitar el reparto de energía, e inhibir el metabolismo esencial, tal como el crecimiento, reparación, digestión, y reproducción. La activación de la respuesta al estrés por los estresantes psicológicos (tales como la constante proximidad a un miembro de su propia especie provocador de ansiedad) puede incrementar el riesgo de numerosas enfermedades o exacerbar tales enfermedades preexistentes como la hipertensión, la arterosclerosis, la diabetes insulina-resistente, la supresión inmune, el impedimento reproductivo, y el desorden afectivo [11].

El cómo actuamos ante la competitividad y cómo nos afecta, tiene que ver con el estilo de vida. Este a su vez, se fundamenta en los principios filosóficos por los cuales se rige el individuo. Una forma de defensa es evadir la realidad, y el principio por el cual se rigen los que así actúan, es el misticismo. Mientras que, la realidad a la que aquí se referiere es a "lo que existe independientemente de nuestra consciencia" [32]. Si discurrimos sobre este principio, entonces la búsqueda de la verdad por el uso de las drogas, es también una forma de misticismo. Considerado de esta manera, el efecto de las drogas y el alcohol conducen a estados depresivos similares a los ocasionados por estrés. Al respecto, Sapolsky [30] reporta que el abuso de alcohol u otro tipo de substancias como los antidepresivos y las terapias electro-convulsivas, tienen una correlación remarcada entre la duración de la depresión y la extensión de la atrofia del volumen del hipocampo. El estrés sostenido bajo esas condiciones, provoca tales procesos patogénicos, mediado por las moléculas de las hormonas esteroides, incluyendo la hidrocortisona y los glucocorticoides (GC). Junto con la epinefrina (adrenalina) y la norepinefrina, los GCs son esenciales para la supervivencia al estrés físico agudo (por ejemplo, al evadir un predador) pero ello, puede causar efectos adversos cuando la secreción es sostenida [33].

El hipocampo es el blanco neuronal principal de los GCs y los esteroides adrenales secretados durante el estrés. Esta es la estructuran que contiene elevadas concentraciones de receptores de corticosteroides y tiene una marcada sensibilidad a las hormonas, como los que se manifiestan por los cambios neuroquímicos y los electrofisiológicos [34]. Los daños ocasionados al hipocampo por el estrés se refieren al estímulo constante de los GCs [35-39]. Esto es demostrado en los estudios con pacientes depresivos, en los cuales aproximadamente la mitad secretan cantidades anormalmente elevadas de GCs [30]. Esto es, el estrés crónico transforma la morfología de las dendritas neuronales, en las cuales radican algunas de las habilidades cognitivas [40].

Unos cuantos días de estrés o sobre-exposición a los GCs "ponen en peligro" las neuronas del hipocampo, por lo que comprometen las habilidades para sobrevivir al embate isquémico; cuando sucede esto, los esteroides empeoran la pobre regulación del glutamato y el calcio que ocurre durante tales agresiones neurológicas [37]. De aquí la importancia del glutamato y de los iones de Ca^{2+} que se acumulan en los espacios intracelulares de las células nerviosas. De tal manera que, la actividad del receptor del glutamato está relacionada con la apertura del canal asociado con los iones de Ca^{2+} [41] y en consecuencia, ocasionan la muerte de las células. En el transcurso de sólo unas semanas, el exceso de GC puede causar atrofia reversible de las dendritas del hipocampo, mientras que la sobre-exposición a los GCs por meses puede causar la pérdida permanente de las neuronas [37, 38]. Aunque no ha sido virtualmente evidente el daño por la inducción de GC en el hombre, sí ha sido demostrado en estudios del cerebro de los primates [36].

Los efectos de los inductores de estrés y las estrategias para su resistencia, a menudo persisten en varias generaciones a través de la herencia cultural, maternal y ecológica [5]. Desde esta perspectiva, si consideramos a los factores estresantes como un estímulo para la adaptación, y sólo tomamos en cuenta las dos primeras etapas propuestas por Selye [3], en cuanto a que se comienza por una breve reacción de alarma, seguido por un período prolongado de resistencia y una etapa terminal de cansancio excesivo y muerte, tendríamos que, estos efectos a través de las generaciones, facilita la asimilación genética de los efectos inductores de estrés. Esto se traduce en una acomodación de la varianza genética a través del fenotipo provocado por los efectos inductores del estrés. A su vez, la persistencia de las estrategias evolutivas que dan respuesta al estrés y que proveen una liga entre la adaptabilidad del individuo, permitiría la conciliación evolutiva [5].

Existen evidencias de que el estrés psicológico puede ser provocado por la represión de las emociones [42]. Por lo que no es difícil que exista cierta predisposición al sufrimiento del individuo cuando se liga la represión de las emociones a los principios. O bien, si el individuo se conduce por principios en los cuales las emociones se sujetan a condena o censura, se ligan a la culpabilidad, o se juzgan como buenas o malas, sin considerar que las acciones son las que se deben juzgar y no las emociones. Por esta razón, a los buscadores de placer, no sólo se les controla a través de la aplicación de castigos físicos. A ellos se les puede reprimir por la predisposición a la aceptación de culpas. Dicha predisposición también es cuestión de principios y puede efectuarse a través de racionalizaciones ingeniosamente elaboradas [43]. Tal es la idea del concepto místico del pecado original, como uno de los conceptos más influyentes, perjudiciales e injustos proyectados por la ética cristiana. Este enjuiciamiento moral de las emociones, puede ser especialmente malévolo y perjudicial como el que se encuentra en el sermón de la montaña: "pero yo les digo que quienquiera que mirara a una mujer con lujuria, a cometido adulterio en el corazón." Bajo tal *non sequiturs*, no importa la acción, importa lo que se piense y como tal incide en el cerebro.

La represión de las emociones es el intento de negarlas. La supresión de las emociones es un acto de disciplina en que, conscientemente uno aparta las emociones para experimentarlas más delante de una manera más apropiada o controlada. Al controlar una emoción, uno momentáneamente la detiene y permanece completamente consciente de ella. Esto es importante, debido a que es necesario hacer juicios de valor para tomar las decisiones correctas. Por lo que cuando mezclamos las emociones en la toma de decisiones, lo más probable es que cometamos errores que nos conduzcan a la involución del cerebro. Aunque los errores siempre son posibles, pues nadie es infalible, ni omnisciente. Pero los errores que surgen de pensamientos basados objetivamente son menos frecuentes y más fáciles de corregir que los errores que resultan de pensamientos basados en las emociones. Ante tal posibilidad, es preferible conducirse bajo la objetividad que ofrece la ciencia, su método y su filosofía. Por ser una disciplina rigurosa e implacable, ésta no es sentimental y descarta viejas ideas sobre el montón de basura de la historia, tan rápido como sean desacreditadas, acepta pocos conceptos sólo hasta que éstos explican los hechos de mejor manera que los conceptos viejos [2].

La regulación de las emociones no es represión indefinida de éstas. La supresión temporal envuelve estar plenamente consciente de la emoción, pero debido a las circunstancias la emoción se aparta temporalmente para ser experimentada en un momento más apropiado. Por otro lado, en la represión indefinida se trata de negar una emoción obligándola a permanecer fuera de la mente consciente, empujándola al subconsciente, para permanecer enterrada. La regulación de la emoción incluye los procesos que la amplifican, atenúan o mantienen [42].

La riqueza de la información y la sabiduría a la que se accede por las emociones que se encuentran reprimidas, se libera a través de la expresión emocional y la aceptación de uno mismo [44]. Si las emociones son reprimidas, se corre el riesgo de desviar la conducta en contra de sí mismo o de los que lo rodean. Esto es, el individuo necesita sentir algo, y este algo lo transforma en la desviación de la conducta. La desviación la puede dirigir hacia la manipulación de otros a través del uso de la

fuerza, extorsión, masoquismo, sadismo, vandalismo o pede-
rastia. Si el afectado posee poder puede llegar hasta los asesina-
tos crueles e insensatos, matanzas en masa, emprender guerras
y genocidios como ha sucedido con algunos líderes a través
de la historia. Esta posición filosófica tiene especial interés en
ciencia, por lo que los neurocientíficos plantean la pregunta
¿Pueden tener significado las palabras indetectables que ingre-
san en ausencia de la conciencia? [45]. Si tomamos en cuenta
que para la toma de decisiones objetiva, es indispensable la
anticipación a las emociones para la regulación de la consciencia [46, 47]. Pero esta objetividad puede ser interrumpida por lo
subliminal que puede disparar perdurables procesos cerebrales
en los cuales se encuentra incluido lo emocional [45].

La manipulación de las personas no sólo ocasiona daño a
éstas. Al respecto, cada vez son mayores las evidencias de que
la acción de la experiencia de las emociones durante las etapas
tempranas de la vida ejerce una penetrante influencia en los
riesgos posteriores en un determinado rango de enfermedades neurosiquiátricas. La prevalencia de daños afectivos, tales
como los desórdenes de ansiedad y la depresión, son significativamente grandes en los individuos que son abusados o se les
relega durante la niñez [48, 49]. El abandono durante la niñez
es determinante para la evolución de cerebro, sobre todo en el
aprendizaje de la gramática que facilita la comunicación con
los demás individuos [15, 50].

El estado emocional de las personas puede influir en los
demás y ser fuente de estrés. Tales estresantes se presentan
desde el ambiente circundante de la madre preñada, el infante
y durante la vida del individuo. Las evidencias en diferentes
trayectos, han mostrado que los eventos de estrés en la vida
incrementan la susceptibilidad al estrés emocional y contribuyen al desarrollo de la depresión o los desórdenes de estrés
postraumático [51-53]. Dentro de los trastornos neurosiquiátri-
cos que se encuentran ligados al estrés por manipulación, se

encuentra la esquizofrenia. En esta enfermedad, se considera que los factores ambientales clave para la predisposición, es el estrés psicológico ejercido por los parientes emocionalmente manipuladores, especialmente las madres. Existe abundante literatura que caracteriza a las madres "esquizofrenogénicas" quienes ponen a sus hijos en un estado de "encadenamiento" emocional. Una explicación predominante es que las aptitudes para expresar las emociones abiertamente crean ese ambiente de estrés en los pacientes [54].

Otra de las evidencias de trastornos psicológicos que se presentan con la desviación de la conducta y que se relaciona con las emociones es la obsesión especulativa. Esta actitud, conduce al especulador compulsivo al entorpecimiento social, el cual puede contribuir a un pobre desempeño funcional entre los pacientes con obsesión acumulativa. Los investigadores demostraron que especular obsesivamente se relaciona lateralmente con el incremento de los problemas interpersonales surgidos precisamente por anteponer su obsesión a la expresión de las emociones. Por lo que esta conducta repetitiva, los conduce a la depresión y ansiedad [55].

Los disturbios de la regulación normal de las emociones por uno mismo, puede ser el factor clave de la génesis de la depresión y la ansiedad, y quizá ambas se encuentren implicadas en la inhabilidad crónica de suprimir las emociones [56]. Con respecto a este tema, se ha postulado que el impulso a la agresión y la violencia surgen también como consecuencia del defecto de la regulación a las respuestas emocionales. Por lo que la propensión impulsiva a la agresión se asocia con un bajo umbral en la activación del afecto (una mezcla de emociones y humores que incluyen el coraje, la aflicción, y agitación) y con la falta de respuestas anticipadas para controlar las consecuencias negativas del comportamiento agresivo [42].

El uso de la fuerza y la extorsión son desencadenantes de los principales males que aquejan a la humanidad y, como se vio anteriormente, también ocasiona problemas relacionados con el estrés, tanto por los que la ejercen directamente, como por los que la ordenan. El uso de la fuerza e imposición tiene sus raíces en el principio de verdad por autoridad. La contraparte de este principio, es el de libertad, la cual considera que los individuos pueden actuar libremente y hacerse cargo de sus propias vidas. De acuerdo con Aristóteles [9], el punto de partida se refiere a que el hombre es un ser moral, que en la escala animal sólo él percibe el bien y el mal. Aristóteles consideraba además, que el alma del hombre tenía dos partes: una parte irracional y otra racional, por lo que el verdadero fin de la naturaleza es la inteligencia y, por lo tanto, la educación debe subordinar el instinto (parte irracional).

El uso de la fuerza es un principio que parte de Platón [43], a él le preocupa la administración y el control de las conductas y esa preocupación lo lleva, a proponer un modelo de organización política cuyo acento es el orden y el control social. A tal grado que llegó a proponer que la contemplación placentera que debe ocasionar el arte, declara en la *República*, es que el valor propio y la función auténtica del arte ha de ser: "elevar al grado supremo la sanción de realidad incluida en el afecto `terror ante lo tremebundo´, y comunicar a todos los afectos esa varga de realidad absoluta, para que así graviten sin remedio y aceleradamente en dirección hacia la Idea de Bien, hacia lo Absoluto." La posición contraria es la que define Aristóteles en la *Poética* "La modificación que el poeta clásico introduce en lo natural consiste y se cifra en quitar a lo natural su fuerza brutal y en bruto de la realidad pesada, insistente, importuna; y para conseguir este primer efecto de dejar el vino sin heces, lo real sin pesadez, se emplea ese tamiz que son los efectos de terror y conmiseración. Queda claro que hasta en el arte, es un asunto de voluntad, buscar lo relativo a la validez en las manifestaciones de la expresión artística. De tal manera que, habrá quienes consideren como arte válido, lo que causa terror y es tremebundo como el sufrimiento, y por otro lado habrá quien busque el placer al deleitarse con la artificialidad del arte" [57].

El único uso moral de la fuerza es en defensa propia: esto es para protegerse uno mismo, su propiedad, o su país de la fuerza y el fraude iniciado por otros individuos o gobiernos. Aunque por lo general, la iniciación de la fuerza como mal primario sirve para controlar. Este control, deja sus secuelas que se pueden traducir en estrés. Al respecto, Sapolsky [30] considera que existen suficientes evidencias de las relaciones entre las GCs y las funciones del hipocampo que emergen de los estudios de individuos con desórdenes por estrés postraumático. El control de las personas propuesto por Platón se puede ejercer a través de la educación. Éste es un medio ideal para aplicarlo de manera sutil, aunque el resultado de la aplicación, puede ocasionar trastornos de la conducta, como se aborda en el siguiente apartado.

Inteligencia emocional

La educación basada en el desarrollo de la inteligencia emocional tiene dos disyuntivas filosóficas a escoger. Una es educar para convertir al hombre en un ser sensible y la otra es educar para que éste se convierta en un ser racional. Como todos los principios, se usan como puntos de inicio y de referencia para mantener el rumbo, la posición a seguir que se plantea este ensayo es el rumbo racional. Ante tal propuesta siempre existirán discursos mal intencionados para anteponer lo sensible como si la racionalidad no condujera al aumento de la sensibilidad en un proceso en espiral y no en un círculo vicioso, como cuando se insiste en lo sensible.

Las emociones son normalmente reguladas en el cerebro humano por un circuito complejo consistente de la corteza frontal orbital, la amígdala, la corteza circulada anterior, y varias regiones interconectadas [42]. La humanidad, desde sus albores, ha conformado y emitido leyes, códigos, declaraciones éticas, etc., como los Diez mandamientos de los hebreos, etc., con el objeto de dominar, someter y domesticar la vida emocional. A pesar de esto, las pasiones que aplastan a la razón, surgen de la estructura básica de la mente que radicada en el circuito neurológico de la emoción. Cada emoción prepara al organismo para una clase distinta de respuesta como la ira, miedo, felicidad, amor, sorpresa, disgusto, tristeza.

El concepto de la inteligencia emocional se deriva de amplias investigaciones y teorías sobre el pensamiento, la sensibilidad y las habilidades que, antes de 1990, se consideraba que no estaban relacionadas con este fenómeno [63]. Como la inteligencia emocional se refiere a la habilidad para entender las emociones propias necesarias para expresar la sensibilidad de una manera proactiva con las emociones de los demás, esta puede servir como un arma de doble filo desde el punto de vista filosófico. Esto es así, cuando consideramos que la habilidad para entender las emociones de los demás, nos permiten la manipulación ventajosa de los sentimientos. Aunque es una manera de proceder perversa, es lo más común que puede suceder en nuestra sociedad, con una educación opresiva. Estas manifestaciones manipuladoras se observan, sobre todo, por los conductores de los medios de comunicación audiovisuales y algunos políticos. Además, los ejemplos que nos brinda la historia son numerosos y los podemos encontrar con mayor claridad, desde mucho antes de la era de los líderes que intervinieron en la guerra fría, tanto por el lado del bloque socialista como del bloque capitalista.

Al parecer, las emociones deben posicionarse en un término medio que evite el exceso pero que facilite la supervivencia del individuo. Pues de acuerdo con Saklofske *et al.* [64], al instruirse en una actitud "positiva" existe la posibilidad de que esta acción se asocie con el neuroticismo, aunque no se relacione con otro rasgo de la personalidad y la inteligencia emocional.

Además, los mismos autores consideran que el adiestramiento de la conducta se asocia con la extraversión y la inteligencia emocional, pero también se puede asociar con el neuroticismo. Al respecto, Verissimo [1] considera que el equilibrio emocional es aún de mayor importancia, pues la inteligencia emocional y la alexitimia son construcciones inversas pero fuertemente traslapadas; esto es consistente con los resultados de investigaciones previas sobre los individuos alexitímicos que regulan escasamente los procesamientos cognoscitivos inherentes al control emocional, necesarios también para la inteligencia emocional, mientras que sus características son reconocibles.

La construcción que caracteriza a la inteligencia emocional se refiere a, las diferencias individuales entre la percepción, procesado, regulación y utilización de la información emocional. La construcción de las peculiaridades de la inteligencia emocional (lo que caracteriza a la inteligencia emocional, o lo que particulariza a la eficiencia emocional de uno mismo) provee la operatividad para comprender lo que se relaciona con las emociones, mientras que la percepción de uno mismo, permite la disposición para lograr la eficiencia emocional [65, 66]. De tal manera que, para obtener el efecto de la satisfacción, se recomienda la escritura de las experiencias obtenidas en las emociones [67].

Para lograr el éxito en las acciones emprendidas se requiere de estabilidad psicológica, que al parecer tiene una función importante en la selección e integración de los individuos a sus ambientes de trabajo [68]. Esto puede ser logrado a través de entrenamiento en la búsqueda de la eficiencia emocional que se logra por el entrenamiento de la sensibilidad del individuo. Dicho entrenamiento, puede facilitar la formación profesional exitosa. Para esto, es esencial trabajar las propias capacidades que permitan manejar nuestra sensibilidad y las emociones de una manera adaptable e inteligente [69]. Para la conducción de la sensibilidad, los pensamientos emocionales tienen una fun-

ción importante, por lo que es indispensable aprovecharlos.
Pues estos, a menudo se acompañan de reflexiones relevantes
que son adicionales o secundarias para percibir y regular los
procesos que conducen las emociones [70].

La motivación, así como las relaciones sociales y las habilidades para la comunicación, son dimensiones de la inteligencia
emocional que se asocian con la percepción de los niveles de
ingreso al mundo laboral [71]. Además, se ha observado que
existe una asociación entre las emociones y la productividad
global de los participantes de las organizaciones, ya sean éstas
de servicios o de producción de bienes [72]. Estas habilidades
genéricas conducen a las actitudes que permiten una mejor
orientación para que el individuo se adapte [63].

La inteligencia emocional es una habilidad que minimiza
las consecuencias negativas del estrés [73]. Esto es debido a que
facilita la anticipación para dar respuestas a los estresantes,
por lo que permite al individuo ajustar las posibles estrategias
a una variedad de escenarios para la toma de decisiones [74].
Por el contrario, cuando existe una baja regulación de las emociones, la adaptación del individuo puede conducir a desórdenes tales como trastornos en la alimentación. Las evidencias al
respecto son frecuentes cuando se enfatiza en la conducción
de las emociones en un número de aproximaciones psicotera-
péuticas que se han adaptado para los tratamientos de la mujer
con desórdenes en la alimentación [75].

Con respecto a las emociones y su relación con el funcionamiento del cerebro, se ha observado que cuando existen lesiones
de la amígdala o la corteza insular, especialmente en el lado derecho, se comprometen la activación del estado somático y la toma
de decisiones. Eso sugiere que la corteza ventromedial prefrontal,
la amígdala y las regiones insulares, son parte de un sistema neuronal implicado en la activación del estado somático y la toma
de decisiones [76]. Por lo que los autores anteriormente mencionados sugerimos que, los sistemas neuronales que soportan la

activación del estado somático y los juzgamientos personales en la toma de decisiones pueden traslaparse con los componentes críticos de un circuito neuronal que sirve además en la inteligencia emocional y la inteligencia social, independientemente del soporte del sistema neuronal de la inteligencia cognoscitiva.

La habilidad que genera la inteligencia emocional incluye el auto dominio, el entusiasmo, la persistencia y la capacidad de motivarse uno mismo. El estudio e implementación de la inteligencia emocional tomó impulso en la época de los noventa, con las investigaciones desarrolladas por Akerjordet y Severinsson [63]. Las emociones son impulsores para actuar, sirven de guía al individuo en momentos de tareas importantes o difíciles. Los sentimientos cuentan igual que el pensamiento en decisiones o acciones rutinarias o trascendentales. La inteligencia emocional conjunta a la emoción y la inteligencia, usando a la emoción como fuente de información que ayuda al individuo a tener sentido y desarrollarse en el ambiente social. Salovey y Mayer [77] propusieron que la capacidad de supervisar las emociones propias y de otros, la discriminación y utilización de la información generada por ellas, se puede utilizar para dirigir el pensamiento y la acción.

Con el estudio del centro del pensamiento se descubrió la arquitectura emocional del cerebro, que apoya la comprensión de las estructuras cerebrales que intervienen en los momentos de rabia, temor, pasión, dicha, y cómo contenerlos. En esto intervienen factores neurológicos que desarrollan el talento básico para vivir, frenar impulsos emocionales, interpretar los sentimientos del otro, y con ello manejar relaciones de una manera fluida. Con estas habilidades se pueden preservar las relaciones más preciadas, debido a que el carecer de estas habilidades afecta la salud emocional (equilibrio emocional). Para el desarrollo de estas habilidades se ha propuesto el modelo de los cuatro campos de Mayer *et al.* [78], que interpreta la inteligencia emocional de la siguiente manera:

1. En este campo se considera la percepción de las emociones y se refiere al control y desarrollo de la capacidad para detectar y descifrarlas. Para tal efecto se usan caras, cuadros, voces, y artefactos culturales. También incluye la capacidad de identificar sus propias emociones.

2. El uso de las emociones entra como un campo en el que interviene la capacidad de controlar y dirigir las emociones que facilitan las actividades cognoscitivas, tales como el pensamiento y la solución de problemas. Un ejemplo de las habilidades en esta rama es un individuo que tiene que terminar una asignatura difícil y aburrida que requiere razonamiento y concentración deductiva detallada en un reducido periodo de tiempo. Bajo estas condiciones las opciones son: sacar la tarea de buen humor, o ponerse afligido desde el inicio. Al estar abatido se provoca que el trabajo sea rutinario y metódico. Inversamente, un individuo contento puede estimular el pensamiento creativo e innovador. La persona emocionalmente inteligente puede capitalizar completamente el estado de ánimo si es capaz de cambiar su actitud, de tal manera que, al realizar las tareas que se le presenten obtenga el mayor beneficio.

3. En este campo se considera al entendimiento de las emociones como la capacidad de comprender el lenguaje de la emoción y de apreciar las relaciones complicadas entre ellas. Por ejemplo, la capacidad de ser sensible a las variaciones leves entre ellas, tales como la diferencia entre estar alegre o atónito, estar enojado o contrariado. Además, incluye la capacidad de reconocer y describir cómo las emociones se desarrollan en un cierto plazo.

4. En esta última rama, el manejo de las emociones en cuanto a la capacidad que los individuos tienen para regularlas en lugares y en tiempo de duración. Cada

individuo tiene que lidiar con sus emociones en diferentes épocas de su vida y las de otros.

La inteligencia emocional es un sistema de habilidades correlacionadas que permite a la gente procesar la información emocionalmente relevante de forma eficiente y exacta [73]. Uno de los propósitos principales de medir la inteligencia emocional es proporcionar un marco para que los investigadores exploren las diferencias individuales en el proceso de la información relevante emocionalmente. En años recientes se realizaron importantes descubrimientos. Entre ellos, que hay individuos capaces de percibir variaciones de sus emociones detalladamente, mientras que otros reconocen vagamente sus sensaciones [79]. A pesar de las capacidades heredadas por los individuos, el desarrollo de la inteligencia emocional es factible, al compartir las experiencias personales que ayudan a controlar y aplazar las emociones negativas para salir del aislamiento emocional redundante que conduce al estrés emocional [64] con la consecuente irracionalidad en la toma de decisiones.

ENSEÑANZA PARA EL ESTRÉS/FILOSOFÍA PARA GENERAR VIOLENCIA O BIEN ALEXITIMIA

Una educación basada en lo sensible para controlar al individuo, puede tomar dos posibles caminos; la formación de individuos violentos [42] o individuos alexitímicos [1]. El estímulo de las emociones relacionado con el coraje, la angustia, y la agitación, dan lugar a las consecuencias negativas del comportamiento agresivo como respuesta anticipada. Este tipo de experiencias que son comunes entre los jóvenes, son capaces de alterar sustancialmente su trayectoria de vida; tales como el disenso sobre la definición del sexo, abuso de las drogas y el alcohol, violencia interpersonal y para sí mismo. Aunado a esto, también pueden alterar los patrones que afectan la salud, como la dieta, las actividades, entre los amigos, las participaciones cívicas, su escolaridad y la vida familiar, además de afectar la adultez [58].

Estas manifestaciones finales del sistema educativo se pueden prever cuando entendemos lo que leemos más allá de lo que está entre líneas. Cuando se entiende que la palabra sirve para concienciar, más que para alfabetizar [59], para liberar más que para domesticar, como si las personas fueran salvajes y no personas morales que son capaces de entender la diferencia entre el bien y el mal. Al hacerse consciente del valor de la palabra, se inicia una nueva vida que sorprende, y asombra la frescura con la que se manifiesta la espectacularidad de la publicidad y su trasfondo. Al respecto se interpreta un mensaje leído en un cartel de 15 x 2 m, de una universidad del centro de México:

"Oración del maestro"

¡Oh Dios! Eres mi fortaleza, mi paciencia, mi luz, mi consejo, Tú que confieres a mi persona el corazón de los jóvenes, no me abandones ni un solo instante. Concédeme Señor, para mi propio gobierno y el de mis alumnos, el espíritu de sabiduría, el entendimiento de persuasión y fortaleza, el de tu santo temor, y un celo ardiente para procurar tu gloria con la virtud de la excelencia académica.

En esta oración, el maestro evoca a Dios en el sentido de que él como maestro, es el asignado por la "autoridad superior," por lo tanto, él mismo se declara la autoridad más cercana a Dios. Esta autoridad debe ser complementada con el control a partir de lo sensible, de lo visceral (el corazón) de lo pasional de los jóvenes, mas no de la razón que radica en el intelecto, pues, de esta manera, se perdería todo control del individuo.

Se menciona la necesidad de gobernar, en el entendido de que tanto el maestro como los alumnos son personas malas e irresponsables, por lo que habrá que corregir su desenfreno. Se menciona la sabiduría como un acto de fe, por obra y gracia del Señor, sin esfuerzo alguno. Pero además, implora la concesión de fortaleza (uso de la fuerza) y persuasión para infundir temor, más no respeto ganado por la confrontación de ideas a través del diálogo y la crítica. Un "santo temor" para hacer infelices a los ciudadanos a través de inculcar el sentido de culpa, pues sin inculcar el temor, no se pueden domesticar a los salvajes. De esta manera, se establecen las jerarquías despóticas, consideradas por Sapolsky [11] como posiciones marcadamente como incidentes y dominantes que se logran a través de la agresión, la intimidación o coerción, ya sea física o psicológica. Esto puede conducir a consecuencias tan graves como los actos suicidas, o las masacres de personas inocentes, provocados por la ideologización política o religiosa [60].

La "Oración del maestro" dice además, que se requiere persuadir, con todo lo que significa la palabra y sus sinónimos (convencer, inducir, mover, seducir, fascinar, impresionar, traer, inclinar, incitar, arrastrar e impulsar). Pero nunca respetar la motivación, ni provocar la discusión, la crítica o el juicio personal, de los jóvenes. Se implora además, un "celo ardiente" para procurar la gloria del Señor, mas no la de los alumnos como seres que merecen entrenarse para tomar sus propias decisiones. Esta persuasión anhelada es similar al lavado de cerebro que realiza la abeja reina, para controla a las abejas jóvenes del panal, a través de la secreción de la feromona de las mandíbulas (alcohol homovanilil) [61]. De tal manera que, llevar a la práctica el uso de esta sustancia en los jóvenes, no sería mala idea, por los que abogan por una educación domesticadora, con tal de evitar el estrés que ocasiona al docente volver apacible al individuo. Semejante a la idea perversa de Aldous Huxley [62], en donde crea una sociedad donde los fetos se desarrollan en matraces y son tratados con químicos para modificar sus cuerpos y mentalidades. De tal manera que se pudieran condicionar a sus futuras tareas en la sociedad. Este procedimiento se proponía para crear gente cuyas funciones estaban claramente establecidas, a ellos se les encasilla en castas, en donde el rango iba desde los alfas (los líderes) hasta los epsilones (zánganos). Entre otras cosas, a las castas bajas se les programaba para que no fueran agresivas contra los miembros de las castas elevadas. En esta narración, los tratamientos con químicos neurotóxicos (incluyendo el alcohol) durante el desarrollo, eran considerados para predestinar los cambios "apropiados" en los cerebros.

La oración del maestro anunciada en ese centro universitario muestra lo que ha sido una batalla en toda la historia universal. Pero lo que ha provocado es la deformidad de los individuos, tal como lo propone Víctor Hugo en la metáfora que aparece en su libro, *El hombre que ríe*.

> Tome usted un niño de dos a tres años de edad, colóquelo en un jarrón de porcelana, más o menos grotesco, hecho sin tapa ni fondo para permitir una salida para la cabeza y otra para los pies. Durante el día el jarrón se coloca derecho y por la noche se acuesta para permitir que el niño duerma. El niño se hace más ancho sin que crezca de estatura, llenando los contornos del jarrón con su carne comprimida y sus huesos distorsionados este desarrollo en una botella continúa muchos años. Después de cierto tiempo el desarrollo se hace irreparable. Cuando ellos consideran que esto se ha logrado y que el monstruo está hecho, ellos rompen el jarrón. Sale el niño y ¡he aquí un hombre con forma de una jarra!

Este comentario sobre la "Oración del maestro" y la metáfora de Víctor Hugo, sirven para analizar qué es lo qué hay "entre líneas" y entender qué es lo que se puede esperar de la educación actual. Aunque hayamos sido "clientes" de señores que pensaban de la misma manera a los que ahora siguen creyendo en tal oración. Pero además, uno mismo pudo haber creído en esas barbaridades y por lo tanto se cobra con la misma moneda. Aclaro, esta forma de actuar no es perversa, cuando se es inconsciente de ello, como el actuar de la mayoría de los maestros. Pues el estado de conciencia se logra cuando se observa la intención de la palabra escrita y aún más importante, el significado filosófico que encierran las frases, que vuelve al individuo consciente.

CONCLUSIONES

Si una sola palabra es la que emociona al individuo y ésta se relaciona con la realidad existente, no está todo perdido. Esa agitación del ánimo producida sólo por la idea que representa la palabra, puede regresar al individuo al camino de la intelectualidad/racionalidad para encausarlo el placer duradero y alejarlo del estrés al que se predispone. Pero, si se prefiere la búsqueda del placer fincado sólo en los sentidos, ¡cuidado! Porque entonces nos enfrentamos a una situación involutiva. Ante tal escenario, no nos queda otra más que aceptar el principio de Platón, en el cual decidimos de manera inconsciente entregar nuestra responsabilidad a los que se declaren autoridad. Considerados éstos, como los únicos capaces de poseer la sabiduría para mandar. Por lo que los individuos que buscan placeres sólo en los órganos de los sentidos, deben ser controlados debido a su irracionalidad. Como el abandono de la autoresponsabilidad también es un asunto de la consciencia, entonces ¡usted decide!

Pensemos en las rarezas de la naturaleza. ¿Qué pasaría si fuéramos un siamés? Tres cosas: primero, uno de los dos cerebros/consciencia tendría que tomar las decisiones y responder, mientras que el otro cerebro/consciencia abandonaría su capacidad de responder al ambiente que lo rodea. Una segunda alternativa sería que la toma de decisiones puede ser consensuadas entre los dos cerebros/conciencia sin necesidad que ninguno de los dos cerebros domine, y por lo tanto se mantiene la capacidad de responder de ambos. En un tercer escenario, la toma de decisiones puede no ocurrir, si el cerebro/consciencia que está acostumbrado a tomar las decisiones abandona su responsabilidad al cerebro/consciencia que no está habituado a tomar decisiones para responder.

De acuerdo con lo planteado en este escrito, en el primer escenario, al cerebro del siamés que abandona su autoresponsabilidad no le interesa responder a los estímulos externos o estresantes, por lo tanto no es susceptible de sufrir estrés. Aunque las preguntas serían si ¿su consciencia es capaza de experimentar placer intelectual?, o si ¿su consciencia es susceptible de experimentar evolución?, por el contrario, el siamés que se acostumbró a tomar las decisiones y emitir una respuesta puede experimentar tanto el placer intelectual como el corporal.

En la segunda realidad planteada, es conveniente recordar que el consenso no es una 'responsabilidad compartida'. Ambos siameses están capacitados para responder de la misma manera, y a diferencia de los que consideran el principio de la 'responsabilidad compartida' no es tal. Debido a que al final del consenso, cualquiera de los dos cerebros/conciencias puede responder a los estímulos que enfrentan. Por lo que dependerá de la ventaja de cualquiera de los órganos de los sentidos del siamés que esté en la mejor posición para dar respuesta en el momento preciso. En este argumento, es conveniente recordar que existen acciones automáticas que no requieren de las acciones conscientes. Por lo tanto, lo que se pude compartir son las respuestas automatizadas o mecanizadas, más no lo que requiere de la intervención de los pensamientos conscientes.

En la tercera situación, puede ocurrir que el cerebro del siamés acostumbrado a no tomar decisiones, ya sea por represión o por abandono de su autoresponsabilidad, no mande señales a los órganos de los sentidos para que den respuesta a los estímulos ambientales, por lo que se pueden generar condiciones de estrés fisiológico que comprometan al cuerpo compartido por los siameses y estrés psicológico para el siamés que es consciente de la importancia que tienen las respuestas oportunas.

La manera de evitar el estrés y las consecuencias que trae la desviación de la conducta está en la expresión de las emociones. Esta acción permite aumentar nuestro intelecto, por lo que Cogan [44] sugiere que las emociones de algún modo controlan la información sobre nosotros mismos y nuestras palabras. Agrega además, que al expresar las emociones conseguimos el acceso a la información de la parte de nosotros que no conocemos. La información es un prerrequisito para la toma de decisiones Esto llega a ser parte del contenido de la consciencia y el resultante crecimiento de la misma. Es evidente entonces, que por el simple hecho de liberar racionalmente la expresión de nuestras emociones aumenta significativamente el entendimiento de nosotros mismos.

Acostumbrarse a lograr consensos lógicamente racionales a través de la socialización, es acostumbrarse a pensar juntos. Es construir los procesos mediante los cuales se aprende con placer. Más que aprender lo que a los demás les ocasiona placer, es apropiarse del proceso para construir el placer intelectual propio. Aún más, pensar juntos es entrenarse en la búsqueda de tareas para distinguir la realidad entre la percepción propia, y la que comunican los demás. Así como la forma de concebirla al compartir la deducción propia con lo que deducen los demás.

El control de los individuos a través de la opresión tiene relación con el estrés traumático, en el que se puede incluir el trauma histórico, discriminación, segregación y estigma. Todos ellos, son factores que pueden ocasionar la desviación de la conducta al imponer una realidad no deseada. Esta desviación de la conducta puede tener salidas o escapes pasajeros, que a la larga conducen a riesgos de salud como la depresión, ansiedad, dependencia al alcohol y las drogas. Las explicaciones que se han dado a estas salidas se relacionan con factores o cofactores críticos que actúan como paliativos culturales tales como, las prácticas tradicionales de salud, el afecto familiar, la identidad racial, y la religiosidad y espiritualidad. El valor explicativo que se le dan a estos factores o cofactores, es moderar el estrés traumático, particularmente asociado con el estatus que oprime al grupo [80].

Glosario

ABSTRAER. (Modelo de conjugación 88) (lat. *abstrahere*, sacar de, retirar). Verbo transitivo 1. Aislar mentalmente o considerar por separado [las cualidades o una cualidad] de un objeto. 2 Considerar [un objeto] en su esencia. Verbo intransitivo us. tb. c. pronominal 3 Prescindir: ~, o abstraerse, de algo. Verbo pronominal 4 enajenarse (extasiar, embelesar, producir asombro o admiración) de los objetos sensibles para entregarse a la consideración de lo que se tiene en el pensamiento.

ALCOHOL HOMOVANILIL. Es el componente principal de la feromona mandibular de la reina. Una sustancia con una estrecha similitud química a la amina biogénica dopamina, un neurotransmisor que media el aprendizaje agresivo.

ALEXITÍMICO. alexi- (gr. *aléxo*, rechazar, defender) 1 Elemento prefijal que entra en la formación de palabras con el significado de rechazar, proteger: alexifármaco, alexipirético. Alexifármaco, -ca (gr., *alexiphármakon* ; v. alexi- + fármaco) adjetivo-sustantivo 1. Sustancia o medicamento preservativo o correctivo de los efectos del veneno. Alexipirético, -ca (alexi- + -pirético) adjetivo 1. Febrífugo; preventivo de la fiebre. alexitérico, -ca (alexi- + gr. *thér*, fiera) adjetivo 1. Estimulante de uso externo, para combatir la acción de un veneno.

ALOSTASIS. Proviene del prefijo alo- (gr. *allos*, otro) 1. Elemento prefijal que entra en la formación de palabras con el significado de otro, diverso, diferente: *alotropía, alopatía*; ús. esp., en química para designar uno de dos isómeros: ácido alocinámico. El otro subfijo que forma la palabra es –stasia (gr., *stasis*, parada, detención). Este es un elemento sufijal que entra en la formación de palabras con el significado de parada, detención. La alostasis y costo alostático, son procesos que se refieren a la adaptación y sólo cuando la respuesta alostática al ambiente es intensa puede convertirse en un problema patológico.

AMÍGDALA. La amígdala es un conjunto de núcleos de neuronas localizadas en la profundidad de los lóbulos temporales de vertebrados complejos, incluidos los humanos. La amígdala forma parte del sistema límbico (últimamente en desuso por la imprecisión del término), y su papel principal es el procesamiento y almacenamiento de reacciones emocionales.

CREACIONISMO. Substantivo masc. 1. Doctrina filosófica opuesta al evolucionismo, según la cual las especies de seres vivos fueron creadas por Dios y no provienen unas de otras por evolución. 2. Doctrina teológica, opuesta al traducianismo, según la cual Dios crea directa y expresamente el alma de cada uno de los hombres. 3. Doctrina poética que defiende la absoluta autonomía del poema.

ENDOCRINOLOGÍA. (del gr., *endokrinein*, segregar por dentro + *-logía*) substantivo fem. Estudio de la anatomía, de las funciones y de las alteraciones de las glándulas endocrinas.

EPIGENÉTICA. Modificaciones fenotípicas que llegan a ser transmisibles de una célula a la progenie, en ausencia de modificaciones genéticas.

EPINEFRINA. Adrenalina, hormona secretada por la médula de la glándula suprarrenal. El compuesto puro, tam-

bién conocido como epinefrina, fue aislado por primera vez
por el químico japonés Jokichi Takamine y, aunque antes se
preparaba de extractos de glándulas suprarrenales, ahora se
produce de forma artificial.

ESQUIZOFRENIA. Nombre femenino. Nombre genérico
de un grupo de enfermedades mentales que se caracterizan
por alteraciones de la personalidad, alucinaciones y pérdida
del contacto con la realidad.

ESTEROIDES. Grupo extenso de lípidos naturales o sin-
téticos, o compuestos químicos liposolubles, con una diversidad de actividad fisiológica muy amplia. Dentro de los
esteroides se consideran determinados alcoholes (esteroles),
ácidos biliares, muchas hormonas importantes, algunos fármacos naturales y los venenos hallados en la piel de algunos
sapos. Varios esteroles que se encuentran en la piel de los seres
humanos se transforman en vitamina D cuando son expuestos a los rayos ultravioletas del sol. Las hormonas esteroideas,
que son similares pero no idénticas a los esteroles, comprenden los esteroides de la corteza de las glándulas suprarrenales,
cortisol, cortisona, aldosterona, y progesterona; las hormonas
sexuales masculinas y femeninas (estrógenos y testosterona);
y fármacos cardiotónicos (que estimulan el corazón), como
digoxina y digitoxina.

FEUDO (b. lat., *feudu* o *feodu* ¬ germ., *fehu*, rebaño, propiedad), sustantivo masc. 1. contrato por el cual a un individuo le eran concedidos ciertos derechos de posesión por el
que tenía la soberanía, obligándose por sí y sus descendientes a guardarle fidelidad de vasallo, prestarle servicio militar,
etc.: ~ ligio, aquel en que al feudatario le era prohibido ren-
dir vasallaje a otro señor. 2. Cosa que se concede en feudo.
3. Reconocimiento o tributo con cuya condición se concede
el feudo. 4. Posesión, atributo o bien exclusivo. 5. Fig., lugar
que se gobierna tradicionalmente con una amplia mayoría de
votantes. 6. Fig., *desus* respeto, vasallaje.

GLUCOCORTICOIDE. La corteza suprarrenal elabora un grupo de hormonas denominadas glucocorticoides, que incluyen la corticosterona y el cortisol.

GLUTAMATO. Es uno de los aminoácidos que entra en la secuencia proteica "triptófano-arginina-serina-tirosina-leucina-lisina-metionina-glutamato" convertidos por la información genética correspondiente a la secuencia de ADN "ACC GCA AGC ATG AAT TTT TAC CTT" que a su vez se convierte en la "UGG CGU UCG UAC UUA AAA AUG GAA" del ARN, para dar origen a los aminoácidos referidos. El glutamato, también es un compuesto que se emplea para mejorar el sabor de los alimentos sin aportar su propio sabor, este se puede presentar en forma de ácido glutámico y sus sales como el glutamato monosódico.

HIDROCORTISONA. Sustantivo fem. Hormona cristalina aislada de la corteza adrenal, que se obtiene hoy sintéticamente. Cortisol o Hidrocortisona, nombre común de la 17-hidroxi-corticosterona, principal hormona secretada por la capa externa o corteza de la glándula suprarrenal.

HIPOCAMPO. Eminencia encefálica situada en la pared externa de los ventrículos laterales del cerebro.

HOMEOSTASIS. (*homeo-* + gr. *stasis*, posición, estabilidad), sustantivo fem. 1. Conjunto de fenómenos de autorregulación, conducentes al mantenimiento de una relativa constancia en la composición y las propiedades del medio interno de un organismo. 2. Autorregulación de la constancia de las propiedades de ciertos otros sistemas influidos por otros agentes exteriores.

ISQUEMIA. Isquemia, estado patológico de déficit de aporte sanguíneo a un órgano o tejido.

NEUROTICISMO. Tendencia a tornarse ansioso en situaciones relativamente de poca tensión. Se mide en algunos tipos de pruebas psicológicas para determinar si es probable que el individuo desarrolle neurosis. 2. El hecho de ser neurótico.

NOREPINEFRINA O NORADRENALINA. Es de las llamadas moléculas de señalización que intervienen y que son derivados aminoácidos que actúan como neurotransmisores y neuromoduladores en las sinapsis de las neuronas. Entre las moléculas de señalización también se encuentran la dopamina y serotonina.

PRELACIÓN. (lat., *prælatione*). Sustantivo fem. Antelación o preferencia con que una cosa debe ser atendida respecto de otra u otras.

PREVALENCIA. En Epidemiología se denomina prevalencia a la proporción de individuos de un grupo o una población que presentan una característica o evento determinado en un momento, o periodo de tiempo ("prevalencia de periodo"), determinado.

Secular. (lat. *sæculare*; doble etim. seglar) adjetivo 1. Que no pertenece al estamento eclesiástico, monacal o religioso. 2. Que sucede o se repite cada siglo. 3. Que dura un siglo, o desde hace siglos. Adjetivo us. tb. c. substantivo 4. Clero o sacerdote que no está en un convento o sujeto a una regla.

SEROTONINA. Molécula de señalización que desempeña un papel importante ya que es necesaria para el funcionamiento normal del sueño, aunque no es el único elemento implicado ni suficiente por sí solo. El papel que desempeñan la dopamina y la noradrenalina está menos claro.

SIAMÉS. Adjetivo us. tb. c. sustantivo. Hermano mellizo unido al otro por alguna parte de su cuerpo debido a una segmentación imperfecta del óvulo fecundado.

SINAPSIS. (gr. *synapsis*, unión, enlace), sustantivo fem. Relación funcional de contacto entre las dendritas de las células nerviosas.

SOMATOSENSITIVA. Del prefijo somato- (gr. *soma*, -atos, cuerpo). Elemento prefijal que entra en la formación de palabras con el significado de cuerpo.

Referencias

[1] Verissimo R., "Emotional intelligence: from alexithymia to emotional control", *Acta medica portuguesa*, 2003;16(6):407-11.

[2] Gerrold D., "Science", *et Cetera*, 2003;60(2):149-51.

[3] Selye H., The evolution of the stress concept. American scientist. 1973;61(6):692-9.

[4] Bijlsma R.; Loeschcke V., "Environmental stress, adaptation and evolution: an overview", *Journal of evolutionary biology*, 2005;18(4):744-9.

[5] Badyaev AV., Stress-induced variation in evolution: from behavioural plasticity to genetic assimilation. Proceedings of the National Academy of Sciences of the United States of America, 2005;272(1566):877-86.

[6] Katz L.C., Shatz C.J., Synaptic activity and the construction of cortical circuits. *Science New York, NY*, 1996;274(5290):1133-8.

[7] Wright B.E., "Stress-directed adaptive mutations and evolution", *Molecular Microbiology*. 2004;52(3):643–50.

[8] Changeux J-P., *El hombre de verdad*, In: Changeux J-P, ed. *de la 1ª Ed en francés, L'Home de vérité*. México, DF: Fondo de Cultura Económica 2005:195-222.

[9] Gómez RA., Libro X: "De la felicidad" In: Gómez RA, ed. *Ética Nicomaquea, Política* 1ª Ed. de Ética Nicomaquea Valencia. 1ª Ed. de Política: Barcelona, ed. México DF: Porrúa 1967:131-46.

[10] Guthrie W.K.C., *Historia de la filosofía griega*, In: González AM, ed. *Platón Segunda época y la Academia*. 1a ed. Madrid: Editorial Gredos 2000.

[11] Sapolsky RM., "The influence of social hierarchy on primate health" *Science, New York NY*, 2005;308(5722):648-52.

[12] Russell B., "Alma y cuerpo", in: Russell, B., ed., *Religión y ciencia*, 1951 ed. México D.F.: Breviarios del Fondo de Cultura Económica, 1951:87.

[13] Feldman D.E.; Brecht M., "Map plasticity in somatosensory cortex", *Science New York, NY,* 2005;310(5749):810-5.

[14] Jaynes J., "The Double brain", In: Jaynes J, ed. *The origin of consciousness in the break-down of the bicameral mind.* Boston Massachusetts: Houghton Mifflin Company 1976:100-26.

[15] Sakai K.L., "Language acquisition and brain development. *Science New York, NY,* 2005;310(5749):815-9.

[16] Holden C., "Human Behavior and Evolution Society meeting. An evolutionary squeeze on brain size" *Science New York, NY,* 2006;312(5782):1867.

[17] Darlington P.J. Jr, "Evolution: questions for the modern theory", *Proceedings of the National Academy of Sciences of the United States of America,* 1983 Apr;80(7):1960-3.

[18] Dunbar R., "Psychology. Evolution of the social brain. *Science (New York, NY,* 2003;302(5648):1160-1.

[19] Pribram K.H., "What makes humanity humane. Journal of biomedical discovery and collaboration", 2006;1:14.

[20] Plavcan J.M.; van Schaik CP., "Intrasexual competition and canine dimorphism in anthropoid primates", *American journal of physical anthropology,* 1992;87(4):461-77.

[21] Dunbar R.I., "Primatology. The price of being at the top", *Nature,* 1995;373(6509):22-3.

[22] Passingham R.E.; Ettlinger G.A., "Comparison of cortical functions in man and the other primates", *International review of neurobiology,* 1974;16(0):233-99.

[23] Hill R.S., Walsh C.A., "Molecular insights into human brain evolution", *Nature.* 2005;437(7055):64-7.

[24] McHenry H.M., "Tempo and mode in human evolution", *Proceedings of the National Academy of Sciences of the United States of America.* 1994;91(15):6780-6.

[25] Carroll S.B., "Genetics and the making of Homo sapiens" *Nature.* 2003;422(6934):849-57.

[26] Wood B.; Collard M., "The human genus", *Science New York, NY,* 1999;284(5411):65-71.

[27] Gibbons A., "American Association of Physical Anthropologists meeting. Humans' head start: new views of brain evolution", *Science New York, NY*, 2002;296(5569):835-7.

[28] Lindgren B.; Laurila A., "Proximate causes of adaptive growth rates: growth efficiency variation among latitudinal populations of Rana temporaria", *Journal of evolutionary biology*, 2005;18(4):820-8.

[29] Relyea RA., "The lethal impacts of Roundup and predatory stress on six species of North American tadpoles" *Archives of environmental contamination and toxicology*. 2005;48(3):351-7.

[30] Sapolsky RM., "Why stress is bad for your brain", *Science New York, NY*, 19969;273(5276):749-50.

[31] Hamer M.; Wolvers D.; Albers R., "Using stress models to evaluate immuno-modulating effects of nutritional intervention in healthy individuals" *Journal of the American College of Nutrition*, 200423(6):637-46.

[32] Bunge M., "¿Cuál es el método de la ciencia?" In: Bunge M, ed. *La Ciencia su Método y su Filosofía*. Buenos Aires, Argentina: siglo XXI. 1976:39.

[33] Munck A.; Guyre P.M.; Holbrook NJ., "Physiological functions of glucocorticoids in stress and their relation to pharmacological actions", *Endocrine reviews*. 1984;5(1):25-44.

[34] McEwen B.S.; De Kloet E.R.; Rostene W., "Adrenal steroid receptors and actions in the nervous system", *Physiological reviews*. 1986;66(4):1121-88.

[35] Magarinos A.M.; McEwen B.S., "Stress-induced atrophy of apical dendrites of hippocampal CA3c neurons: comparison of stressors. *Neuroscience*, 1995;69(1):83-8.

[36] Magarinos A.M.; McEwen B.S.; Flugge G.; Fuchs E., "Chronic psychosocial stress causes apical dendritic atrophy of hippocampal CA3 pyramidal neurons in subordinate tree shrews", *Journal of Neuroscience*, 1996;16(10):3534-40.

[37] Sapolsky R.M.; Uno H.; Rebert C.S.; Finch C.E., "Hippocampal damage associated with prolonged gluco-corticoid exposure in primates", *Journal of Neuroscience*, 1990;10(9):2897-902.

[38] Uno H.; Tarara R.; Else J.G.; Suleman M.A.; Sapolsky, R.M., "Hippocampal damage associated with prolonged and fatal stress in primates" *Journal of Neuroscience*, 1989;9(5):1705-11.

[39] Watanabe Y.; Gould E.; McEwen BS., "Stress induces atrophy of apical dendrites of hippocampal CA3 pyramidal neurons" *Brain research*, 1992;588(2):341-5.

[40] Kleen J.K.; Sitomer M.T.; Killeen P.R.; Conrad CD., "Chronic stress impairs spatial memory and motivation for reward without disrupting motor ability and motivation to explore", *Behavioral neuroscience*, 2006;120(4):842-51.

[41] Nicotera P.; Leist M.; Manzo L., "Neuronal cell death: a demise with different shapes". *Trends in pharmacological sciences*. 1999;20(2):46-51.

[42] Davidson R.J., Putnam K.M., Larson C.L., "Dysfunction in the neural circuitry of emotion regulation--a possible prelude to violence", *Science, New York, NY*, 2000;289(5479):591-4.

[43] Tomás y García J., "Libro tercero y cuarto" In: Silva RG, ed. *La República/Platón*. 4 ed. Santa Fé de Bogotá: Panamericana 1996:89-176.

[44] Cogan J., "Emotion and growth of consciousness: Gain insight thorught a phenomenology or rage" *Consciousness and Emotion*. 2003;4(2):207-41.

[45] Naccache L.; Gaillard R.; Adam C.; Hasboun D.; Clemenceau S.; Baulac M., et al., "A direct intracranial record of emotions evoked by subliminal words", *Proceedings of the National Academy of Sciences of the United States of America*, 2005;102(21):7713-7.

[46] Dehaene S.; Artiges E.; Naccache L.; Martelli C.; Viard A.; Schurhoff F.; et al., "Conscious and subliminal

conflicts in normal subjects and patients with schizophrenia: the role of the anterior cingulate", *Proceedings of the National Academy of Sciences of the United States of America*, 2003;100(23):13722-7.

[47] Dehaene S.; Kerszberg M.; Changeux JP., "A neuronal model of a global workspace in effortful cognitive tasks", *Proceedings of the National Academy of Sciences of the United States of America*, 1998;95(24):14529-34.

[48] de Wilde E.J.; Kienhorst I.C.; Diekstra R.F.; Wolters W.H., "The relationship between adolescent suicidal behavior and life events in childhood and adolescence", *The American journal of psychiatry*, 1992;149(1):45-51.

[49] Heim C.; Nemeroff C.B., "Neurobiology of early life stress: clinical studies", *Seminars in clinical neuropsychiatry*, 2002;7(2):147-59.

[50] Fitch W.T.; Hauser M.D. "Computational constraints on syntactic processing in a nonhuman primate", *Science New York, NY*, 2004;303(5656):377-80.

[51] Heim C., "Nemeroff CB. The role of childhood trauma in the neurobiology of mood and anxiety disorders: preclinical and clinical studies", *Biological psychiatry.* 2001;49(12):1023-39.

[52] McAllister-Williams R.H.; Ferrier I.N.; Young A.H., "Mood and neuropsychological function in depression: the role of corticosteroids and serotonin", *Psychological medicine.* 1998;28(3):573-84.

[53] Modell S.; Lauer C.J.; Schreiber W.; Huber J.; Krieg J.C.; Holsboer F., "Hormonal response pattern in the combined DEX-CRH test is stable over time in subjects at high familial risk for affective disorders", *Neuropsychopharmacology*, 1998;18(4):253-62.

[54] Sawa A.; Snyder S.H., "Schizophrenia: diverse approaches to a complex disease. *Science New York, NY*, 2002;296(5568):692-5.

[55] Grisham J.R.; Steketee G.; Frost R.O. "Interpersonal problems and emotional intelligence in compulsive hoarding", *Depress Anxiety*, 2007 Mar 26.

[56] Jackson D.C.; Malmstadt J.R.; Larson C.L.; Davidson R.J., "Suppression and enhancement of emotional responses to unpleasant pictures", *Psychophysiology*. 2000;37(4):515-22.

[57] García B.J.D. "La poética como arte y como técnica", In: Aristóteles, ed. *Introducción a la Poética*. México: Editores Mexicanos Unidos 1996:15-42.

[58] Richter L.M., "Studying adolescence", *Science New York, NY*, 2006;312(5782):1902-5.

[59] Freire P., *La educación como práctica de libertad*, México: Siglo Veintiuno Editores SA de CV. 1969:7-24.

[60] Atran S., "Genesis of suicide terrorism" *Science New York, NY*, 2003;299(5612):1534-9.

[61] Galizia CG., "Neuroscience: Brainwashing, honeybee style", *Science New York, NY*, 2007;317(5836):326-7.

[62] Huxley A., "Brave New World" is "Un Mundo Feliz" in Spanish, rather than Un Mundo Bravo. 1932. ed. Mexico: Editorial Época, SA DE CV. 2008.

[63] Akerjordet K.; Severinsson E., "Emotional intelligence: a review of the literature with specific focus on empirical and epistemological perspectives", *Journal of clinical nursing*, 2007;16(8):1405-16.

[64] Saklofske D.H.; Austin E.J.; Rohr B.A.; Andrews J.J., "Personality, emotional intelligence and exercise", *Journal of health psychology*. 2007;12(6):937-48.

[65] Arond-Thomas M., "Understanding emotional intelligence can help alter problem behavior. *Physician executive*, 200430(5):36-9.

[66] Petrides K.V.; Pita R.; Kokkinaki F., "The location of trait emotional intelligence in personality factor space", *British Journal of Psychology*, 2007;98(Pt 2):273-89.

[67] Wing J.F.; Schutte N.S.; Byrne B., "The effect of positive writing on emotional intelligence and life satisfaction. Journal of clinical psychology", 2006;62(10):1291-302.

[68] Oginska-Bulik N., "Emotional intelligence in the workplace: exploring its effects on occupational stress and health outcomes in human service workers", *International journal of occupational medicine and environmental health*, 2005;18(2):167-75.

[69] Conangla Marin M.M., "Keeping company in an emotional trip. Emotional intelligence applied to the help relationship", *Revista de enfermeria,* Barcelona, Spain, 2004;27(3):42-50.

[70] Brinol P.; Petty R.E.; Rucker D.D., "The role of metacognitive processes in emotional intelligence", *Psicothema*, 2006;18 Suppl:26-33.

[71] Maynard M.L., "Emotional intelligence and perceived employability for internship curriculum", *Psychological reports*, 2003;93(3 Pt 1):791-2.

[72] Taylor B., "Emotional intelligence: a primer for practitioners in human communication disorders", *Seminars in speech and language*, 2005;26(2):138-48; quiz C1-5, 7.

[73] Montes-Berges B.; Augusto J.M., "Exploring the relationship between perceived emotional intelligence, coping, social support and mental health in nursing students", *Journal of psychiatric and mental health nursing*, 2007;14(2):163-71.

[74] Matthews G.; Emo A.K.; Funke G.; Zeidner M.; Roberts R.D.; Costa P.T. Jr.; et al., "Emotional intelligence, personality, and task-induced stress", *Journal of experimental psychology*, 2006;12(2):96-107.

[75] Markey M.A.; Vander Wal J.S.; "The role of emotional intelligence and negative affect in bulimic symptomatology" *Comprehensive psychiatry*, 2007;48(5):458-64.

[76] Bar-On R.; Tranel D.; Denburg N.L.; Bechara A., "Exploring the neurological substrate of emotional and social intelligence, *Brain*. 2003;126(Pt 8):1790-800.

[77] Mayer J.D.; DiPaolo M.; Salovey P., "Perceiving affective content in ambiguous visual stimuli: a component of emotional intelligence", *Journal of personality assessment.* 1990;54(3-4):772-81.

[78] Mayer J.D.; Salovey P.; Caruso D.R., "Sitarenios G. Emotional intelligence as a standard intelligence", *Emotion, Washington, DC,* 2001;1(3):232-42.

[79] Frederickson B.L., "What good are positive emotions?" *Review of General Psychology,* 1998;2:300-19.

[80] Walters K.L.; Simoni J.M.; "Evans-Campbell T. Substance use among American Indians and Alaska natives: incorporating culture in an "indigenist" stress-coping paradigm", *Public Health Rep.* 2002;117 Suppl 1:S104-17.

Hipótesis, teorías y leyes: una visión desde su perspectiva epistemológica

Ramiro Álvarez Valenzuela[17]

Y sin embargo se mueve

Galileo Galilei

Introducción

En el curso del desarrollo de la humanidad, el hombre trata de entender el universo en el intento de encontrar explicaciones a los fenómenos naturales. En este escenario, las respuestas encontradas a los fenómenos observados le han permitido sobrevivir. El éxito obtenido permite anticipar el comportamiento futuro de lo que lo rodea, para obtener ventajas de supervivencia. Esto le ha llevado a desarrollar sistemas para encontrar caminos que lo conduzcan a la obtención de conocimiento para predecir con mayor exactitud el acontecer futuro. En la búsqueda de respuestas anticipadas, los intentos se basan en la creencia, la experiencia y el conocimiento previo. En la actualidad, ese

---

[17] Doctorado en Ciencias en Aprovechamiento de los Recursos Naturales, Centro de Estudios Justo Sierra (CEJUS), Surutato, Badiraguato, Sinaloa, México miembro del Centro de Innovación y Desarrollo Educativo, e-mail: mailto:ramal58@uas.uasnet.mx, mailto:ramal58@cejus.org

Ramiro Álvarez Valenzuela

cúmulo de experiencias y conocimientos acumulados a lo largo del tiempo, nos permiten tener una visión más acertada, acerca de los fenómenos que en la naturaleza existen.

Desde el origen del conocimiento científico, uno de los problemas de mayor dificultad en el desarrollo de las ciencias consiste en establecer explicaciones científicas. El problema de lo que sea una explicación, constituye, sin duda alguna, la finalidad y la condición primera del trabajo académico y científico. En la actualidad, se han desarrollado varios conceptos como "ley", "teoría" e "hipótesis", los cuales están entre los elementos más importantes de la naturaleza de la ciencia. Estos conceptos representas las herramientas y productos de la ciencia misma [1]. Por lo tanto, todas las ciencias podrían medirse —en lo referente a su desarrollo histórico— por su capacidad generadora de conceptos [2]. Así, la investigación científica es un intento por descubrir y establecer principios para una predicción precisa de eventos que suceden en la naturaleza [3]. Aunque la formas de hacer ciencia de acuerdo a Bunge [4], genera conocimiento que posee rasgos esenciales relacionados con la racionalidad y objetividad.

El conocimiento racional posee varias características que lo distinguen, entre ellas hay que destacar que está constituido por conceptos, juicios y raciocinios y no por sensaciones, imágenes o pautas de conducta; parte de las ideas que se generan en el pensamiento científico, las cuales son objeto de análisis, se conciben de manera definida mediante hipótesis sujetas a verificación: el conocimiento racional no está sujeto a vaivenes emocionales ni a puntos de vista, ni a conceptos filosóficos que puedan incluir fuerzas sobrenaturales, tampoco a puntos de vista determinísticos influidos por alguna cultura o religión. Por otro lado, cuando se afirma que el conocimiento científico de la realidad es objetivo, significa "que concuerda aproximadamente con su objeto; vale decir que busca alcanzar la verdad fáctica" [4], mediante la evidencia, por lo que se diferencia de los criterios dogmáticos que no exige verificación porque se suponen verdaderos.

La racionalidad y objetividad del conocimiento científico, pueden analizarse desde las diferentes características que éste posea. Generalmente parten de los hechos a los cuales no les asigna ni poseen un valor emocional, económico ni de otro tipo, se obtienen mediante hipótesis y teorías. El conocimiento científico trasciende los hechos, en el sentido que se rebasan con la realidad de otros hechos, los cuales responden a momentos definidos en la historia del conocimiento científico, con la consecuente conclusión de que la verdad que éstos establecen es relativa a la circunstancia del tiempo mientras no se descubren nuevos hechos. Desde esta perspectiva, los problemas de la ciencia son parciales así como sus soluciones. El conocimiento científico es verificable para explicar un conjunto de fenómenos, y metódico ya que la investigación científica es planeada, y obedece a métodos y técnicas para llegar al conocimiento, aunque el método científico no es infalible para encontrar la verdad de los hechos [4].

La ciencia comparte muchos otros atributos con otras capacidades intelectuales humanas. Por ejemplo, requiere del pensamiento racional y lógico, construcción de conceptos y modelos que establezcan relaciones entre ellas, aptitudes para la comunicación, habilidades, técnicas, inteligencia y percepción, originalidad, creatividad, rigor, trabajo duro, disciplina, tradición, entre otros. A menudo ocurre que una persona desarrolla con gran éxito algunas de estas cualidades, empañando a otras con sus destrezas [5]. De la misma manera, las teorías científicas al ser construidas por el hombre, pueden contener algunos aspectos sombríos, aunque al ser racionales y lógicas, el hombre instruido, pueda entenderlas. De acuerdo con estas características, Popper [6], considera que las teorías científicas deben ser refutables o falsables experimentalmente. Por ser falsables, las teorías deben someterse a un proceso de experimentación capaz, en última instancia, para refutarlas. Esto es, una teoría para ser considerada científica tiene que permitir la posibilidad de que la evidencia experimental pueda probar que es falsa.

El uso de la evidencia experimental, como árbitro de cualquier disputa, es lo característico de la ciencia y el motor de su progreso. Razón y lógica son parte del método científico, pero debido a la aceptación (consciente o no) de la limitación de nuestra mente, en ciencia el experimento se sobrepone a la razón individual. Esta única relación entre razón y experimento conduce a una definición única de objetividad en ciencia. Por objetividad entendemos el diferenciar el yo, del objeto de estudio. En la ciencia moderna, no es tanto la distancia entre el sujeto y el objeto de estudio lo que define el grado de objetividad, aunque una distancia mayor ciertamente ayuda a la objetividad; es la falsación lo que operacionalmente define a la misma [5].

Los científicos se esfuerzan cada día por dar una descripción reveladora de los fenómenos que existen en la naturaleza. Por lo que los filósofos del área, analizan la estructura del conocimiento científico para determinar el valor preciso a las teorías, hipótesis y leyes. Sin embargo, es sorprendente darse cuenta de la existencia de una amplia confusión en lo que respecta al significado y significancia de esos términos [8]. Para tal empresa, los científicos y filósofos de la ciencia continúan en la búsqueda de respuestas a preguntas tales como ¿Qué es una teoría científica? ¿Como se construye una hipótesis? ¿Cuándo se puede afirmar que existe una ley científica? ¿Cuándo una teoría esta adecuadamente confirmada?, y ¿Qué constituye una explicación adecuada? [7].

LAS EXPLICACIONES ACERCA DE LAS TEORÍAS EN LA CIENCIA

Algunos autores afirman que la teoría es "una explicación bien sustentada de ciertos aspectos del mundo natural que incorpora hechos, leyes, inferencias, e hipótesis probadas" [1]. Para construir una teoría científica es necesario disponer de una terminología adecuada para describir los fenómenos y ofrecer una explicación de los mismos. De tal manera que, una nueva teoría debe responder a esa necesidad constante del hombre para contestar el cómo y el porqué de los fenómenos observados, sin embargo, la construcción de una teoría científica debe partir de algunos aspectos, entre ellos, que las explicaciones de los hechos que la preceden deben tener una definición actualizada y sistemática del campo que manifiesta. También debe hacer predicciones definidas sobre resultados de observaciones futuras y explicar los hechos de manera más contundente que las teorías que la antecedieron y no reforzar las teorías preexistentes sino desplazarlas [9]. De esta manera, se convierte en un nuevo paradigma [10] que representará determinado cuerpo de conocimientos (teorías o grupos de teorías) que explican ciertos fenómenos o problemas con mayor efectividad que las teorías existentes [11]. Entendido esto como las concepciones compartidas totalmente por una comunidad científica. En tal sentido, Karl Popper desarrolló en el siglo XX la llamada filosofía de la ciencia y uno de sus postulados es la falsación, método que sirve como mecanismo para poner a prueba las teorías científicas mediante la realización de un examen crítico, exponiéndolas a la verificación de las explicaciones que sustenta, con el objetivo de evitar el dogmatismo científico.

Para determinar cuándo una teoría es más verdadera que otra, Popper propone los siguientes criterios: *1)* Cuando hace afirmaciones más precisas y estas afirmaciones soportan las pruebas de tests más precisos. *2)* Cuando toma en cuenta y explica más hechos. *3)* Cuando describe o explica los hechos con mayor detalle. *4)* Cuando ha resistido tests en lo que las otras han fracasado. *5)* Cuando ha sugerido nuevos tests experimentales en los que no se había pensado antes de que esta teoría fuese concebida y los ha resistido. *6)* Cuando ha unificado o conectado diversos problemas hasta ese momento desvinculados entre sí [12]. Sin embargo. Surgen aquí algunas preguntas, ¿Cuántas pruebas se requieren para que una hipótesis se convierta en teoría? ¿Cuántos hechos deben explicar una teoría para ser considerada como tal? ¿Cómo determinar la unificación de conceptos para que un conjunto de hechos se conviertan en teoría? Quizás estas preguntas sean subjetivas y tengan respuestas, sin embargo la respuesta relacionada a estos cuestionamientos requiere análisis que escapa a este documento.

El requisito de una teoría en ciencia es hacer que las nuevas predicciones puedan ser probadas por nuevos experimentos u observaciones y falsificadas o verificadas [6]. Para Brush [10], el hecho de que los científicos comúnmente usen la palabra predicción para describir la deducción de hechos conocidos, previamente sugiere que la novedad puede ser de poca importancia en las teorías que se evalúan. Por su parte, Ahlgren [13] señala que una perspectiva científica en el ámbito de una teoría, supone la existencia entre explicaciones y evidencia, y que puede haber más de una explicación para la misma evidencia y alguna noción de cómo las teorías son modificadas y replanteadas. También Stephen Hawkings hace su consideración y explica que una teoría, es una buena teoría si satisface dos requerimientos: debe describir con precisión una gran cantidad de observaciones que deben contener pocos elementos arbitrarios y debe hacer predicciones definitivas acerca de los resultados de futuras observaciones [14].

Scout [14] manifiesta que "una teoría se construye de hechos e hipótesis que intentan explicar un fenómeno natural" por lo tanto, las teorías no son adivinanzas ni presentimientos. Si se considera algunas de las explicaciones y definiciones del significado del término teoría, sobre todo aquellas que coinciden con la explicación de una hipótesis, hace pensar que hipótesis y teoría es lo mismo. Sin embargo, Rao [15] explica que mientras una hipótesis es una suposición, una teoría se hace invariablemente de varias suposiciones relacionadas unas con otras. Es un sistema coordinado de hipótesis que tienen una unidad interna, aspecto que Bunge señala en otras palabras cuando explica que "El fundamento de una teoría dada no es un conjunto de hechos sino, más bien, un conjunto de principios, o hipótesis de cierto grado de generalidad" [4].

La construcción de hipótesis

El término hipótesis y su utilización dentro del proceso de investigación científico es de empleo reciente, sin embargo, es muy probable que a partir de la obra del fisiólogo y médico francés Claude Bernard (1813-1878), sea clásico distinguir en la investigación experimental tres etapas: la observación, la hipótesis y la comprobación, y que es a través de esto reconocemos que la hipótesis es la brújula que guía la generación de conocimiento científico. De tal manera que cualquier investigador está obligado a formular o plantear una o varias hipótesis, que una vez contrastadas le permitirán generar conocimiento científico [16]. Vojir [17], señala que en la actualidad en el proceso de investigación científica, como los zapatos, las hipótesis en las teorías vienen en pares. Tenemos una hipótesis nula, nombre de la hipótesis que propone que nuestros resultados no representan efectos sistemáticos en la población (como resultado de los tratamientos): y una hipótesis alternativa o hipótesis de investigación (de trabajo) la cual propone una explicación convincente de los resultados que nosotros esperamos encontrar a través de la investigación.

Con el enunciado de una hipótesis en un proceso de investigación y con las preguntas acerca de la naturaleza del objeto de estudio, la confirmación de una teoría existente o en la presentación de nuevas teorías, es posible encontrar las respuestas que se buscan acerca de nuestra realidad. Las teorías se construyen a partir de la verificación de las hipótesis, por tanto, la teoría es una hipótesis verificada, después que ha sido sometida a la comprobación del razonamiento y la crítica derivada por procesos experimentales. En este caso las hipótesis juegan el papel de predictivas, la predicción hecha a través de las hipótesis, usualmente tiende a explicar que un suceso se comprobará en el futuro, sin embargo, estas predicciones, para cumplirse deben ser precedidas por procesos experimentales rigurosos. Para entender un poco lo anterior, Buchanan [18] dice "La predicción en este sentido es el motor de la ciencia: diseñamos el presente (el experimento) y observamos el futuro (los resultados) para comparar nuestras teorías a la realidad empírica". Sin embargo, además de las predicciones que las hipótesis indican, hay otra forma de explicarlas sin riesgo de rechazo, llamada ajuste o acomodo, en esta forma, por contraste no puede mostrase que están equivocadas las hipótesis, porque las hipótesis se construyen después que los datos son construidos y la compatibilidad entre la hipótesis y los datos está garantizada y no existe margen de error [19].

Por el año 2700 a.C., los babilonios desarrollaron habilidades para predecir eclipses lunares, entendieron el mundo mejor y dejaron sus temores, presumiblemente antes que otros. Subsecuentemente, 2500 años después, la ciencia desarrolló una forma hábil para hacer predicciones precisas con Galileo, Kepler y Newton. Pierre Simon Laplace escribió que podría predecir el futuro de manera detallada conociendo las posiciones y velocidades de todas las partículas en cualquier momento [18]. Aunque esta postura obedece a opiniones puramente deterministas, desde esta perspectiva, que todos los eventos son totalmente determinados por causas preexistentes, no deja de sorprender la forma en que Laplace puede predecir el movimiento de las moléculas y objetos que obedecen a leyes de la física clásica, sin embargo, la mecánica cuántica habría de definir la imprecisión de esas afirmaciones. Este aspecto no significa que la explicación de un fenómeno expuesto por un paradigma científico, sea abandonada totalmente cuando se presenta un nuevo paradigma. Las teorías rechazadas no son totalmente eliminadas del panorama científico pero pueden ser recicladas en espera de nuevos resultados o nuevas formas de ver las ideas desechadas [11]. Para entender lo anterior Hobbs señala que "Se ha dicho que las teorías que son útiles en una generación, son abandonadas en la siguiente, esto ha sido cierto en el pasado, y la explicación es que los científicos, son falibles como todas las personas. De la misma manera, pueden estar sujetos a las limitaciones de prejuicios, cuando exageran la reverencia a la autoridad en consideración a la ciencia dominante del momento y en muchas otras condiciones" [20], esta explicación se ejemplifica en la teoría heliocéntrica del mundo propuesta por Copérnico en 1543, lo cual en su tiempo significó una revolución en la ciencia.

Para Lawson [21] no todas las hipótesis son probadas con evidencia experimental, en la actualidad la meta de los científicos es encontrar evidencia experimental en apoyo a sus hipótesis de trabajo. Por su parte, Goodstein [6] explica la existencia de un mito en ciencia, el cual dice que los científicos deben tener la mente abierta, estar listos para descartar viejas ideas a favor de ideas nuevas. Sin embargo, el hecho que rivaliza con este mito indica que la ciencia es un proceso adverso en el cual cada idea merece la más vigorosa defensa posible, y es útil para el progreso exitoso de la ciencia, para que los científicos tenazmente se sostengan firmes en sus ideas, aún enfrentando evidencia contraria. Asimismo, otro mito que Goodstein [6] señala es que cuando una nueva teoría aparece, el deber del científico es falsearla. El hecho que contradice este mito manifiesta que cuando una nueva teoría aparece, el instinto de los científicos es verificarla. Cuando una teoría es nueva, los efectos de un experimento decisivo que muestra que está equivocada tanto la teoría como el experimento, se olvidan rápidamente.

LAS LEYES

Para intentar entender la ciencia desde otra concepción, es necesario revisar otro de los conceptos propios al conocimiento científico, las leyes científicas. Éstas se definen como reglas universales a las que están sujetos los fenómenos naturales: las leyes científicas son generalizaciones que describen cómo algunos aspectos del mundo se comportan invariablemente igual bajo determinadas circunstancias. Una concepción que orienta con mayor claridad la definición de ley, es la de Rao [8], que indica que una ley es una proposición, la cual señala la prevalencia de una asociación invariable entre un conjunto de condiciones con un fenómeno en particular. Es la naturaleza de una generalización la cual cubre todos los casos en cuya prevalencia de dicha asociación puede ser observada.

A través del tiempo se han expresado varios puntos de vista acerca de la validez de las leyes científicas, algunas opiniones sostienen que las leyes en ciencia son una mezcolanza de la mente humana, otros opinan en sentido contrario. De acuerdo a esta ultima versión, la percepción de las leyes naturales se debe sin duda, a la actividad sintética de la mente humana, pero es posible sólo porque el contacto con la naturaleza existe en realidad [8]. Por ello, las nociones acerca de la definición de estos conceptos (hipótesis leyes y teorías) surgen a partir del razonamiento, análisis y comprobación acerca de los fenómenos observados en la naturaleza. A través de la historia se han adquirido conocimientos de varios tipos de leyes, las cuales son generalizaciones empíricas pero basadas en experimentos organizados y planeados o en colecciones enormes de datos observados. También se han elaborado otro nuevo tipo de leyes llamadas leyes derivadas que surgen posteriormente, estas leyes se dedujeron por razonamiento matemático, y son expresadas en forma de relaciones matemáticas basadas en inicio de premisas, que son la naturaleza de las hipótesis [8].

Es necesario diferenciar que mientras que las leyes describen los fenómenos (*explanandum*), las teorías son explicaciones de cómo y porqué el mundo está estructurado (*explanans*) [22]. El primer tipo de enunciado es una oración que describe el fenómeno, más no el fenómeno mismo, y el segundo, refiere a la clase de aquellas oraciones que se aducen para dilucidar el fenómeno. Para que una explicación sea sólida, ambos componentes deben satisfacer condiciones lógicas y empíricas [22].

En ciencia, una ley es una ley de la naturaleza, algo que los humanos esperan descubrir y describir con precisión pero que no puede ser cambiado [6] bajo ninguna circunstancia. El debate relacionado con el análisis de los conceptos de leyes de la naturaleza debe enfocarse al siguiente problema: por un lado, nuestro entendimiento de las leyes de la naturaleza es a través de nuestro conocimiento de los ejemplos que explican y esto parece ser no sólo una responsabilidad epistemológica, sino también semántica [23], enfocando la relación epistemológica como la posibilidad de entender el conocimiento, su origen o fundamento, su esencia o trascendencia, y el criterio de verdad, así como el significado e interpretación de los términos que maneja en su relación semántica.

Las leyes tienen una aplicación práctica para resolver problemas de la humanidad, así, Abhulimen señala que los conceptos que se derivan de las teorías y leyes propuestas por los protagonistas de la ciencia como Isaac Newton, Michael Faraday, Galileo, Darwin y Albert Einstein, intentaron ofrecer explicaciones a muchos de las leyes naturales y físicas que guían la estructura, interrelaciones y conducta de la materia y energía, y que a partir de estas teorías y leyes se desarrollaron muchos conceptos, los cuales se aplican en ingeniería, medicina, química, viajes espaciales y física [24]. Aquí surgen algunas dudas, ¿pueden ser aplicadas las leyes de Newton, las leyes de la termodinámica, la leyes de Mendel, la teoría de Darwin en el universo entero? (si es que existe vida en otros planetas y si existe ¿se manifiesta en la misma forma que aquí en al tierra?), ¿es posible la existencia de otros sistemas planetarios y universos distintos al nuestro donde las leyes e la física son totalmente diferentes a las nuestras?, y si los hay, ¿es posible conocer su existencia? Las respuestas a estos cuestionamientos deben ser dilucidadas en el futuro en caso de no existir, y la nueva pregunta, ¿desde qué perspectiva podría explicarse su existencia, por medio de las leyes físicas conocidas o por conocer o, mediante explicaciones deterministas?

El hombre, en la búsqueda de certidumbre y con la idea de entender el mundo que le rodea, consideró el mito como una descripción precisa y fehaciente del cosmos, de la vida y de él mismo. Las interpretaciones literales de los mitos dieron la seguridad desde su origen, al establecer las explicaciones de los hechos que no podían cambiar ni comprender, y, en última instancia, sustituyó el dogma a la realidad en nombre de la sobrevivencia. Con el paso de los siglos, al describirse las primeras explicaciones filosóficas acerca de la naturaleza y sus fenómenos, la humanidad empezó también a cuestionar su existencia con concepciones que empezaron a darle la certidumbre para justificar su existencia. Posteriormente, las observaciones acerca de dichos fenómenos naturales, se conjuntaron en lo que hoy llamamos conocimiento, el cual dio origen a las diferentes concepciones acerca de la naturaleza que hoy se conocen, y que recibió el nombre de ciencia.

En la actualidad, el papel de la ciencia ha sido el de crear una nueva visión del mundo basada en la observación, formación de hipótesis y en las pruebas resultantes de la experimentación. Sin embargo, la ciencia no es ni puede ser finalista en ningún sentido absoluto, es una organización de verdades relativas que representan a los hechos científicos del día, Las leyes y las teorías, las cuales serán modificadas en un futuro en una serie de explicaciones nuevas, fundamentadas en nuevas investigaciones, las que, sin duda, permitirán desplazar el conocimiento hasta los confines que le accederán con cierta precisión, definir su origen en el cosmos y eventualmente unir las concepciones idealista y materialista.

Referencias

[1]. McComas, W.F., A textbook case of the nature of science: laws and theories in the science of biology, *International Journal of science and mathematics education*, **1**, 141-155 (2003).

[2]. González, R.J.L., Ernst Mayr (1904-2005): de la Teoría sintética de la evolución a la Filosofía de la biología, in Llull (ed.), *(Zaragoza)*, 1-23 (2006).

[3]. Huntsman, A.G., Scientific research *vs.* the Theory of probabilities, *Science,* 110, 566 (1949).

[4]. Bunge, M., *La ciencia. Su método y su filosofía*, Primera edición (Nueva Imagen, México, 1989).

[5]. Jaffé, K., *¿Qué es la ciencia? Una visión interdisciplinaria* (Litografía Imagen Color, Caracas, 2007).

[6]. Goodstein, D. "How science works", *Reference manual on scientific evidence*, 1-16 (2000).

[7]. Rudge, D.W., Essay review: recent Introductory philosophy of biology texts, *Journal of the history of biology*, 33, 181-187 (2000).

[8]. Rao, J.R.L., Scientific 'laws', 'hypotheses' and 'theories': meanings and distinctions. *Resonance*, 69-74 (1998).

[9]. Chalmers, A.F., *¿Que es esa cosa llamada ciencia?*, Doceava edición (España Editores, México, 1991).

[10]. Brush, S.G., Prediction and Theory Evaluation: the case of light bending, *Science*, 246, 1124-1129 (1989).

[11]. Perla, R.C. & Carifio, J., "The nature of scientific revolutions from the vantage point of Chaos Theory: toward a formal model of scientific change", *Science & education*, 4, 263–290 (2005).

[12]. Covarrubias, F., El carácter relativo de la objetividad científica, *Cinta de Moebio*, 39-66 (2007).

[13]. Ahlgren, A. & Wheeler, S., "Mapping the steps toward basic understanding of scientific inquiry", *Science & education*, 11, 217–230 (2002).

[14]. Scott, C.T., "The law of theories: the facts are dead, long live the facts", *Edutopia*, p. 22 (2007).

[15]. Rao, J.R.L., "Scientific 'laws', 'hypotheses' and 'theories': how are they related?", *Resonance*, **3**, 55-61 (1998).

[16]. Pájaro, H.D., "La formulación de hipótesis", *Cinta de Moebio*, 15, 1-19 (2002).

[17]. Vojir, C.P., "Hypothesis testing and power in research", *JSPN*, 10, 36-39 (2005).

[18]. Buchanan, M. A., "Game of chance", *Nature*, 419, 787 (2002).

[19]. Lipton, P., "Testing hypotheses: prediction and prejudice", *Science*, 307, 219-221 (2005).

[20]. Hobbs, W.H., "The making of scientific theories", *Science*, 45, 441-451 (1917).

[21]. Lawson, A.E., The nature and development of scientific reasoning: a synthetic view, *International journal of science and mathematics education*, 2, 307–338 (2004).

[22]. Bar, A.R., "La explicación como producto lógico o como producto de la praxis", *Cinta de Moebio*, 11, 1-10 (2001).

[23]. Bird, A., "Laws and criteria", *The canadian journal of philosophy*, 32, 511-542 (2002).

[24]. Abhulimen, K.E., The universal laws of science: a new perspective and applications. *Journal of theoretics*, 1-10.

Ciencia: ¿verdad o explicación?

Ana Felicia Sandoval Cisneros[18]

Resumen

Las explicaciones de por qué las cosas ocurren, es una de las más importantes operaciones cognitivas de la humanidad. El hombre creó la ciencia para dar respuesta a todas esas interrogantes que surgen al observar los fenómenos que se presentan a su alrededor. Después de miles de años de evolucionar, se ha desarrollado lo que actualmente se conoce como método científico, base de la ciencia moderna la cual se construye a partir de leyes, hipótesis y teorías, incluyendo también los hechos y explicaciones. La ciencia aspira a ser objetiva, a dar descripciones y explicaciones útiles coherentes con la realidad y no a fantasías, pero no se debe considerar como la única verdad, porque se caería en el error del fanatismo, al descartar que la ciencia proporciona solamente una verdad temporal e imperfecta, que evoluciona, cambia y se transforma con el tiempo bajo la acción de la actividad cognitiva realizada por el hombre.

---

[18]   Estudiante del Doctorado en Ciencias, Centro de Estudios Justo Sierra cejus, miembro del Centro de Innovación y Desarrollo Educativo, e-mail: mailto:anaf30@hotmail.com, mailto:anafsandoval@gmail.com

Introducción

¿Alguna vez se ha cuestionado qué existe dentro de los científicos cuando proponen una gran teoría? ¿O cuando determinan qué hipótesis demostrar? Cómo cambia el razonamiento mundano implicado en el esclarecimiento al ¿por qué el vehículo no enciende?, o cuando se trata de seleccionar el obsequio para un familiar. ¿Qué es un hallazgo científico? ¿Cómo se hace? Estas son preguntas de constante interés que frecuentemente se hacen y que se contestan con una diversidad de respuestas. Un descubrimiento puede ser obviamente cualquier hecho nuevo o idea nueva. Sin embargo, queda claro que una observación inexplicada no tiene ningún significado particular para la ciencia. Una idea no confirmada por hechos es igualmente desprovista de importancia [1].

Las explicaciones al por qué las cosas ocurren, es una de las más importantes operaciones cognitivas de la humanidad. En la vida diaria las personas continuamente generan explicaciones de por qué otras personas se comportan de la manera que lo hacen, por qué se enferman, por qué las computadoras o los carros no trabajan apropiadamente y muchas otras ocurrencias enigmáticas, pero algunas veces basan sus explicaciones en sus creencias [2].

Una creencia es una clase de deseo que proviene del interior de las personas. Es la derivación de lo que los psicólogos llaman "pensamiento mágico". La creencia es la convicción de que el universo trabaja de cierta manera, aunque no se tiene evidencia física para probarlo, solamente se tiene la fe. La fe es útil, pero no es ciencia [3]. La creencia no tiene un rol directo en el juego de la ciencia. Por supuesto, los científicos son humanos, pueden creer fuertemente que sus teorías son "verdaderas". Pero la creencia misma no juega un rol en el juego, excepto posiblemente para apresurar las cosas motivando a un científico a trabajar tiempo extra para encontrar alguna manera de defender su teoría favorita que está bajo ataque [4].

Gregory Feist en su libro *La psicología de la ciencia y los orígenes del pensamiento científico*, identifica varios componentes bases del pensamiento −observación, categorización, reconocimiento de patrones, experimentación de hipótesis y pensamiento causal− y argumenta que éstos fueron progresivamente utilizados como pensamiento científico pasando por la etapa preverbal hasta la investigación explícita de hoy en día [5]. A pesar de sus inclinaciones filosóficas particulares, muchos científicos probablemente estarán de acuerdo en que el desarrollo científico requiere al menos tres clases de investigaciones −factuales, teóricas y conceptuales−. Estas tres clases de investigaciones están estrechamente relacionadas, y para reafirmar este punto de vista se pueden visualizar como los vértices de un triángulo equilátero [6]:

- Las investigaciones factuales desarrollan los componentes elementales de las relaciones funcionales.
- Las investigaciones teóricas se conciben a su vez como hechos coordinados y animados, trayéndolos a la vida.
- Las investigaciones conceptuales, por otro lado, comprueban la inteligibilidad de las teorías, explican sus significados e identifican sus dominios sensibles.

La ciencia continuamente produce conocimiento para que el ingeniero y el diseñador lo usen, pero es difícil unificarlo. En la aplicación del conocimiento científico, los ingenieros tienden a concentrarse sobre el uso de su disciplina particular. En cada uno de los casos dados anteriores, los hechos científicos y la tecnología son bien conocidos, pero no vienen juntos para permitir un resultado óptimo [7].

El conocimiento como evidencia

El conocimiento es evidencia que existe fuera de las personas. Es mensurable, posible, repetible y demostrable. Y lo más importante, ser comunicado a otras personas. Las cuales pueden repetir las mediciones y pruebas y demostrar los mismos hechos por sí mismos [3]. El conocimiento apropiado resulta de una operación intelectual sobre ideas, a saber, la percepción de su "acuerdo" o "desacuerdo" [8], El conocimiento es en lo que se puede estar de acuerdo, porque puede ser verificado por las personas mismas [3].

Locke propone que hay cuatro tipos de acuerdos o desacuerdos de ideas: *1)* Identidad o diversidad, *2)* Relación, *3)* Coexistencia, o conexión necesaria, y *4)* Existencia real [8]:

- En la identidad, la mente percibe clara e infaliblemente cada idea para estar de acuerdo con ella, y para ser lo que es; y todas las ideas distintas para estar en desacuerdo, por ejemplo, lo uno no puede ser lo otro: Y esto se hace sin dolor, trabajo o deducción; pero a primera vista, por su poder natural de percepción y distinción.
- La segunda clase de conocimiento consiste en la percepción de la relación entre dos ideas, qué las separa, ya sea sustancia, modo o cualquier otra.
- Coexistencia, o conexión necesaria, la tercera clase de acuerdo o desacuerdo de ideas, "pertenece particularmente a la sustancia".
- Finalmente, la cuarta clase de conocimiento –la existencia real– representa la primera violación de Locke de la idea del empirismo.

Del conocimiento a la ciencia

La ciencia es un acceso al conocimiento [3], es el acto conciente de adquirir una clase particular de conocimiento para algún propósito particular [9] y su origen parece casi coincidir con la invención de instrumentos de medición notables, como el telescopio y el microscopio. La historia de la ciencia es una expansión de la misma a través del tiempo.

Se mueve desde una decisión a otra a cambio de superar situaciones problemáticas [10].

El conocimiento se ha transmitido de generación a generación a través de diversos códigos. Las observaciones que se han hecho, los datos, conceptos, diagramas, teorías, etc., que constituyen este conocimiento a menudo aparecen en formas tangibles como textos escritos, mapas, archivos de computadoras y otros, algunos de los cuales están bien fundamentados y no son cuestionables en la práctica [9].

Sir Francis Bacon, quien auguraba que la nueva era de la ciencia moderna en el siglo dieciséis, observó que para que la ciencia progresara debía tener una meta y debía ser dirigida hacia esa meta por una disciplina fuera de las ciencias [7]. Hoy en día, en contraste con el siglo XVII, pocos pueden negar la importancia central de la ciencia en sus vidas, pero no muchos pueden ser capaces de dar una buena definición de lo que es la ciencia [11]. Norman Cambell la define como "el estudio de aquellos juicios que conciernen al acuerdo universal que se puede obtener". Por su parte James Conant hace esencial el punto de que la meta de la ciencia es buscar y verificar ideas generales, relaciones e interconexiones entre fenómenos [12]. La tecnología es ciencia aplicada: la ciencia en acción es investigación [9].

Si se le preguntara a un científico ¿Qué es ciencia? La respuesta casi seguramente sería que la ciencia es un proceso, una manera de examinar el mundo natural y descubrir verdades importantes del mismo. Considerado de esta manera, la esencia de la ciencia es el científico [11], y su propósito es dar una descripción significativa del mundo de los fenómenos usando lo que es conocido como leyes, hipótesis, teoría, el método científico —aún los hechos mismos— se cuelgan desde las ciencias naturales como muchas ramas del árbol [13, 14].

La ciencia aspira a una objetividad, a dar descripciones y explicaciones útiles y coherentes de la realidad, no a fantasías inventadas, pero tiene que cuidarse de caer en excesos que la hagan aparecer como la única verdad posible (cientificismo), descalificando otras formas de conocimiento e interpretación de la realidad [15]. En la ciencia se observan física y objetivamente los fenómenos. Sus relaciones son materiales y naturales. La ciencia es una exploración del universo material que busca relaciones naturales, ordenadas entre los fenómenos observados y que éstos sean autoexaminados. Por lo que se resume que lo básico de la ciencia es la observación [12].

La ciencia es una disciplina rigurosa e implacable. No es sentimental —descarta viejas ideas sobre el montón de basura de la historia tan rápido como son desacreditadas—. Acepta pocos conceptos sólo hasta que éstos explican los hechos de mejor manera que los conceptos viejos [3]. Por lo que se puede considerar como un proceso de cuestionamientos y respuestas [12]. De tal manera que, la ciencia se puede considerar como el juego de la disputa. Es decir, la ciencia no es acerca de conocimiento y certeza, es un proceso especial para negociar con la ignorancia y la incertidumbre. No es acerca de conocimiento —sino de ignorancia—, porque la ciencia no se trata de ninguna cosa sino de la búsqueda de mayor conocimiento. No es —como algunas personas piensan— el lugar donde las respuestas se hallan. Es el lugar donde se hacen las preguntas [3]. La ciencia es un juego mundial que se practica de acuerdo a un conjunto de reglas generalmente acordadas. El propósito del juego es descubrir historias interesantes o útiles acerca de nuestro ambiente.

Parece suficientemente simple: El trabajo de la ciencia es observar, describir y explicar el mundo natural a través de hipótesis y experimentación [14]. Y su objetivo, tradicionalmente, es buscar a fondo los caminos por los cuales la verdad se puede divulgar [10]. Desafortunadamente, un gran número de personas piensan que la ciencia es simplemente otra clase de magia. O piensan que la ciencia es una clase de religión, y es justamente una clase de fe. O que la ciencia es mutable, y que la realidad puede ser sometida a votación. Algunas personas piensan que la ciencia es enemiga de la religión. Pero no es ninguna de esas cosas [3].

El discurso de la ciencia transita usualmente entre dos formas, la descripción y la explicación; la primera orientada a referir cómo ocurren los fenómenos, y la segunda, por qué y para qué suceden [16].

Las tres aspiraciones esenciales de la ciencia son predicción, control y explicación, pero la principal de ellas es la explicación [17]. Los tres procesos principales involucrados en las explicaciones son: proveer una explicación desde la información disponible, generar una hipótesis nueva que provea explicaciones y evaluar las explicaciones en competencia [2]. La explicación es la operación de investigación más fuerte. Las explicaciones están basadas en descripciones, Cuando las leyes se aplican a la descripción se obtiene un hecho clarificado. La explicación se forma por el *explanandum* y el *explanans*. El primer tipo de enunciado es una oración que describe el fenómeno, más no el fenómeno mismo, y el segundo, refiere a la clase de aquellas oraciones que se aducen para dilucidar el fenómeno. Para que una explicación sea sólida, ambos componentes deben satisfacer condiciones tanto lógicas como empíricas [16].

Los científicos desarrollan teorías para proveer de explicaciones generales de los fenómenos físicos tales como, por qué los objetos caen hacia la tierra; fenómenos químicos como, por qué los elementos se combinan; fenómenos biológicos tales como, por qué las especies evolucionan; fenómenos de la salud como, por qué los organismos desarrollan enfermedades; y fenómenos psicológicos tales como, por qué las personas algunas veces cometen errores mentales [2].

El primer filósofo que intentó poner las bases de lo que hoy se llama ciencia en una metodología rigurosa fue Aristóteles, quien enfatizó en la deducción, el proceso por el cual una conclusión comienza con algunas premisas específicas [18]. Aunque, la ciencia nació cuando unos pocos pensadores decidieron que las apariencias eran algo no para ser salvado, sino respetado. Copérnico, Galileo y Kepler estaban entre ellos, eventualmente abandonaron el camino de los griegos de decidir cómo las cosas deben ser y proporcionaron la manera de observar cómo son las cosas [12]. La deducción es la base de la lógica, pero resulta de uso mucho más limitado en la ciencia, porque –mientras es una excelente manera de trabajar las implicaciones de un conjunto de premisas– esto no conduce por si mismo al descubrimiento de nuevos hechos acerca del mundo físico. Hubo que esperar hasta el siglo diecisiete para que Francis Bacon propusiera la inducción como base del método científico [18].

Según Bacon, se pueden hacer generalizaciones acerca del mundo sobre una base del conocimiento que se extiende firmemente hacia la extrapolación de las predicciones. Los científicos no son observadores baconianos de la naturaleza, pero todos los científicos se vuelven baconianos cuando describen sus observaciones. Los científicos son rigurosos, aún honestamente apasionados acerca de reportar sus resultados científicos y cómo los obtuvieron, en publicaciones formales [11].

En el siglo XX, las ideas del filósofo australiano Sir Karl Popper, tuvieron un profundo efecto sobre las teorías del método científico. En contraste con Bacon, Popper consideraba que toda la ciencia comienza con un prejuicio, o quizás más políticamente, una teoría o hipótesis [11]. Karl Popper pensó que la ciencia hacia progresos no a través de la confirmación de las teorías, sino en sus falsaciones [18]. Los científicos no son tampoco falseadores popperianos de sus propias teorías, pero no tienen que serlo, pues no trabajan aislados. Si un científico tiene un rival con una teoría diferente del mismo fenómeno, el rival estará más feliz de desarrollar el deber popperiano de atacar la teoría científica en su punto más débil. Además, si la falsación no es más definitiva que la verificación, y los científicos prefieren en cualquier caso estar en lo correcto que equivocados, nunca sabrán como verificar con un estándar muy alto [11].

Imre Lakatos, uno de los estudiantes de Popper, afirmó que aunque el falsacionismo no se hiciera, los científicos de hecho no desechan una teoría en la primera dificultad. Esto es razonable, desde que pueden haber otras explicaciones de por qué una predicción falló, incluyendo posibles problemas con las condiciones de un experimento, con el análisis de los datos, o aun con relativos aspectos menores de la teoría, los cuales podrían ser mejorados y probados de nuevo. Lakatos propuso que la ciencia trabaja por una sucesión de "programas de investigación", los cuales pueden ser viables y conducir a un nuevo descubrimiento, o "degenerarse" [18].

Desde una perspectiva diferente a las falsaciones, Kuhn propone un constante cambio paradigmático. En cuanto a que consideraba que el paradigma es una clase de consenso del punto de vista mundial en el cual trabajan los científicos. En él se encuentran comprendidos un conjunto de acuerdos de suposiciones, métodos, lenguaje y cualquier cosa que se necesite para hacer ciencia. Dentro de un paradigma dado, los científicos hacen un progreso estable, incremental, que Kuhn llama "ciencia normal" [11]. La ciencia no es, como Kuhn pareció pensar, en cuanto a que ésta estaba en una periódica autodestrucción, y como tal, era necesario iniciar constantemente. Aunque la ciencia experimenta cambios de perspectivas que conducen a lo nuevo e invariablemente, mejores maneras de entender el mundo. Entonces, la ciencia no procede suave e incrementalmente, sino que es una de las pocas áreas del esfuerzo humano que es verdaderamente progresiva. No hay ninguna duda que la ciencia del siglo XX es mejor que la del siglo XIX, y se puede estar absolutamente seguro que la del siglo XXI será aún mejor. No se puede decir lo mismo del arte o la literatura [11].

La ciencia representa el pensamiento metódico, la filosofía el pensamiento especulativo y el arte del pensamiento expresivo. Desde su perspectiva filosófica, cada científico comienza con ideas especulativas (hipótesis) que marcan los principios por los que transita. A partir de ahí, él prueba las ideas en contra de los hechos previos, ya sea físicamente (experimentación) o mentalmente (lógica), luego expresa o interpreta los hallazgos [7]. Aunque la ciencia lo que intenta es expresar la reproducibilidad, más no la imitación artística de la realidad. De manera diferente, los entes artificiales o artefactos actúan en lo real y sólo producen efectos reales. El arte como tal, intenta evadir lo real, no por intromisión o invención de otro tipo de realidad, sino por simple evasión. De tal manera que, cuando los efectos se liberan del hecho y el derecho y necesidad, se descubre un trato original con la realidad que es el optativo. A diferencia del científico, el oficio del poeta no es "contar las cosas como sucedieron, sino cual desearíamos hubieran sucedido, y tratar lo posible según verosimilitud o necesidad". El arte en sí, se detiene en lo admirable, y hace de ello un recurso propio. Mas lo admirable e inexplicable, al científico no le produce placer estable, sino un sentimiento de intranquilidad que lo incita a deshacerse de él [19].

Cuando se mira a la computadora como un instrumento científico, surge un cambio radical. La computadora entonces asume el carácter de un instrumento científico vital cuyas capacidades se asemejan a aquellas del telescopio y del microscopio en la historia y desarrollo de las ciencias físicas y biológicas [10]. La ciencia moderna está llena de cosas que no pueden ser observadas del todo, como un campo de fuerza y moléculas complejas. En el nivel más fundamental, es imposible observar la naturaleza sin tener alguna razón para escoger qué es lo que vale la pena o no observar [11].

Muchos científicos han pagado un precio exorbitante por su genio y así sus descubrimientos han podido iluminar al mundo con su conocimiento. Algunos, como Galileo Galilei, sufrieron en las manos de la crueldad e ignorancia para volverse figuras heroicas dignas de admiración. Otros, como Madame Marie Curie, han sufrido por omisión los horrores de la observación en su salud física para iluminar el mundo [7]. De tal manera que con el registro histórico de los datos impactantes así como de los rutinarios, la ciencia como profesión o carrera se ha vuelto altamente organizada y estructurada. Esta no es, relativamente hablando, una profesión muy remunerativa —que sería inconsistente con el ideal baconiano— pero es intensamente competitiva, y un cierto bienestar material estimula a seguir al desencadenarse el éxito [11].

En ciencia, la publicación es la figura clave actual. Es la medida primaria de la productividad científica y afecta la reputación, promoción, el reclamo de la propiedad intelectual y el acceso futuro a las recompensas tanto intelectuales como financieras. Pero la publicación electrónica presenta un nuevo y excitante prospecto para la ciencia y sus patrones. El medio electrónico crea un valor para la investigación, educación y publicación en muchas maneras. Permite virtualmente la retroalimentación y comentarios instantáneos [20].

El método científico

La base de la ciencia es el método científico —un procedimiento para determinar la diferencia entre el conocimiento y la creencia— [3]. El método científico agrupa a la ciencia aparte de la no ciencia [21]. Quizás la implicación más errónea del concepto de estandarización del método, es que hay un algoritmo que garantiza el descubrimiento de verdades empíricas. Si sólo los científicos siguen la secuencia lineal "teoría > predicción > prueba", sus variables operables y escogen diseños apropiados para probar sus hipótesis, se apoderarían de la verdad: quizás no la verdad completa, pero ciertamente una parte de ella [6].

El método científico tiene cuatro pasos principales que pueden ser repetidos, llamados; observación, hipótesis, experimentación y conclusiones. De forma similar, muchos artículos científicos contienen cuatro secciones principales, generalmente referidas como introducción, métodos, resultados y discusión [21]. El método científico en algunas ocasiones también se puede formalizar al incluir seis operaciones sucesivas [12]:

1. Un problema es establecido.
2. Las observaciones relevantes del problema son recolectadas.
3. Una solución hipotética del problema consistente con la observación es formulada.
4. Las predicciones de otros fenómenos observables son deducidas de la hipótesis.
5. La ocurrencia o no ocurrencia del fenómeno previsto es observada.
6. La hipótesis es aceptada, modificada o rechazada de acuerdo con el grado de cumplimiento de las predicciones.

LAS HIPÓTESIS

Las hipótesis son suposiciones o asunciones que se formulan para explicar los fenómenos observados y las leyes que los gobiernan. También se puede considerar como proposición explicativa tentativamente asumida para representar las consecuencias lógicas o empíricas y después evaluarla de acuerdo a los hechos que son conocidos o pueden ser determinados [22]. Las hipótesis como respuestas anticipadas a la pregunta o preguntas centrales de una investigación, pueden parecer entidades aisladas. Sin embargo, esto no es así, debido a que éstas son sacadas de las observaciones de artículos escritos, discusiones con otros científicos, y examen de primera mano del material bajo investigación [21].

Una buena hipótesis debe ser explicatoria; pero debe tener otra característica también: ser verificable por inferencia estricta. Si es falsa, puede ser posible que lo que muestra sea también falso. Una hipótesis científica puede tener, como su materia de estudio, una variedad de cosas: la causa de un fenómeno, el modo de operación de la causa, la naturaleza de una entidad física como materia, luz, calor o electricidad, la estructura de una molécula, la forma de un átomo (la hipótesis de Hoff del modelo tetraédrico del átomo de carbón), o la historia pasada de algo [22].

John Stuart Mill, define una hipótesis como "una suposición que se puede hacer (ya sea sin evidencia actual o con evidencia que se admite como insuficiente) en orden para deducir de allí, la conclusión de acuerdo con los hechos reales, la suposición está hecha bajo la idea de que si las conclusiones a las cuales la hipótesis indica son verdaderas, la hipótesis por si misma es, o al menos parece ser verdadera". Esta definición es satisfactoria en cuanto describe la función de una hipótesis científica. Pero es necesario enfatizar que lo que es asumido o supuesto por la hipótesis no exige necesariamente ser una ley de la naturaleza ya establecida [13].

Cuando una hipótesis ha experimentado una verificación extensiva, especialmente si para refutarla se requirieron diferentes ángulos, los cuales se usaron como líneas independientes de evidencia, entonces la hipótesis puede pasar al estatus de teoría o, junto con otras hipótesis y principios, incorporarse a una teoría [4, 22]. Pero también se ha asumido erróneamente que cualquier hipótesis se vuelve una ley cuando está completamente establecida. Si la hipótesis permite con su fin explicar lo que trata de explicar, entonces se vuelve una "hipótesis exitosa" y no una teoría o ley. Sin embargo, una hipótesis, cuyo objetivo es algo referente a una posible ley de la naturaleza, puede adquirir ese título, como en el caso de la hipótesis de Avogadro, que está siendo referida como la ley de Avogadro por los escritores modernos [13].

De acuerdo con el punto de vista bayesiano, el científico considera varias hipótesis posibles simultáneamente y continuamente las confronta con los datos disponibles. Después de cada ronda de teoría-datos y correspondencia, reevalúa la posibilidad de que cada teoría sea correcta, dados los hechos. Ninguna teoría cumple la posibilidad de uno (certeza), de acuerdo con Popper: pero tampoco ninguna puede ser descartada, siguiendo a Lakatos [18]. De acuerdo con esto, se acepta que lo inherente a la noción de ciencia, es que las hipótesis deben ser comprobables. A pesar de que el concepto de comprobación a menudo sea mal entendido, en cuanto al rechazo de la hipótesis [23]. Pues, estrictamente hablando, nunca se puede rechazar, solamente determinar que su probabilidad, de ser verdad, se ha vuelto demasiada pequeña, aproximándose a cero. En este sentido, el escéptico a menudo involucra el concepto de falsación, introducido por el filósofo Karl Popper, para desechar las creencias seudo-científicas. La idea es que si una teoría o una reclamación posiblemente no puede ser refutada por ninguna evidencia científica, no hay avance en el conocimiento del mundo (sin embargo, eso no quiere decir que sea falsa) [24].

Las hipótesis son algunas veces incorrectamente incomprobables porque no existen maneras prácticas inmediatas para su comprobación, dado el estado de la tecnología en ese momento. De hecho, sólo alguna forma naturalista de probar la hipótesis es necesaria para satisfacer el criterio de comprobabilidad, aun si esto significa que está más allá de las actuales capacidades tecnológicas [23]. Por consiguiente, se puede pensar en la ciencia como una prueba no sólo de una hipótesis específica en un tiempo, sino en una red entera de suposiciones, corolarios e hipótesis adicionales que están conectadas al objetivo de la investigación [24].

LAS TEORÍAS

Mientras una hipótesis es una simple suposición, una teoría es a menudo hecha de varias suposiciones relacionadas entre sí.

Esto es, un sistema coordinado de hipótesis y sus corolarios teniendo una unidad interna. Esto es un marco conceptual, construido, para proveer una nueva manera de mirar el tema bajo consideración. Como tal, debe estar formado por conceptos y principios pragmáticos para constituir el marco general de referencia del campo de investigación [22]. Una teoría es un mapa de un terreno específico del conocimiento. No es el territorio, es solamente una representación de él. Depende de lo que se necesite hacer, se puede especificar qué clase de mapa se necesita [3]. El requisito de una teoría en ciencia es hacer que las nuevas predicciones puedan ser probadas por nuevos experimentos u observaciones y falsificadas o verificadas, pero en ningún caso ponen la prueba [11].

La palabra "teoría" es a veces usada como significado de la esfera del pensamiento opuesto a la acción o la práctica. Esto significa, en cualquier lugar, el cuerpo del conocimiento relativo a un campo específico [13]. Eugenie Scott, un antropólogo físico y director ejecutivo del Centro Nacional para la Educación Científica la define brevemente como: "Una teoría se construye de hechos e hipótesis que intentan explicar un fenómeno natural". Entonces, las teorías no son adivinanzas, ni presentimientos. Por lo que las buenas teorías pueden y deben ser probadas sistemática y constantemente. Al igual que la teoría de la evolución, considerada acertada por los años que evidencian su consistencia y ecuanimidad. Desde que han sido diferentes las disciplinas en las que se ha demostrado que las ideas de Darwin, pasan la prueba del tiempo. Esta teoría explica cómo las poblaciones de organismos se transforman en diversas formas sobre el tiempo. Además, al compaginarla con los experimentos de los guisantes del jardín de Gregorio Mendel, el pensamiento darviniano estableció las bases para la genética moderna y la herencia [14].

Las teorías no pueden ser aplicadas a objetos que no son formulados en su lenguaje y que no contienen los valores que los construyen. Las teorías no pueden explicar experimentalmente "hechos indefinidos". Los límites de las ciencias y las teorías no están definidos por las nociones no estrictas de las esferas "físicas", "biológicas" o "sociales". Una buena teoría debe proveer comprensión dentro de algunas características que normalmente están asociadas con la representación científica, tales como: exactitud, fiabilidad, verdad, suficiencia empírica, poder explicatorio, pero no se asume que esto sea un requerimiento [25]. Las teorías generales son favorecidas porque parecen más hechos fundamentales que específicos [9].

Una teoría debe ser falsable: esto es, ser posible diseñar y ejecutar un experimento cuyos posibles resultados contradigan la teoría. Aún más, este experimento debe ser reproducible; esto es, el diseño del experimento debe ser tal, que otros científicos puedan ser capaces de reproducirlo y obtener resultados similares. Por lo tanto, la llegada de una nueva teoría estimula ideas para nuevos experimentos que pueden falsarse. Si uno de esos experimentos tiene éxito en falsar la teoría, entonces se está confrontando un cambio para arreglar la teoría o permitir surgir otra [4].

Usualmente se habla de "descubrir una ley" e "inventar o construir una teoría". Aunque la mayoría de las teorías científicas incluyen leyes no fenomenológicas, aquellas que proponen describir los mecanismos inobservables causales responsables de la apariencia del fenómeno y su subsunción a las leyes fenomenológicas [8]. Por ejemplo, la teoría de la relatividad de Albert Einstein, describe cualquier cosa, desde las propiedades de los sistemas solares hasta el infinitesimal zumbido de los átomos. Como muchos adelantos científicos, la teoría de Einstein comenzó tan sólo como un pensamiento, pero eventualmente condujo a las tecnologías como los transistores y el láser (y por supuesto la bomba atómica). Al considerarlo de esta manera, las teorías y los hechos son por si mismos parte de un proceso evolutivo, al abrirse paso en el escenario, sólo para ser probados por el método científico [14]. Al igual que la construcción del conocimiento en la mente, nadie puede decir de donde proviene la teoría. Por lo que formular la teoría es parte creativa del científico, de tal manera que se considera que su análisis pertenece a la ciencia [11]. Por consiguiente, se puede y se es racional, cuando se tiene un alto grado de confianza en las teorías sobresalientes que validan su confianza en número considerable de cosas llamadas "hechos" en la vida diaria [12].

Los hechos

El hecho es una ocurrencia, cualidad, o relación de la realidad la cual se manifiesta en la experiencia o puede ser inferida con certeza. La definición de hecho indica la existencia de dos clases de hechos –hechos que se manifiestan y hechos inferenciales– por lo que [22] establecen las siguientes distinciones:

- Manifiesto: capaz de ser entendido fácilmente o reconocido al menos por la mente; no oscuro; obvio.
- Inferencia: el acto de transición de una o más proposiciones… considerada como una verdad a otra, la verdad de deseo es creída para seguir desde la anterior.

Los hechos pueden ser compilados y muchas preguntas pueden ser contestadas sin la formulación y verificación de la hipótesis. Los hechos pueden explicar otros hechos pero no pueden explicarse así mismos [26]. Los hechos científicos (las observaciones certificadas y repetidas) son parte de las teorías (explicaciones de hechos) y cambian a través del tiempo [14].

La descripción de un fenómeno abarca todos los hechos, pero no indica ninguna clase de conexión entre ellos como para que los tornará más comprensibles [16]. Es decir, se puede describir una secuencia de hechos escritos como proposiciones en un párrafo y pueden ocupar cualquier posición sin que esto altere la descripción del fenómeno. Por ejemplo, un organismo vivo, es una masa continua de materia con límites definidos en el espacio, intercambia continuamente materia en su medio circundante, no manifiesta alteraciones de propiedades en un corto periodo de tiempo, también se origina por algún proceso de división o fragmentación de uno o de dos objetos preexistentes del mismo género [27]. Además de su invariabilidad tocante a su posición para describir el fenómeno, los conceptos constituidos por los hechos no son sinónimos, pero confluyen a la descripción de un fenómeno en particular. Aunque el acto de los hechos permite la transición de las proposiciones para inferir de esta manera lo que es un organismo vivo. Por tal motivo Scott [22], considera que "ciencia" e "inferencia estricta" no son sinónimos. La ciencia es ambos, un método para inferir hechos y fenómenos de las proposiciones y un cuerpo del conocimiento generado por los conceptos.

Las leyes

Una ley científica no es sino una proposición, la cual señala cualquier orden o regularidad en la naturaleza. Ésta proposición, señala el predominio de una asociación invariable entre un conjunto particular de condiciones y un fenómeno particular. Esto es generalización de una parte de la naturaleza, la cual cubre todos los casos del predominio de dicha asociación que puede ser advertida [28]. Prácticamente, el carácter de una ley general es un enunciado que expresa un análisis empírico. Para tal situación, el aire es un ejemplo que nos sirve para representar una ley general, cuando lo caracterizamos como una mezcla en proporciones específicas, de oxígeno, nitrógeno y gases inertes. En este sentido, el análisis empírico en términos de leyes generales es un caso especial de explicación científica, que pertenece a la subsunción de fenómenos empíricos bajo leyes generales o teorías [27].

La ley tiene reglas precisas de evidencia que gobiernan lo que es admisible y lo que no lo es. En la ciencia la palabra solamente parece significar algo menos que "prueba" [11].

Éstas no pueden ser meras regularidades, de tal manera que hay muchas maneras para tratar de distinguir las leyes de las regularidades. Una de ellas es que las leyes distinguen causas y efectos. Otra forma de distinguir las leyes de meras regularidades, es que las primeras pueden apelar al poder explicatorio. Esto es, se asume que una ley explicará la regularidad del evento en cuestión [29].

El concepto de ley de la naturaleza debe ser explicado en términos de las cosas que demanda la ley. No es una simple evidencia que una pieza de metal conduzca electricidad, para expresarla como ley, que los metales conducen electricidad. Es también la cuestión de explicar, por qué en una ley se requiere ir más allá del hecho de que una pieza de metal conduce electricidad [26]. Tal es la ley de la gravedad de Newton, que no solamente predice la fuerza gravitacional de la Tierra sobre la Luna, sino que la explica. La ley de Galileo, que se refiere a que todos los cuerpos caen con una aceleración constante sin distinción de sus masas, tiene muchas excepciones. Los copos de nieve caen realmente de manera diferente a los granizos y con diferentes aceleraciones [29].

Las leyes en las ciencias exactas a menudo pueden expresarse en forma de relaciones matemáticas. La ley de la gravedad de Newton se resume en la ecuación $F = G\, mm'/d^2$. Su segunda ley del movimiento se expresa como $F = ma$. Las leyes derivadas, en particular, son a menudo expresadas convenientemente en la forma de relaciones matemáticas que en la forma de declaraciones o palabras [28]. Aunque existen algunas equivocaciones sobre las leyes en las ciencias exactas, entre las que se contempla su excepcionalidad. Pero esto, está lejos de ser consistente; si se requiere que las leyes sean excepcionales, habría muy pocas o ninguna ley –aun en la física–. La siguiente equivocación es que las leyes deberían de ser predicciones precisas, o como los popperianos lo ponen: las leyes deben de ser falsables, bajo esta condición podemos analizar las siguientes leyes [29]:

- Se considera que la ley de la conservación de la energía cinética es un sistema cerrado constante. Pero si consideramos en particular la colisión de dos bolas de billar, la energía cinética del sistema, de acuerdo a la ley en cuestión, debe ser la misma antes de la colisión que después. Pero este no es el caso; la energía cinética de un sistema después de la colisión es siempre ligeramente menor que la energía cinética anterior.

- Muchas leyes en ecología son medianamente inexactas en el sentido de que tienen muchas excepciones o sólo tienen una aproximación cercana. Considerando, por ejemplo, la alometría de Kleiber: la tasa del metabolismo basal es proporcional a 3/4 de poder del peso del cuerpo. La relación mencionada aquí, aunque es la más precisa de todas las alometrías conocidas, es solamente una aproximación (muchos de los organismos no obedecen estrictamente esta ley).

- La primera ley de Kepler, la cual establece que todos los planetas viajan en orbitas elípticas con el sol, en uno de los enfoques de la elipse. Esta ley no sólo tiene una excepción, sino cada planeta es una excepción. La órbita de un planeta es aproximadamente una elipse pero debido a todos los tipos de factores perturbadores (como la influencia gravitacional desde otros planetas y los cambios de masa del planeta y el sol) ésta no es exactamente elíptica.

Para los científicos, la investigación de las leyes que gobiernan los fenómenos ha sido mucho más difícil en otros campos que en relación con las órbitas de los planetas, porque en cualquier otro campo hay una mayor complejidad de causas de diferentes clases y un menor grado de regularidad en las recurrencias periódicas. Sin embargo, se han descubierto leyes causales en química, en electromagnetismo, en biología y aun en economía [30]. En este sentido, las leyes de la naturaleza se pensaron no sólo para ser independientes del hombre sino también para ser las reglas por las cuales el destino del hombre es gobernado [10]. A pesar de su complejidad, el investigador que observa algún fenómeno, debe ser capaz de encontrar circunstancias previas y leyes causales que, juntas, hacen inevitable el fenómeno. También debe tener la capacidad de observar circunstancias similares relacionadas con la ley, para inferir que ocurrirá un fenómeno similar [30].

Conclusiones

La ciencia, como toda creación humana, es perfectible y conduce a una verdad temporal e imperfecta, va cambiando con el transcurso del tiempo. El hombre al adquirir conocimiento nuevo y construir herramientas más potentes que le permiten observar lo que antes no era observable, cambia sus conceptos y definiciones. Lo que en cierta época era conocimiento creíble, a través del tiempo se ha demostrado que estaba basado en creencias o supuestos erróneos.

Por ejemplo, en 1633 la Iglesia condenó a Galileo por razones bíblicas, pero a la vez irónicamente científicas, pues se consideraba como verdad científica que el centro del universo era la tierra, a pesar de todo, Galileo apoyó la teoría heliocéntrica de Copérnico. A través de los años, la misma ciencia demostró que Galileo estaba en lo cierto. Otro ejemplo es el de Plutón, después de ser conocido como planeta durante decenas de años, el 24 de agosto del 2006. En Praga, pasó a ser planeta enano. Los astrónomos modificaron el concepto de planeta, a partir del descubrimiento de más cuerpos celestes en nuestro Sistema Solar, los cuales tenían características similares a Plutón. El hecho es que Plutón es un cuerpo celeste que existe en nuestro Sistema Solar, sea planeta o no, existe y permanece allí, aunque cambiemos el concepto de planeta, cuerpo celeste o estrella.

Es importante la construcción de conceptos, porque permiten visualizar mentalmente lo que no se puede observar físicamente. El hombre ha construido modelos que le permiten simular la realidad. Pero, esta realidad o verdad, es la que se conoce hasta el momento, y puede modificarse o cambiar por completo al obtener más información sobre la misma, por lo tanto, la ciencia también es temporal e imperfecta, pero, hasta el momento, es la única herramienta de la que se dispone para tratar de averiguar más sobre el entorno.

REFERENCIAS

[1] Raman, C.V., "The scientific outlook", Resonance, 2005, diciembre; 10(12):240-3.

[2] Thagard, P.; Litt, A., "Models of scientific explanation", The Cambridge handbook of computational cognitive modeling, Cambridge. R. Sun 2006.

[3] Gerrold D. 'Science'. et Cetera. 2003;60(2):149-51.

[4] Conway M. What is science? 2002:1-5. www.melconway.com/teaching/papers/what_is_science.pdf

[5] Lagnado, Dea., "How do scientists think?" Science, 2006;313(5792):1390-1.

[6] Machado, A.; Lourenço, O.; Silva, F.J., Facts, "concepts and theories: the shape of psychology's epistemic triangle", Behavior and philosophy, 2000;28:1- 40.

[7] Gatchel, S.G.; Tanik, M.M., Process science and philosophy for want of synthetic thought and a unifyng philosophy", Transactions of the SDPS, 2001;5(4):1-21.

[8] Chibeni, S.S., "Locke on the epistemological status of scientific laws", Principia, 2005;9(1-2):19-41.

[9] Ziman, J., Real Science, What it is, and what it means. UK: Cambridge University Press 2000.

[10] Cowan, T.A., (¿?) "Decision theory in law" science and technology", Science, 1963;140(1065):1065.

[11] Goodstein, D., "How Science Works", Reference Manual on Scientific Evidence, 2000.

[12] Simpson, G.Gea., "Biology and the nature of science: unification of the sciences can be most meaningfully sought through study of the phenomena of life", Science, 1963;139(3550):81-8.

[13] Rao, J.R.L., "Scientific 'laws', 'hypotheses' and 'theories'. How are they related?, Resonance, 1998, december;3(12):55-91.

[14] Scott, C.T., The law of theories the facts are dead, long live the facts", Edutopia, 2007 Febrero.

[15] Bonfill Olivera, M., La ciencia por gusto, Una invitación a la cultura científica, 1ra ed: Paidós, 2004.

[16] Bar, A.R., "La explicación como producto lógico o como producto de la praxis", La Cinta de Moebio, 2001(11).

[17] Strevens, M., "Scientific explanation", in: Borchert, D.M., ed. Macmillan Encyclopedia of Philosophy, second edition, ed. 2006.

[18] Pigliucci, M., "Philosophy of science 101", The skeptical inquirer, 2004;28(3):22.

[19] García, B.J.D., "La poética como arte y como técnica", in: Aristóteles, ed., Introducción a la Poética, México, Editores Mexicanos Unidos, 1996:15-42.

[20] Frankel, M.S., "Seizing the moment: scientists' authorship rights in the digital age", Learned publishing, 2002;16:123–8.

[21] Bruce, A.S., "Scientific writing & the scientific method: parallel "hourglass" structure in form & content", The American Biology Teacher, 2003;65(8):591.

[22] Kinraide, T.B.; Denison, R.F., "Strong inference: the way of science", The American Biology Teacher, 2003;65(6):419-24.

[23] Jones OD. Law, evolution and the brain: applications and open questions. Philosophical transactions of the Royal Society of London. 2004 Nov 29;359(1451):1697-707.

[24] Pigliucci, M., "Hypothesis testing and the nature of skeptical investigations", The skeptical inquirer, 2002;26(6):27-31.

[25] Suárez, M., "The pragmatics of scientific representation", Centre for Philosophy of Natural and Social Science Discussion Paper Series, Madrid, Universidad Complutense de Madrid, 2002:1-36.

[26] Bird, A., "Laws and criteria", Canadian journal of philosophy, 2002, december;32(4):511-42.

[27] Hempel, C.G., "Principios de la definición", in: Hempel, C.G., ed., Fundamentos de la formación de conceptos en ciencia empírica, 1952 ed. Madrid, Alianza Editorial, 1988:13-8.

[28] Rao, J.R.L., "Scientific 'laws', 'hypotheses' and 'theories'. Meanings and distinctions, Resonance, 1998;3(11).

[29] Colyvan, M.; Ginzburg, L.R., "Laws of nature and laws of ecology", OIKOS, 2003;101(3):640-53.

[30] Russell, B., "Determinismo", in: Russell, B., ed., Religión y ciencia, 1951 ed. México D.F.: Breviarios del Fondo de Cultura Económica, 1951:102.

Estructura del conocimiento científico

Víctor Manuel Salomón-Soto[19]

Si... ves sobre la carretera un charco de agua (hipótesis charco)
y... continúas manejando hacia éste (propuesta de prueba)
entonces... las llantas deberían chipotear el charco y deberían mojarse (resultado predicho)
Pero... al pasar por el charco (prueba actual), éste desaparece y las llantas no se mojan (resultado observado)
Por lo tanto... la hipótesis charco no es soportada: lo que viste probablemente no fue un charco de agua (conclusión). Quizá lo que viste fue un espejismo o algo perecido.

Antón [1]

Introducción

Aun y cuando estamos viviendo la era más productiva de la ciencia en la historia de la humanidad [2], la construcción de

[19] Escuela de Biología de la Universidad Autónoma de Sinaloa, Centro de Innovación y Desarrollo Educativo (cide), Centro de Estudios Justo Sierra (cejus), Ciudad Universitaria S/N, Culiacán, Sinaloa, México, e-mail: mailto:vsalomon@uas.uasnet.mx y mailto:vmsalomon@gmail.com

sus conceptos pasa por una crisis en el modelo educativo tradicional ya que enfatiza la transmisión de la información sin la posibilidad de construir conocimiento que conlleva al aprendizaje de nuevos concepto [3]. Durante el transcurso de los estudios existe una resistencia a profundizar en los temas marcados en los programas de estos estudios, como consecuencia, muchos estudiantes presentan dificultades en la resolución de problemas y el entendimiento de los conceptos y naturaleza de la ciencia [4]. Uno de los factores que dificultan el aprendizaje es el conocimiento previo del aprendiz, ya que el interactuar con el conocimiento presentado formalmente el resultado puede ser una concepción alterna al concepto científico [5, 6].

En las últimas décadas, muchos países han incorporado a la currícula académica la educación de la ciencia y se han propuesto como meta que sus estudiantes entiendan la esencia y las propiedades características de esta [7], dando certidumbre y mayores probabilidades de éxito a la solución de problemas propios de la ciencia y de la sociedad.

Los modelos científicos y los procesos operativos para su construcción son esenciales para aprender ciencia y entender la interacción entre la teoría y el experimento [8], por lo que, aprender acerca de los descubrimientos científicos y reproducir los experimentos históricos ayuda ha entender la forma de trabajo del científico y cómo se construye un nuevo conocimiento [9]. Este escrito tiene la finalidad de apoyar el entendimiento de la estructura del conocimiento científico, en éste se abordarán, las formas en cómo procede un científico para la construcción de conceptos, iniciando con la pregunta, la explicación, la evidencia empírica, el desarrollo de la teoría y la consolidación de una ley científica.

Concepciones erróneas sobre la ciencia

Generalmente, el libro de texto y de ciencia presentan los conceptos fuera de un contexto histórico, conduciendo a las personas a una percepción errónea del desarrollo científico y, además colocan a pocas personas como héroes, genios y como una actividad que siempre acierta [9], suelen difundir mitos, como el caso de Darwin a quien los libros le atribuyen siete cosas que nunca hizo [10]; esta situación mina la confianza de los estudiantes, les impide emprender sus propios descubrimientos y, por lo tanto, evitan aquellas profesiones que requieren del conocimiento científico.

Una buena forma de educar a los estudiante acerca de la naturaleza del descubrimiento científico es: no dar respuestas a preguntas específicas, sino, describir con detalle varios descubrimiento científicos históricos [9], para ello, una alternativa en el aprendizaje de la ciencia, es dejar de lado los libros de texto e incorporar el desarrollo histórico de los conceptos actuales y permitir que las personas descubran que la ciencia de ayer y hoy comparten contingencias, incertidumbres y filosofías similares [11].

Conocimiento e investigación científica

Cereijido [12] señala "[…] y así como han evolucionado sus utensilios, armas, ropas, organización social, también la forma humana de interpretar la realidad ha ido evolucionando. Por eso fue pasando de modelos de la realidad basados en animismo, magia, politeísmo, monoteísmo, y hoy ha llegado a desarrollar el científico". La ciencia no es más que el último modelo en la manera de interpretar la realidad; el hombre ha encontrado que empíricamente puede aumentar el conocimiento y actúa con mayor efectividad si su búsqueda es guiada por algún conocimiento respecto a aspectos determinados de los fenómenos del mundo [13].

La base de la investigación científica es que los científicos creen que la naturaleza está regida por leyes que esperan ser descubiertas y caracterizadas. Sin embargo, estudiar la naturaleza en su conjunto suele ser imposible, los científicos se aplican a un fenómeno en particular y poco a poco van reuniendo las piezas del rompecabezas, basan sus resultados y conclusiones en la observación y la experimentación y no sólo en el pensamiento racional y lógico, ya que esto los puede llevar a conclusiones erróneas.

Si se considera la historia del hombre sobre la tierra, la investigación científica es una actividad relativamente joven, que empieza a estructurarse en la época posrenacentista y sobre todo a partir del siglo XVII, cuando Galileo Galilei propone el método fisicomatemático. La ciencia es un proceso mediante el cual las personas realizan búsquedas de las explicaciones o soluciones a problemas de carácter científico; lo que hace diferente a la ciencia de la no ciencia es la práctica de formular hipótesis, las cuales, predicen acerca de lo que se encuentra en el mundo, no se asegura que deba ser aceptada de facto, ya que, si esta predicción es falseada por la experimentación, deberá ser rechazada [14].

La ciencia basa la explicación de los fenómenos naturales en dos métodos generales: el método inductivo y el método deductivo. El primero propuesto por Francis Bacon y considerado por Clayton [14] como la base del nacimiento de la ciencia moderna; consiste en describir y colectar datos sobre la naturaleza de los fenómenos, posteriormente se propone una hipótesis y se reúnen hechos para probar la hipótesis, dependiendo de las pruebas que sustente la hipótesis se eleva la teoría al estatus de ley. El segundo método establece hipótesis y posteriormente las prueban. Actualmente, existe discusión si este último método se aplica en las ciencias biológicas [15, 16].

El objetivo de la investigación científica se ha definido como el intento de incrementar la precisión de las predicciones. El científico trata de entender qué aspectos de su ambiente representan un problema, revisa el conocimiento existente acerca del fenómeno y localiza el más relevante que le permita entender la naturaleza del fenómeno natural en cuestión [13].

En general, la actividad científica se compone de objetos teóricos y objetos de experimentación, los primero están asociados con anticipaciones, expectativas u orientaciones de los científicos y son transcendentes respecto a cada situación particular del proceso de investigación (no existen *per se*), los segundos están delimitados por la pregunta científica y por una clase finita de datos-modelo [17].

La pregunta científica

La acumulación de hechos, describiendo la realidad que nos rodea, no necesariamente implica el entendimiento de los mismos, se requiere, además, analizar la interacción entre los elementos que la constituyen [18]. Esta actividad de análisis e interacción facilitara la formulación de cuestionamientos a cerca del hecho o los hechos que están siendo estudiados.

El principio básico de cualquier investigación científica es el planteamiento de una pregunta que pueda ser investigada a través del método científico [19, 20]: a pregunta puede ser sometida a diversas formas mediante las cuales los científicos estudian el mundo y las explicaciones que proponen están basadas en la evidencia que resulta de su trabajo [21].

De acuerdo con Ford [19] la pregunta científica puede originarse a partir de: *1)* La observación de un fenómeno natural de interés para el cual se decide explorar su relevancia para una teoría existente, *2)* Intentar aplicar una teoría para una nueva situación, la cual es particularmente excitante si se pone la teoría bajo examen riguroso, *3)* Resolver una aparente discrepancia en una teoría o entre dos teorías, o investigando un evento que no encaja en las predicciones de las teorías y *4)*

Aplicar una técnica, medida nueva o análisis de datos para definir y responder nuevos tipos de preguntas.

Una vez que la pregunta o las preguntas han sido formuladas, el siguiente paso es considerar todas las hipótesis y explicaciones que puedan responderlas.

La hipótesis y la explicación científica

El hombre ha tratado de entender el mundo que le rodea, intentando encontrar las explicaciones de los fenómenos físicos observados. Las experiencias en el laboratorio o en la vida diaria permiten a las personas proponer teorías que son sujetas a prueba para ver si explican el fenómeno observado; en este sentido, la explicación científica es una forma de proveer una explicación unificada de diferentes fenómenos que previamente se había pensado, no se encontraban relacionados [22].

La explicación científica responde preguntas basadas en leyes de la naturaleza en la búsqueda de explicar el mundo natural. De acuerdo con Roth-Berghofer [23] podemos encontrar cuatro tipos de explicaciones científicas:

1. Explicación conceptual, la meta de este tipo de explicación es identificar los conceptos desconocidos (ej. ¿Qué es...? ¿Cuál es el significado de...?)Explicación-porqué, describe las causas o las justificaciones de un hecho o la ocurrencia de un evento.Explicación-cómo, son un caso especial de explicación-porqué, describe procesos que conducen a un evento proporcionando una cadena causal.

2. Explicación-propósito, describe el propósito de un hecho u objeto. La pregunta típica es de la forma ¿para qué es...? o ¿cuál es el propósito de...?

La hipótesis es una suposición que aún no ha sido probada, pero que explica en parte y mejor que cualquier otra interpretación, un conjunto de fenómenos relacionados [24]. Todas las hipótesis verosímiles deben ser probadas experimentalmente. Después de la planeación del experimento se predice el resultado del mismo suponiendo la hipótesis correcta, sin embargo, aun cuando una hipótesis es aceptada no se puede decir que la teoría es verdadera o probablemente verdadera, sólo se puede concluir que aún no se ha podido falsear, a pesar de los mejores diseños experimentales.

Hansson [25] encontró, en un estudio empírico basado en setenta artículos científicos publicados en la revista *Nature* en el año 2000, que sólo un articulo tenía la conformación de la falsación de Popper, por lo que esta concepción como una recomendación metodológica presenta un valor limitado ya que las condiciones para su aplicación generalmente no son satisfechas. Por lo que, el valor de un experimento es directamente proporcional al grado en el cual ayuda al investigador a formular de una mejor manera al problema. Un experimento puede resolver un problema, pero tal vez nunca nos de un entendimiento completo del mismo, si alguien cree que lo ha alcanzado, en realidad muestra que su problema ha sido incorrectamente definido [26].

Las hipótesis de investigación (o hipótesis alternativa) representan posibles explicaciones de los resultados que se esperan encontrar durante el trabajo de investigación. La hipótesis nula propone que los hallazgos son el resultado de procesos azarosos en la muestra y no afectan a la población. Cuando no podemos diferenciar entre hallazgos al azar (hipótesis nula) y la situación especificada por la hipótesis alternativa, se hace uso de un procedimiento estadístico (prueba estadística) para determinar cuál hipótesis es una explicación más probable de los hallazgos e involucra (implícita o explícitamente) una decisión según la disciplina científica que esté mejor posicionada para manejar el hecho que se está tratando de explicar [27].

La propuesta de las posibles explicaciones a la pregunta planteada involucra un intenso proceso de análisis y creatividad basada en la experiencia personal y en el conocimiento de las leyes y teorías que utilizamos como contexto de nuestro problema. Se debe tener claro el paradigma en el cual se está ubicado. De acuerdo con Kuhn, un paradigma representa un cuerpo de conocimiento (teorías o grupo de teorías) que explican ciertos fenómenos o problemas más efectivamente y con mayor parsimonia que teorías existentes. De tal manera que es capaz de atraer a un grupo de adherentes alejándolos de las otras opiniones del mundo, y provee al grupo con suficientes preguntas para trabajar. Un paradigma suministra al grupo de adherentes un conjunto de supuestos núcleo acerca de los aspectos fundamentales del mundo, así como también un compromiso con ciertas técnicas metodológicas y experimentales. Éstos supuestos guían las actividades específicas de los practicantes en el proceso de adquirir conocimiento. El paradigma sugiere cuáles líneas de investigación son meritorias a seguir.

Hallazgo o descubrimiento científico

Descubrir, de manera literal significa quitar la cubierta u obstáculo que evita observar algo. En ciencia se distinguen dos tipos de descubrimientos: el descubrimiento factual que refiere al descubrimiento de nuevos hechos guiados por una teoría establecida y el descubrimiento conceptual, que propone explicaciones sistemáticas de fenómenos análogos por reinterpretación de hechos y leyes existentes. Ambos descubrimientos son inseparables históricamente hablando y cada uno corresponde a diferentes fases del desarrollo científico [28].

En su trabajo "Descubrimiento científico y realismo", ALAI [29] inicia preguntándose: ¿Es el descubrimiento científico una actividad racional, existe un método o una lógica para llegar ha éste? De acuerdo con Keiichi [28], aun y cuando el descubrimiento científico se ha atribuido a la inspiración o intuición de verdaderos genios, en realidad se requiere de la habilidad de razonamiento y de la imaginación creativa. Esta última consta de la imaginación metafórica y la imaginación metonímica; el primero es un tipo de actividad que resuelve problemas y contribuye al descubrimiento de hechos y leyes desconocidas con base en el paradigma actual, la segunda juega un papel importante en el cambio de paradigma, estimula el descubrimiento de conceptos y teorías nuevas.

Ésta habilidad de razonamiento y creatividad ha permitido que muchos descubrimientos científicos hayan sido, en algún sentido, dirigidos por la serendipia, la cual describe aquellos descubrimientos que se producen "por casualidad" que se encuentran sin buscarlos pero que para realizarlos se requiere la habilidad para ver lo que es relevante y significativo [30].

LA TEORÍA CIENTÍFICA

La teoría científica es el fundamento básico del conocimiento científico, debido a que contribuye al entendimiento de las relaciones entre las teorías, los modelos, y el mundo real [7]. Ubica un objeto, propiedad o evento en el contexto científico adecuado, en el paradigma vigente por la comunidad científica (ej. Los fósiles se ubican en el contexto de la teoría de la evolución biológica). La teoría se puede definir como una explicación basada en la inferencia de principios establecidos por la evidencia [24]: se confirma por su éxito experimental, por lo que, la mejor teoría es aquella que presenta mayor grado de confirmación (mayor evidencia empírica), aquella que presenta la mayor probabilidad de ser verdadera.

Kunh argumenta que la ciencia consiste de múltiples "paradigmas", cada uno de los cuales está compuesto de una red de compromisos y un conjunto de aproximaciones y problemas.

Los paradigmas nos determinan lo que existe en el mundo y nos dicen lo que vemos cuando registramos las observaciones; por lo general, los científicos trabajan en un paradigma establecido (ciencia normal, o que se ajusta a ciertas normas establecidas que marcan la pauta) y a medida que surgen anormalidades, los científicos empiezan a dudar sobre éste, es entonces cuando un nuevo paradigma es propuesto. A este cambio radical del viejo al nuevo paradigma se le conoce como revolución científica.

Las leyes en la ciencia

Es importante decir que las comunidades científicas son las que experimentan los cambios revolucionarios, no los científicos de manera individual. Las revoluciones científicas son esos cambios en la ciencia que implican modificaciones taxonómicas, precipitadas por su contradicción con las prácticas existentes, que no pueden ser resueltas abrogando los estándares vigentes [31].

De acuerdo con Cantril *et al.* [13] la investigación científica provee al hombre de los hechos científicos, por lo general, de dos tipos: *a)* Afirmaciones generales de las relaciones de determinados aspectos de la naturaleza (leyes), las cuales, en las ciencias físicas tienden ha ser expresadas en fórmulas matemáticas y *b)* Aplicaciones de estas leyes generales a situaciones concretas con el propósito de verificación, predicción o control específico; este escenario también provee al hombre de una reorganización conceptual del conocimiento que ha adquirido de los aspectos determinados (confiabilidad de pronóstico) de la naturaleza.

La característica de todas la leyes científicas (o hechos) es que revelan aspectos predecibles de los tipos de fenómenos sin importar dónde o cuándo ellos se presenten independientemente de las situaciones actuales.

En conclusión

El hombre ha desarrollado diferentes modelos de explicación del ambiente que lo rodea, sin embargo, de todos estos modelos, la ciencia es el único que al intentar dar sentido a la experiencia del hombre, que le ayuden ha entender el mundo, como funciona y cómo es que nosotros estamos en él, se fundamenta en las evidencias [14] y, se caracteriza por *1)* Ser escéptica de autoridad, *2)* Usar el proceso de observación y experimentación para adquirir y sintetizar conocimiento, *3)* Usar el proceso de observación y experimentación como un ciclo continuo de cuestionar, reunir evidencia, análisis y evaluación racional y *4)* Trabaja únicamente con los fenómenos naturales [32].

De manera general, el proceso consta de: *a)* Identificación de un problema, *b)* Decidir un aspecto del fenómeno que sea significativo para resolver el problema, *c)* Captar las variables involucradas, *d)* Comprobar el efecto de cada variable sobre le fenómeno y *e)* Modificar nuestro mundo supuesto con base en la evidencia empírica respecto a la validez de las formulaciones que han resuelto un problema inmediato [13]. Por lo general la solución de un problema originará nuevas preguntas, nuevas incertidumbres y tendrá como consecuencia que el proceso se repita.

Referencias:

[1] Anton, E.L., "Allchin's shoehorn, or why science is hypothetico-deductive", *Science & education*, 2003;V12(3):331.

[2] Katz, A.M,; Katz, P.B., "Emergence of scientific explanations of nature in ancient Greece : the only scientific discovery?" *Circulation*, 1995, august 1, 1995;92(3):637-45.

[3] Tunnicliffe, S.D.; Ueckert, C., "Teaching biology–the great dilemma" *Journal of biological education*, 2007;41(2):51-2.

[4] Anton, E.L., "What does Galileo's discovery of jupiter's moons tell us about the process of scientific discovery?" *Science & education*, 2002;11(1):1.

[5] Buntting, C.; Coll, R.; Campbell, A., Student "Views of concept mapping use in introductory tertiary biology classes", *International journal of science and mathematics education*, 2006;4(4):641.

[6] Lazarowitz, R.; Lieb, C., "Formative assessment pre-test to identify college students' prior knowledge, misconceptions and learning difficulties in biology", *International journal of science and mathematics education*, 2006;4(4):741.

[7] Maria, D., "The model-based view of scientific theories and the structuring of school science programmes", *Science & education*, 2007;16(7-8):725-49.

[8] Demetris, P.P., "The relation between idealisation and approximation in scientific model construction", *Science & education*, 2006;DOI 10.1007/s11191-006-9001-6.

[9] Kipnis, N., "Discovery in science and in teaching science", *Science & education*, 2006:DOI 10.1007/s11191-006-9031-0

[10] Rees, P.A., "The evolution of textbook misconceptions about Darwin", *Journal of biological education*, 2007;41(2):53-5.

[11] Trevor, H.L., "What history can teach us about science: theory and experiment, data and evidence", *Interchange*, 2006;37(1):115.

[12] Cereijido, M.. "¿Qué hacer para transformar a nuestros investigadores en científicos?" *Revista Cinvestav*, 2006 [cited 2006 24 de junio; 34-43], available from: http://www.cinvestav.mx/publicaciones/revista/enemar06/index.html

[13] Cantril, H.; Ames, A.; Hastorf, J.A.H.; Ittelson, W.H., "Psychology and scientific research: I. The nature of scientific inquiry", *Science*, 1949;110(461-464).

[14] Clayton, P., 2Philosophy of science: what one needs to know, *Zygon*, 1997;32(1):95-104.

[15] Murray, B.G., "Are ecological and evolutionary theories scientific?", *Biological reviews*, 2001;76(2):255-89.

[16] Wilson, J.B., "The deductive method in community ecology", *Oikos*, 2003;101(1):216-8.

[17] Ginev, D.J., "Hermeneutics of science and multi-gendered science education", *Science & education*, 2006.

[18] Kosso, P., "Scientific understanding, *Foundations of science*, 2006:http://dx.doi.org/10.1007/s10699-006-0002-3

[19] Ford, E.D., *Scientific method for ecological research. port chester*, N.Y, USA, Cambridge University Press 2000.

[20] National Research Council (U.S.). Committee on Scientific Principles for Education Research., Shavelson RJ, Towne L. Scientific research in education. Washington, DC: National Academy Press 2002.

[21] Olson, S., "Inquiry and the national Science education standars: a guide for teaching and learning", Washington, D.C., *National Academy Press*, 2000.

[22] Hadzidaki, P., " 'Quantum mechanics' and 'Scientific explanation' an explanatory strategy aiming at providing 'Understanding' ", *Science & education*, 2006;DOI 10.1007/ s11191-006-9052-8.

[23] Roth-Berghofer TR. Explanations and case-based reasoning: Foundational Issues. In: P. F, P.A. GC, eds.: Springer-Verlag Berlin Heidelberg 2004:389-403.

[24] Hobbs, W.H., "The making of scientific theories", *Science*, 1917;45:441-51.

[25] Hansson S., "Falsificationism falsified", *Foundations of science*, 2006;11(3):275.

[26] Cantril, H.; Ames, A.; Hastorf, J.A.H.; Ittelson, W.H., "Psychology and scientific research. II. Scientific inquiry and scientific method", *Science*, 1949;110:491-7.

[27] Thalos, M., "Explanation is a genus: an essay on the varieties of scientific explanation", *Synthese*, 2002;130(3):317.

[28] Keiichi, N., "The structure of scientific discovery: from a philosophical point of view. *Progress in Discovery Science:*

Final Report of the Japanese Discovery Science Project: Springer Berlin / Heidelberg 2002:3-10.

[29] Alai, M. A.I., "Scientific discovery and realism", *Minds and machines*, 2004;V14(1):21.

[30] Gest, H., 2Serendipity in scientific discovery: a closer look", *Perspectives in biology and medicine.* 1997;41(1):p.21(8).

[31] Wray, K.B., "Kuhnian revolutions revisited", *Synthese*, 2006:http://dx.doi.org/10.1007/s11229-006-9050-z.

[32] Matson, J.O.; Parson, S., Misconceptions about the nature of science, inquiry-based instruction, and constructivism: creating confusion in the science classroom", *Electronic journal of literacy through science*, 2006, 22 de diciembre;5(6).

Decadencia, vigencia y emergencia de las teorías en biología

Rosa del Carmen Xicohténcatl Palacios[20]

Introducción

La ciencia, al igual que otras actividades humanas, es una actividad social compleja. El trabajo de la ciencia es observar, describir y explicar el mundo natural, pero se diferencia de otras formas de conocimiento, en que utiliza maneras particulares de observar, pensar, experimentar y probar, las cuales constituyen los aspectos fundamentales de su naturaleza.

Para la actividad científica las cosas y los acontecimientos en el universo presentan patrones consistentes que pueden ser comprendidos por medio de su estudio sistemático. Los científicos pretenden darle sentido a las observaciones de los fenómenos mediante la formulación de explicaciones. Para tal intención, ellos se apoyan en los principios aceptados por su comunidad como son las hipótesis, leyes y teorías. Bajo esta perspectiva, se entiende que la ciencia no sólo cuenta con instrumentos que extienden los sentidos y que permiten hacer observaciones cuidosas e intervenciones en los fenómenos, sino que más bien, cuenta con un proceso de producción de conocimientos [1].

---

[20]   Centro de Innovación y Desarrollo Educativo Centro de Estudios Justo Sierra (CEJUS). Surutato, Badiraguato, Sinaloa, México, e-mail: mailto:rosaxic@yahoo.com.mx

Para comprender la naturaleza de la ciencia y su lugar en la sociedad, es necesario someter a un análisis cuidadoso los enunciados científicos y su articulación, así como la lógica por la cual se establecen conclusiones científicas. Los dominios en los cuales debe realizarse este análisis son: los esquemas lógicos que presentan las explicaciones de la ciencia, el de la construcción de conceptos científicos y el de la validación de las conclusiones científicas [2].

La ciencia y el sentido común

La forma en que el hombre ha observado y explicado a la naturaleza ha sido diferente en distintas épocas de su historia. Las diferentes formas en que la humanidad se ha explicado los fenómenos, los distintos patrones de explicación, se han modificado en la historia y en ocasiones han tenido como base el sentido común, en otras, lo que predominó como ciencia fueron aquéllas que no se sustentaban en la realidad sensible (en fenómenos), como la matemática, la geometría y la lógica simbólica. A partir del siglo XVII surge una corriente de pensamiento que insistió en las ciencias empíricas. Entre los filósofos que le dieron auge se encuentran los filósofos ingleses, John Locke, David Hume, George Berkeley y Francis Bacon. En contraposición al empirismo en el mismo siglo surgió el racionalismo, representado por pensadores como el francés René Descartes, el holandés Baruch Spinoza y los filósofos de los siglos XVII y XVIII Gottfried Wilhelm Leibniz y Christian von Wolff.

La diferencia entre ciencia y sentido común estriba en el hecho de la deliberada política de la ciencia, en cuanto a que se exponen las afirmaciones cognoscitivas al repetido desafió de datos observacionales críticamente probatorios y obtenidos en condiciones cuidadosamente controladas. Esto no significa que las creencias surgidas del sentido común sean invariablemente erróneas o que no se basen en hechos empíricamente verificables. Significa que las creencias del sentido común no están sometidas como principio establecido, a un escrutinio sistemático a la luz de datos obtenidos para determinar la exactitud de las creencias y el ámbito de su validez. También significa que los elementos de juicio admitidos en la ciencia deben ser obtenidos mediante procedimientos instituidos con el propósito de eliminar fuentes conocidas de error. También significa que el peso de los elementos de juicio disponibles para cualquier hipótesis propuesta como solución para el problema que se investiga, se valora sobre la base de criterios de evaluación de extensas investigaciones. Por lo tanto, la búsqueda de explicaciones en la ciencia, no es simplemente una búsqueda de "primeros principios" plausibles, que permitan explicar de una manera vaga los "hechos" familiares de la experiencia corriente. Por el contrario, es una búsqueda de hipótesis explicativas que sean genuinamente estables, porque se les exige que tengan consecuencias lógicas suficientemente precisas, como para no ser compatibles con casi todo estado de cosas concebibles. Las hipótesis buscadas, por lo tanto, deben estar sujetas a la probabilidad de rechazo, que dependerá del resultado de los procedimientos críticos, inherentes a la búsqueda científica que se adopte para determinar cuales son los hechos reales. La diferencia entre las conclusiones de la ciencia, a diferencia de las creencias del sentido común, son los productos del método científico [3].

LAS REVOLUCIONES CIENTÍFICAS Y EL SURGIMIENTO DE NUEVAS TEORÍAS

Si se buscan nuevas direcciones en la ciencia, se deben buscar revoluciones científicas. Cuando no hay ninguna revolución científica, la ciencia avanza a lo largo de las viejas direcciones. Es imposible predecir las revoluciones científicas, pero a veces es posible imaginar una revolución antes de que suceda. Existen dos tipos de revoluciones científicas, las que son impulsadas por nuevas herramientas y las que son impulsadas por nuevos conceptos. Thomas Kuhn en su libro *La estructura de las revoluciones científicas*, habló casi exclusivamente de conceptos, y apenas lo hizo de herramientas. Las revoluciones impulsadas por conceptos son las que atraen la mayor atención y tienen el mayor impacto en el conocimiento público de la ciencia, pero en realidad son relativamente raras. En los últimos 500 años, además de la revolución en mecánica cuántica que Kunh tomo como modelo, han existido seis grandes revoluciones impulsadas por conceptos asociadas a nombres como Copérnico, Newton, Darwin, Maxwell, Freud y Einstein. Durante el mismo periodo, ha habido unas veinte revoluciones impulsadas por instrumentos, no tan impresionantes para el público en general, pero de igual importancia para el progreso de la ciencia. Dos ejemplos de primera clase de revoluciones impulsadas por instrumentos son la revolución de Galileo, resultado del uso del telescopio en astronomía, y la revolución de Watson y Crick, consecuencia del uso de la difracción de rayos X para determinar la estructura de macromoléculas en biología. El efecto de una revolución científica impulsada por conceptos, es explicar cosas antiguas de nuevas maneras. El efecto de una revolución impulsada por herramientas es descubrir cosas nuevas que tienen que ser explicadas. En casi todas las ramas de la ciencia, y especialmente en biología, ha habido una preponderancia de revoluciones impulsadas por instrumentos. Se ha tenido más éxito en descubrir nuevas cosas que en explicar las viejas [4].

Las crisis son una condición previa y necesaria para el nacimiento de las nuevas teorías. Sin embargo, los científicos no renuncian al paradigma que los ha conducido a la crisis. Sólo hasta que una nueva teoría ha alcanzado el *status* de paradigma entonces se rechaza el paradigma anterior, sólo cuando se dispone de un candidato alternativo para que ocupe su lugar.

Esta observación no significa que los científicos no rechacen las teorías científicas o que la experiencia y la experimentación no sean esenciales en el proceso en que lo hacen. Significa que el acto de juicio que conduce a los científicos a rechazar una teoría aceptada previamente, es más de una comparación de dicha teoría con el mundo. La decisión de rechazar un paradigma es siempre, simultáneamente, la decisión de aceptar otro, y el juicio que conduce a esa decisión involucra la comparación de ambos paradigmas con la naturaleza y la comparación entre ellos [5].

Leyes experimentales y leyes teóricas

En la ciencia muchas leyes formulan relaciones entre cosas o características de las cosas que son observables, sea a través de los sentidos o a través de instrumentos de observación. Sin embargo, no todas las leyes empleadas en los sistemas explicativos se refieren a cuestiones que puedan ser caracterizadas como observables. Aunque, podemos disponer de buenos elementos de juicio observacionales a favor de esas suposiciones. Con base a estas condiciones, podemos llamar leyes experimentales a las de primer tipo y leyes teóricas o simplemente "teorías" a las del segundo tipo. Estas denominaciones no están exentas de asociaciones engañosas, pero se encuentran firmemente establecidas en la literatura sobre el tema, para caracterizar la distinción que se quiere realizar entre diversos tipos de leyes, en todo caso no se dispone de nombres mejores [6].

La distinción entre los conceptos para definir las leyes no es radical con respecto al término "observable" o experimentalmente determinable. De sus objetos de estudio cabe señalar que lo "observable", no es representado por los "datos sensoriales" obtenidos a través de los órganos de los sentidos. Se refiere a cosas que solo es posible identificar mediante procedimientos que suponen cadenas inferidas bastante complicadas y toda una variedad de suposiciones generales. Por otro lado, aunque los ejemplos de teorías son enunciados acerca de cosas "inobservables" en un sentido obvio, con frecuencia es posible determinar indirectamente, a través de las inferencias extraídas de los datos experimentales, de acuerdo con ciertas reglas, características importantes de lo que no es manifiestamente observable [6].

En el habla popular, una teoría es vista frecuentemente como poco más que una suposición o hipótesis. Por otro lado, en ciencia y en el uso académico general, una teoría es mucho más que eso: ella es un paradigma establecido que explica gran parte o la totalidad de los datos con que se cuenta y ofrece predicciones válidas verificables [7]. De acuerdo con los conceptos que maneja Stephen Hawking en su libro *Una breve historia del tiempo*, "una teoría es buena si satisface dos requerimientos: debe describir con precisión una extensa clase de observaciones sobre la base de un modelo que contenga sólo unos cuantos elementos arbitrarios, y debe realizar predicciones concretas acerca de los resultados de futuras observaciones". Procede luego a afirmar: "Cualquier teoría física es siempre provisional, en el sentido que es sólo una hipótesis; nunca puede ser probada. No importa cuántas veces los resultados de los experimentos concuerden con alguna teoría, nunca se puede estar seguro de que la próxima vez el resultado no la contradiga. Por otro lado, se puede refutar una teoría con encontrar sólo una observación que esté en desacuerdo con las predicciones de la misma" [8].

Al afirmar que el método científico, incluyendo la matemática y la lógica, son una vía privilegiada hacia la verdad, se está llevando a cabo un acto de fe personal. Las verdades científicas son meras hipótesis que hasta el momento no han podido ser refutadas, pero que están destinadas a ser reemplazadas por otras. En el peor de los casos, tras la próxima revolución científica, las "verdades" de hoy podrían ser pintorescas o absurdas, sino es que falsas. Lo máximo a lo que un científico puede aspirar es a una serie de aproximaciones que reduzcan progresivamente los errores, pero que jamás puedan ser eliminados, no hay verdad absoluta [9].

CARACTERÍSTICAS QUE DISTINGUEN A LAS LEYES EXPERIMENTALES DE LAS TEORÍAS

Según Nagel [10], las leyes experimentales se pueden diferenciar de las teorías de acuerdo con las características que las definen, por lo que para la primera categoría las distinciones serían:

- Las leyes experimentales poseen invariablemente un contenido empírico determinado, que en principio, puede ser controlado por elementos de juicio observacionales.
- Se pueden establecer a través de elementos de juicio directos, siempre y cuando no se presenten dificultades provocadas por las limitaciones actuales de la tecnología experimental. En cambio las teorías se construyen en analogía con algunas cuestiones familiares, de manera que la mayoría de los términos teóricos están asociados a concepciones e imágenes que derivan de sus analogías generadoras. Sin embargo, los significados operacionales de la mayoría de los términos teóricos o bien sólo están definidos implícitamente por los postulados teóricos en los cuales aparecen, o bien sólo están determinados indirectamente por los eventuales usos que se le dé a la teoría. Los términos básicos de una teoría no están asociados por lo general con procedimientos experimentales definidos para su aplicación. Tal observación no significa que los materiales observacionales no puedan sugerir teorías, o que estas no necesiten apoyo de los elementos de juicio observacionales.
- Se pueden formular independientemente de la teoría, por lo que es posible proponer generalizaciones inductivas basadas en relaciones que se cumplen en los datos

observacionales. En cambio, los elementos teóricos no pueden ser comprendidos si se separan de la teoría particular que implícitamente las define. Esto se desprende de la circunstancia de que, si bien no se asigna a los términos teóricos un conjunto único de sentidos determinados por los postulados de una teoría, los sentidos permisibles se limitan a los que satisfacen la estructura de relaciones en la cual los postulados colocan a los términos. Por lo tanto, cuando se alteran los postulados fundamentales de una teoría, también cambian los significados de sus términos básicos, aun cuando se sigan empleando las mismas expresiones lingüísticas en la teoría modificada que en la original. Como consecuencia del cambio en el contenido teórico de la teoría, las regularidades observacionalmente identificables formuladas por leyes experimentales, y explicadas tanto por la teoría original como por la teoría modificada, reciben, de hecho, interpretaciones teóricas diferentes.

- Las leyes experimentales se pueden establecer a través de elementos de juicio indirectos, por lo que los datos confirmatorios son dispensables; esto último es posible cuando se incorpora la ley experimental a un vasto sistema de leyes. Por la misma razón, a su vez, también tienen la propiedad de explican otras leyes experimentales. En esta situación los hechos que pueden explicar son cualitativamente similares, en ciertos aspectos fácilmente identificables, y constituyen una clase de cosas bastante definidas. Además, éstas se pueden establecer por consideraciones teóricas para ser confirmadas después por experimentación directa.

- Mientras que las leyes experimentales, explican y predicen la producción de sucesos individuales, una teoría es un sistema de varios enunciados vinculados entre sí. Las teorías son generalizaciones y su poder explicativo es muy vasto. Muchas de las teorías son capaces de explicar una variedad de leyes experimentales y por lo tanto, pueden abordar un extenso dominio de hechos que son cualitativamente muy dispares. Este rasgo de las teorías se relaciona con el hecho de que las nociones teóricas no están ligadas a materiales de observación definidos mediante un conjunto fijo de procedimientos experimentales y también con el hecho de que, a causa de la compleja estructura simbólica de las teorías, se dispone de mayor libertad para extender una teoría a muchos ámbitos diversos. De hecho una de las funciones importantes de una teoría es poner de manifiesto conexiones sistemáticas entre leyes experimentales concernientes a fenómenos cualitativamente dispares. Otra función es la de suministrar sugerencias para nuevas leyes experimentales [10].

Componentes de las teorías

Una teoría científica a menudo es sugerida por hechos de experiencias familiares o por ciertos aspectos de otras teorías. Las teorías están formuladas de tal manera que se asocian varias nociones más o menos intuitivas, con las expresiones no lógicas que aparecen en ellas, esto es, por términos "descriptivos o especializados", las cuales no pertenecen al vocabulario de la lógica formal, sino que son específicos del discurso de algún tema especial. Cuando se ignoran voluntariamente estos términos y se codifica cuidadosamente una teoría, de manera que adquiera la forma de un sistema deductivo, las suposiciones fundamentales de una teoría no formulan más que una estructura relacional abstracta. Estos postulados, no afirman nada, ya que son formas de enunciados no manifiestos en sí mismos. Una teoría científica totalmente articulada contiene un cálculo abstracto que es el esqueleto de la teoría [11].

Reglas de correspondencia. Los términos de una teoría se deben expresar implícitamente para que dicha teoría explique leyes fundamentales. Sus términos definidos se deberán relacionar claramente con las ideas que aparecen en las leyes experimentales. Para tal acción se requiere agregar algo más, que establezca la correspondencia. Pues no es posible afirmar o negar significativamente una teoría, en todo caso sería científicamente inútil. Estos vínculos son de carácter indispensable y se han acuñado una serie de nombres para ellos: definiciones coordinadoras, definiciones operacionales, reglas semánticas, reglas de correspondencia, correlaciones epistémicas o reglas de interpretación. Las formas en las cuales se relacionan las nociones teóricas con los procedimientos observacionales, son a menudo muy complejas y no parece haber ningún esquema simple que las represente adecuadamente [12].

Interpretación o modelo de una teoría. Habitualmente se acostumbra presentar las teorías mediante nociones relativamente familiares, de modo que los postulados de la teoría parecen ser manifiestos explícitamente. Aunque buena parte de su contenido puede ser imaginado intuitivamente y no formar parte de los enunciados. Se adopta esta presentación, porque de este modo se le puede entender con mayor facilidad que mediante una exposición puramente formal, inevitablemente más larga y complicada. Pero sea cual fuere, en tal exposición los postulados de la teoría se hallan insertos en un modelo o interpretación. A pesar del uso de un modelo para enunciar una teoría, las suposiciones fundamentales de ésta, sólo suministran definiciones implícitas de las nociones teóricas que figuran en ellas. Por lo que se necesita establecer reglas de correspondencia que vinculen la teoría con conceptos experimentales. La teoría que tiene un modelo está completamente interpretada, en el sentido de que toda oración que aparece en la teoría es, entonces, un enunciado con significado. Sin embargo, aunque un modelo es algo extraordinariamente valioso para sugerir nuevas líneas de investigación, quizá nunca se nos ocurría plantearlas, si la teoría estuviera presentada en una forma completamente abstracta. Exponer una teoría en términos de un modelo hace correr el riesgo de que los aspectos adventicios de éste puedan inducirnos a engaño en lo concerniente al contenido real de la teoría. Pues una teoría puede recibir diferentes interpretaciones a través de diferentes modelos, y estos no sólo pueden diferir en el tema del cual se los extrae, sino también en importantes propiedades estructurales. Finalmente, y éste es el punto central que queremos destacar en éste contexto, aunque se presente una teoría en términos de un modelo, de ello no se desprende que la teoría se halle automáticamente vinculada con conceptos experimentales y procedimientos observacionales. En resumen, elegir un modelo para una teoría de modo tal que todos sus términos descriptivos reciban una interpretación, no es suficiente, en general, para deducir de la teoría alguna ley experimental [6].

Surgimiento de nuevas teorías. Debido a que exige la destrucción de paradigmas en gran escala y cambios importantes en los problemas y las técnicas de la ciencia normal, el surgimiento de nuevas teorías es precedido generalmente por un periodo de inseguridad profunda. Como podría esperarse, esta inseguridad es generada por el fracaso persistente de los enigmas de la ciencia normal para dar los resultados apetecidos. El fracaso de las reglas existentes es lo que sirve de preludio a la búsqueda de otras nuevas. Después de un periodo de fracaso notable de la actividad normal de resolución de problemas, surge una nueva teoría. El derrumbamiento y la proliferación de teorías, tienen lugar una o dos décadas antes de la enunciación de la nueva teoría. La teoría nueva parece una respuesta directa a la crisis [13].

Los descubrimientos científicos son las etapas —algunas grandes, algunas pequeñas— en la escalera llamada progreso, la cual ha conducido a mejorar la vida para los ciudadanos del mundo. Cada descubrimiento científico ha sido posible por el arreglo de las neuronas del cerebro de un individuo y como tal es idiosincrásico. Observando el pasado de los descubrimientos científicos, sin embargo, un patrón emerge el cual sugiere que éstos caen en tres categorías –encargo, desafió y casualidad– que combinadas en una "teoría de descubrimientos científicos Cha-cha-cha" (los descubrimientos no científicos se pueden categorizar de manera similar). Esta clasificación que hace Koshland [14], se explica de la siguiente manera:

- En los descubrimientos por "encargo" se resuelven problemas que son obvios del todo; por ejemplo, curan enfermedades cardiacas, comprenden el movimiento de las estrellas en el cielo, pero en los demás no es tan clara la forma para resolver el problema. Así, el científico es llamado, para "ver lo que todo mundo a visto, y pensar lo que nadie ha pensado antes". El movimiento de las estrellas en el cielo y la caída de una manzana de un árbol eran evidentes para todos, pero Isaac Newton logro a través del concepto de la gravedad explicar todo en una gran teoría.
- Los descubrimientos de "desafió" son una respuesta a una acumulación de hechos que son inexplicables o incongruentes con las teorías científicas del tiempo. El descubridor percibe que un nuevo concepto o una nueva teoría se requieren para probar todos los fenómenos en un todo coherente. Algunas veces el descubridor ve las anomalías y también proporcionan la solución. Mucha gente percibe las anomalías, pero ellos esperan a que el descubridor proporcione un nuevo concepto. Estos individuos, a quienes podría llamarse "reveladores", contribuyen grandemente a la ciencia, pero es el individuo quien propone la idea, el que explica todas las anomalías, quien merece ser llamado un descubridor.

- Los descubrimientos de "casualidad" son los que frecuentemente son llamados serenditipia. En esta categoría están los ejemplos de un acontecimiento afortunado que la mente preparada reconoce como importante y después explica a otros científicos. Esta categoría, no únicamente incluiría el descubrimiento de Louis Pasteur de la actividad óptica/isómeros D y L, también los rayos X y el teflón. Estos científicos vieron lo que no habían visto o reportado ningún otro y pudieron comprender su importancia.

ALGUNAS TEORÍAS EN LAS CIENCIAS BIOLÓGICAS

TEORÍA DE LOS CUATRO HUMORES (EJEMPLO DE UNA TEORÍA DECADENTE)

Todos los seres vivos están formados por células o productos secretados por células

Fue en la antigua Grecia, y a partir de los análisis de Aristóteles, Platón, Hipócrates y Galeno, cuando los estudios adquirieron avances tan grandes que sentaron fundamentos válidos durante siglos e incluso algunos prevalecen hasta nuestros días. Los conceptos de Hipócrates se construyeron sobre la base de la teoría humoral, la cual afirmaba que el cuerpo estaba constituido por cuatro elementos proporcionados y en equilibrio –sangre, flema, bilis amarilla y bilis negra– la relación de éstos producía cuatro temperamentos: melancólico, sanguíneo, flemático y colérico [15].

La enfermedad era considerada como un desequilibrio entre estos factores y el organismo. De acuerdo a esta teoría existen tres etapas en toda enfermedad: el cambio en las proporciones humorales causado por factores externos o internos, la reacción del organismo ante esa alteración, y la crisis final en la que la alteración acaba con la eliminación del humor que está en exceso o, con la muerte. La eliminación de los humores por el organismo puede observarse durante la enfermedad (sangre, flema o moco de la nariz, vómitos, materias fecales, orina, sudor), y la afección normalmente desaparece después de alcanzar la crisis con expulsión de uno de los humores [16].

Hipócrates se preocupó de hacer el estudio de los síntomas, la exploración del cuerpo del enfermo, el aspecto de las evacuaciones, de la orina, de sudor. Se sabe que Hipócrates ya reconocía a los enfermos tuberculosos, la existencia de tumores malignos y los cálculos del aparato urinario. Entre las obras más importantes está el Corpus hippocraticum en donde un capitulo está dedicado al "Tratado de los aires, las aguas y los lugares" que, en vez de atribuir un origen divino a las enfermedades, discute sus causas ambientales. Sugiere que consideraciones tales como el clima de una población, el agua o su situación en un lugar en el que los vientos sean favorables son elementos que pueden ayudar al médico a evaluar la salud general de sus habitantes. Otras obras, Tratado del pronóstico y aforismos, anticiparon la idea, entonces revolucionaria, de que el médico podría predecir la evolución de una enfermedad mediante la observación de un número suficiente de casos [16]. En el año 131 d. de C., Claudio Galeno reforzó y dio un nuevo impulso a las ideas hipocráticas y se considera que ellas perduraron por dos mil años [17]. A Galeno se debe gran parte del desarrollo de la anatomía, no obstante el haber sido muy criticado por su practica de la anatomía por analogía, pues realizaba disecciones en monos, perros y cerdos, de ahí, sus observaciones y conclusiones las aplicaba al cuerpo humano [18].

Desde la época clásica de los griegos hasta el renacimiento, el desarrollo de la medicina fue muy limitado. Los conocimientos anatómicos estaban muy restringidos y el desarrollo de la cirugía, la terapéutica, la medicina preventiva fue prácticamente nulo. Los médicos se basaban en los textos griegos y romanos que quedaron preservados en algunos monasterios. Las ideas sobre el origen y el tratamiento de las enfermedades tenían un importante componente espiritual. Las ideas sobre el destino, el pecado y las influencias astrales formaban parte de la práctica médica [16].

En 1543 salió a la luz la célebre obra de Vesalio, De humani corporis fabrica, basada en los estudios de anatomía que le valieron muchas críticas por parte de los médicos tradicionalistas. Miguel Servet descubridor de la circulación pulmonar y William Harvey descubridor del sistema circulatorio, desafiaron con evidencia científicas a los conceptos aceptados en aquel entonces. La comprensión y el diagnóstico de las enfermedades se vieron mejoradas pero no tuvieron un efecto directo sobre la salud. Existían pocos medicamentos y algunos de ellos se basaban en compuestos metálicos tóxicos [18]. El renacimiento fue un periodo caracterizado por el conflicto entre la autoridad de los textos antiguos y la observación directa en contacto con la realidad. Las observaciones del renacimiento continuaron enriqueciendo el conocimiento de las enfermedades humanas hasta el siglo XIX. A finales del siglo XIX la medicina hizo alianza definitiva con la ciencia y dejó las enseñanzas doctrinarias para analizar cada cosa con el proceso de prueba de la hipótesis. Todos los principios establecidos fueron declarados hipótesis sujetos de prueba, rechazo o revisión [19].

La teoría celular, una teoría vigente

La teoría celular es una parte fundamental de la biología que explica la constitución de la materia viva con base en las células y el papel que éstas juegan en la constitución de la vida. El hecho de que la célula constituye la base de la organización vital sólo fue comprendido con claridad hacia 1839, cuando los biólogos alemanes Schleiden y Schwann desarrollaron la "teoría celular". La palabra célula había aparecido en 1665 en la obra de un botánico inglés, Robert Hooke. Éste, examinó con un microscopio compuesto un delgadísimo corte de corcho y percibió una estructura alveolar, que evocaba el aspecto de un panal de colmena. Dichos alvéolos o poros minúsculos, que ya había encontrado en otros vegetales (helecho, hinojo, zanahoria), recibieron el nombre de «célula», del latín *cellula* que significa celdilla, o cámara pequeña. Pero Hooke no había, ni remotamente, imaginado la verdadera naturaleza y significado de la célula; en suma, sólo había percibido de ella los tabiques o esqueleto.

La frase "teoría celular" fue inventada por Theodor Schwann, quien indicó que significaba lo siguiente: "Uno puede incluir bajo el nombre de teoría celular la afirmación de que existe un principio general de la construcción para todos los productos orgánicos, y que este principio de construcción es la formación de las células". Desgraciadamente la palabra construcción introdujo incertidumbre en el significado de la definición de Schwann, porque puede referirse a la estructura o al desarrollo de la estructura. Éste último parece ser el significado. Schwann pensó que el desarrollo de la estructura ocurre en dos etapas: el desarrollo de las células a partir de una sustancia desestructurada y la diferenciación de estas células en su forma definitiva. Los tejidos de la mayoría de los organismos, cuando fueron examinados al microscopio, se vio que no eran continuos, porque existe una división a través de membranas celulares, paredes celulares y sustancia intercelular de varias clases; y esta división deja muchos de los materiales de los organismos en la forma de cuerpos más o menos separados a los cuales se les ha denominado células. Las células están generalmente en formas relativamente simples en los tejidos menos diferenciados [20].

Toda célula se ha originado a partir de otra célula, por división de ésta

Un segundo aspecto de la teoría celular fue explicado por los médico Rudolf Virchow, y R. Remak en la forma de un aforismo *Omnis cellula e cellula* (seguramente una de las grandes inducciones de la biología). Esta frase fue introducida solamente en referencia al origen de nuevas células por división. Toda célula se ha originado a partir de otra célula por división de ésta [21].

Aunque ambos hombres publicaron en 1852 y sus papeles no pueden ser fechados exactamente, todavía la evidencia circunstancial sugiere que Remark fue el primero en este campo. Ya que, él publico sus observaciones de una etapa en la multiplicación de los corpúsculos sanguíneos por división en 1841. En 1851, cuando escribió sobre la división de los huevos de rana, dijo que reservaba para otra publicación sus observaciones sobre la transición de la división celular a los tejidos, por la división celular repetida. El artículo prometido apareció al año siguiente. Con una cuidadosa revisión de las evidencias disponibles, pero sin añadir nuevas observaciones, Remark (1852) intentó refutar la idea de Schwann, del origen exógeno de las células y estableció en su lugar, una teoría general de la multiplicación por división. Él observo que los botánicos no creían que las células surgieran fuera de células preexistentes. Para el, el origen extracelular de las células es tan inverosímil como la *Generatio aequivoca* de los organismos. Entre los espacios intercelulares no hay sustancia intracelular en el cual nuevas células podrían ser originadas exógenamente [21].

Es imposible decir si Virchow había leído el papel de Remark de 1852 cuando él publicó sus propias observaciones en el mismo año. Él no hace ninguna mención de Remark; pero esto quizás no es muy significativo, porque no menciona a nadie que hubiese escrito sobre la multiplicación de células excepto Schleiden, Schwann, y Kolliker. Es revelador que al acuñar el aforismo, Virchow lo aplica a los tejidos enfermos, y tomó como dado su aplicación en las células normales. Parece ser que fue Leydig quien utilizó la frase en su forma final. Si pasamos por alto deliberadamente el estilo extraño en el cual Virchow escribió su publicación de 1852, podemos ver que hizo una contribución hacia la comprensión de que las células son derivadas de las células preexistentes por la división. Pero si comparamos sus escritos con los de Remak, no podemos dejar de reconocer que este último tuvo más influencia. De hecho, no parece probable que los escritos de Virchow por sí mismos hubiesen tenido mucho efecto sobre la opinión. La publicación de Remak de 1852 no contiene ninguna frase que capture la atención, pero se destaca como la primera declaración general clara del modo en el cual las células se multiplican [21].

La célula es la unidad genética

La historia del descubrimiento de la mitosis se divide en tres partes: en la primera (1842-70), los cromosomas fueron vistos accidentalmente de vez en cuando, pero no se prestó ninguna atención especial a ellos. En la segunda (1871-78), la metafase y la anafase fueron vistas en varias ocasiones, ubicados en su secuencia correcta, y reconocidas como etapas normales en la multiplicación nuclear. En la tercera (1878 hacia adelante), las características principales de la profase y la telofase se describieron y se demostró que los cromosomas se replican por división longitudinal. La separación de los cromosomas dentro de la telofase y la constancia de su número también se descubrieron. Estas investigaciones probaron que en la mitosis ordinaria el núcleo nunca desaparece totalmente ni se divide [22].

Von Baer, ya en el año 1828, con su «teoría de las células embrionarias», realizó en embriología el mayor progreso que ésta había conocido pero, sus descripciones sólo podrían adquirir pleno significado a la luz de la teoría celular, que permitía, en definitiva, reducir todos los episodios de la formación del ser a divisiones, transformaciones o desplazamientos de células. Después de las investigaciones de Von Baer, se había abandonado generalmente la vieja idea del embrión preformado en miniatura en el germen; sin embargo, se sentía crecer, cada día más, la dificultad de explicar la formación del embrión a partir de una sustancia desorganizada. La noción de célula, que conducía, en definitiva, a disociar la idea de germen de la idea de preformación, llegaba completamente a punto para sugerir una «génesis razonable» [23].

Las repercusiones de la teoría celular fueron inmensas en todos los terrenos. La teoría celular abrió perspectivas completamente nuevas a los fisiólogos y médicos. Además, poco después se logro comprender que el óvulo de los mamíferos es una verdadera célula, repleta de materiales nutritivos. La teoría celular, condujo a una interpretación correcta de los procesos del desarrollo embrionario. Pero, ¿donde se encuentra el conocimiento celular en estos primeros años del tercer milenio? Un enfoque central de la investigación posgenómica será sin duda entender los fenómenos celulares sobre la conectividad de genes y proteínas. Los recientes adelantos experimentales en secuenciación y la ingeniería genética han hecho posible este acercamiento. Podría decirse que hasta entonces se tendría una real ingeniería genética con aplicaciones importantes en el genoma funcional, nanotecnología y terapia genética de la célula [24].

La teoría de los priones, una teoría emergente

Los priones son agentes infecciosos no convencionales responsables de las encefalopatías espongiformes transmisibles. Algunas de las características bioquímicas del prion son resistencia a los detergentes desnaturalizantes, a las nucleasas, a las proteasas y glicosidasas [25]. La búsqueda de las características moleculares de este agente revelaron como componente mayoritario, sino único, una proteína: PrPSc, (proteína prionica *scrapie*), y la ausencia de un ácido nucleico específico. Con estas premisas, unidas a la capacidad de infección, Prusiner [25] acuño el término prion (partícula infecciosa de naturaleza proteica) para diferenciarlo de virus y viroide [26]. Dadas las características poco convencionales de los priones se elaboraron numerosas hipótesis sobre su estructura. En la actualidad la hipótesis con mayor grado de aceptación es la conocida como 'sólo proteína', delineada inicialmente por Griffith [27], y formalmente enunciada y actualizada por Prusiner [25]. En este contexto, la idea de una actividad biológica hereditaria compuesta solamente por la proteína pero que actuaba como un virus parecía absurdo. Solamente algunos años antes, los defensores de "los genes se hacen de proteínas" finalmente habían desaparecido. Tras los avances interdisciplinarios realizados en el conocimiento de estos agentes en varias décadas, el concepto de prion ha sido acotado adquiriendo una definición más precisa y generalizable. De tal manera que, se le denomina *prion* a la forma alterada de una proteína celular funcional (PrPc en mamíferos) que ha podido perder su función normal pero que ha adquirido la capacidad de transformar la forma normal en patológica. Dado que tienen la misma secuencia primaria, las diferentes propiedades parecen involucrar modificaciones postraduccionales [28].

En 1982 Prusiner [25] publicó que los priones son proteínas infecciosas. Cuatro décadas anteriores Avery (1944) [29] publicó el primer documento en el cual reportó que el ADN es el material hereditario. El texto explicaba de manera meticulosa las pruebas desarrolladas en la bacteria *Streptococcus pneumoniae* que permitieron observar que la transformación de las cepas apatógenas en cepas virulentas era a partir del ADN. Se trataba de un experimento crítico y concluyente para la mayoría de los biólogos ya que en ese momento se pensaba que la proteína era el material hereditario y que el ADN carecía de la especificidad para servir como material hereditario. Las pruebas biológicas en ambos experimentos [26, 29] lograron que el principio de transformación, fuera purificado en el primer caso de los neumococos y en el segundo, de cerebros de hámster infectados con escrapie. Las publicaciones que describían el principio de transformación como compuesto por ADN, provocaron en algunos científicos algunas afirmaciones que se referían a que "algunas proteínas no detectadas, podrían estar contaminando las fracciones del principio de transformación". En el tiempo en que los priones fueron descubiertos, se había comprobado que los genomas de todos los patógenos infecciosos incluyendo virus, bacterias, hongos y parásitos estaban formados por ácidos nucleicos y nuevamente se repitió la misma interrogante pero en forma inversa: "Las moléculas del ADN o del ARN deben estar ocultas entre las proteínas de los priones". Encontrar lo inesperado y poder responder o demostrar inequívocamente la ausencia de un contaminante representa únicamente un paralelo entre los descubrimientos de que el ADN codifica el genotipo y que los priones son proteínas infecciosas. Este paralelismo es probablemente la parte más significativa de la comparación.

El artículo de Avery en 1944 [29], fue la primera propuesta moderna seria de que el ADN era el material genético. El artículo de Prusiner en 1982 [25], había sido precedido por muchas contribuciones a mediados de los sesenta en los cuales el agente del scrapie, había sido propuesto con base en una proteína, en ves del ácido nucleico, por diversas razones [27, 31]. Además, las actitudes de los dos autores eran dramáticamente diferentes. Avery fue extremadamente cauteloso en prolongar el alcance del resultado obtenido en neumococo, aunque personalmente estaba convencido de su valor general. En cambio, no fueron tantos los resultados obtenidos por Prusiner, la ausencia de ácidos nucleicos en la fracción activa del scrapie pero su insistencia sobre lo heterodoxo del modelo que él propuso fue lo que levantó la controversia [32]. Finalmente muchos consideran que la existencia de cepas, bien demostradas en los años setenta, no fue explicada por el modelo de trasconformación de la proteína propuesto a finales de los años ochenta. Parecería razonable admitir que una proteína puede adoptar dos diversas conformaciones diferentes, ya estaba establecida para las proteínas alostéricas, pero no diez o más como se requeriría por el aumento progresivo en el número de cepas descritas. Para que una observación sea aceptada, existe la necesidad de presentar una cierta clase de mecanismo, aunque rudimentario, para explicarla. La necesidad absoluta para proporcionar un mecanismo de explicación empuja a científicos a explotar cualquier nuevo descubrimiento como fuente posible de mecanismos. Esta tendencia es particularmente evidente en el caso de los priones, para los cuales la controversia sobre la naturaleza de la proteína del agente infeccioso ha permanecido vigente por casi cuarenta años. En los años sesenta, fue utilizado el modelo del operón. En los años ochenta, las observaciones hechas en los oncogenes [33], el rearreglo de los genes, el descubrimiento de viroides y virinos [34], fueron incorporadas como explicaciones posibles del "fenómeno del prion". A comienzos de los noventa, las chaperonas recientemente descubiertas fueron introducidas en el cuadro, y más recientemente el pequeño ARNi encontró su lugar. En el campo de la investigación con dificultades como en los priones, es impresionante cómo los científicos utilizan la historia para reforzar sus discusiones. La comparación entre los experimentos 1944 y 1982 es un ejemplo; un paralelo similar ya había sido empalmado en los años ochenta entre el descubrimiento de oncogenes y los experimentos de Avery. El rescribir histórico también otorga a los experimentos pasados diferente papel y peso. Considerar, por ejemplo, en la misma revisión, la referencia limitada a los experimentos de Griffith [27] que proponía que el agente del escrapie era una proteína. Esto se menciona únicamente al final, para sugerir que semejante hipótesis alternativa era mucho más fácil de proponer en un momento en que el paradigma de la biología molecular no había sido establecido completamente todavía, que en los años ochenta, cuando el papel de ácidos nucleicos había llegado a ser completamente dominante. Tal presentación termina reforzando para consolidar la importancia de la contribución de Prusiner.

Quizás la conclusión más importante que emerge de esta historia paradójicamente es la ausencia de un acontecimiento decisivo en la aceptación de la hipótesis del prion. Ni las observaciones iníciales en 1967, ni las complementarias en 1982, eran decisivas. La aceptación progresiva de únicamente-proteína y del modelo de transconformación se llevó a cabo por la convergencia y la coalescencia de las observaciones que estaban todas de acuerdo con el modelo, mientras que ninguna observación convencía por sí misma: el uso de los animales transgénicos que expresan diversas formas de priones para alterar la sensibilidad del hospedero a la enfermedad [35] la resistencia a la enfermedad en animales en los cuales se conocía el gene que codifica la proteína del prion [36]; la identificación del gene del prion como un gene que controla el periodo de incubación de la enfermedad [37, 39], la ocurrencia de mutaciones en el gen del PrP en una enfermedad genética neurodegenerativa llamada síndrome de Gerstmann-Sträussler [40]. La elaboración de un modelo que explicaba enfermedades neurodegenerativas como scrapie, enfermedad de las vacas locas y Kuru por la transconformación auto activada de una proteína particular, es una de las mejores ilustraciones de la construcción progresiva del conocimiento del científico. Por lo que Prusiner continúa desempeñando un papel importante en esta construcción en curso [32].

En las últimas dos décadas, hemos aprendido que los priones no derriban el "dogma central" de la biología molecular. El descubrimiento de los priones extiende nuestro conocimiento de formas que pocos pensaron posible, apenas como el descubrimiento del ADN lo hizo en los últimos sesenta años.

Conclusiones

La sistematización científica se propone esencialmente establecer un orden explicativo y predictivo entre los complejísimos "datos" de nuestra experiencia, o entre los fenómenos observados. Las etapas más tempranas en el desarrollo de una disciplina científica pertenecen generalmente al ámbito de generalizaciones empíricas que se caracterizan por la búsqueda de leyes. Las etapas más avanzadas corresponden al terreno de formación de teorías. Las teorías son un conjunto de explicaciones sobre determinados fenómenos observables o no observables. Sin embargo, como lo muestra la historia de la ciencia, las teorías no son inamovibles, dependen del grado de desarrollo científico de la época y de la utilización de instrumentos de medición, por lo que a lo largo de la historia han sufrido modificaciones, o han sido descartadas.

Referencias

[1]. Nagel, E., *La ciencia y el sentido común. La estructura de la ciencia*. España, Paidós; 2006, p. 17.

[2]. Jacob, F., *El integrón. La lógica de lo viviente. Una historia de la herencia: Metatemas*, TusQuets; 1999, p. 279-300.

[3]. Nagel, E., *La ciencia y el sentido común. La estructura de la ciencia*. España, Paidós; 2006. p. 21-22.

[4]. Dyson, F., "Ciencia. Mundos del futuro", España, *Critica*, 1998. p. 49-87.

[5]. Kuhn, T.S., *La respuesta a la crisis. La estructura de las revoluciones científicas*, México, D.F.: Fondo de Cultura Económica, 1995, p. 112-27.

[6]. Nagel, E., *Las leyes experimentales y las teorías. La estructura de la ciencia*, España, Paidós, 2006, p. 117-50.

[7]. Nagel, E., *El carácter lógico de las leyes científicas. La estructura de la ciencia*, España, Paidós, 2006, p. 75- 115.

[8]. Hawking, S.W., *Breve historia del tiempo*, México, Planeta Mexicana, 1990.

[9]. Dawkins, R., *¿Qué es verdad? El capellán del diablo. Reflexiones sobre la esperanza, la mentira, la ciencia y el amor*, Ed. Gedisa, 2005, p. 25-31.

[10]. Nagel, E., *Modelos de explicación científica. La estructura de la ciencia*, España, Paidós, 2006, p. 521-80.

[11]. Azzouni, J., "Theory, observation and scientific realism" *Br. J. Philos Sci.*, 2004, september 1, 2004;55(3):371-92.

[12]. Nagel, E., *El estatus cognoscitivo de las teorías. La estructura de la ciencia*, España, Paidós, 2006, p. 151-209.

[13]. Kuhn, T.S., *Las crisis y la emergencia de las teorías científicas. La estructura de las revoluciones científicas*. México, D.F.: Fondo de Cultura Económica, 1995. p. 112-27.

[14]. Koshland, D.E. Jr. "Philosophy of science. The Cha-Cha-Cha Theory of scientific discovery" *Science*, 2007, aug.; 10;317(5839):761-2.

[15]. O'Donnell, M., "Interviews with the dead: using meta-life qualitative analysis to validate Hippocrates' theory of humours" *CMAJ*, 1998, december 15, 1998;159(12):1472-3.

[16]. Falagas, M.E.,; Zarkadoulia, E.A.; Bliziotis, I.A.; Samonis, G., "Science in greece: from the age of Hippocrates to the age of the genome" *Faseb Journal*, 2006, oct.;20(12):1946-50.

[17]. Villanueva, A., *Hipócrates y su influencia en la medicina (460-356 a.C.). Historia de la medicina y desarrollo de la urología en los países occidentales*, UNAM, 1996.

[18]. Montilla, A.E.M., "Los misterios del cuerpo", in: Puebla Gd. Ed, editor: Biblioteca Palafoxiana, 2007, p. 1-60.

[19]. Mann, R.D., "The contributions in the proceedings of the section of the history of medicine that relate to the renaissance and earlier periods of the history of medicine--a review", *J. R. Soc. Med.*, 1993, aug.;86(8):472-6.

[20]. Baker, J.R., "The cell-theory: a restatement, history, and critique: part. I", *Quarterly journal of microscopical science*, 1948, march 1, 1948;s3-89(5):103-25.

[21]. Baker, J.R., "The cell-theory: a restatement, history, and critique: part IV. The multiplication of cells", *Quarterly journal of microscopical science*, 1953, december 1, 1953;s3-94-(28):407-40.

[22]. Baker, J.R., The cell-theory: a restatement, history, and critique: part V. The multiplication of nuclei", *Quarterly journal of microscopical science*, 1955, december 1, 1955;s3-96-(36):449-81.

[23]. Baker, J.R., "The cell-theory: a restatement, history, and critique", *Quarterly journal of microscopical science*, 1949, march 1, 1949;s3-90(9):87-108.

[24]. Scherrer, K.; Jost, J., "The gene and the genon concept: a functional and information-theoretic analysis", *Mol. Syst. Biol.*, 2007;3:87.

[25]. Prusiner, S.B., "Novel proteinaceous infectious particles cause scrapie" *Science*, 1982, apr.; 9;216(4542):136-44.

[26]. Prusiner, S.B., *Prions*, Proc. Natl. Acad. Sci. U S A, 1998, nov.; 10;95(23):13363-83.

[27]. Griffith, J.S., "Self-replication and scrapie" *Nature*, 1967, sep.; 2;215(5105):1043-4.

[28]. Morales, R.; Abid, K.; Soto, C., "The prion strain phenomenon: molecular basis and unprecedented features", *Biochimica et Biophysica Acta*, 2007.

[29] Avery OT, Macleod CM, Mccarty M. Studies on the chemical nature of the substance inducing transforma-tion of pneumococcal types. J Exp Med 1944;79:137-58.

[30]. Prusiner, S.B.; McCarty, M., "Discovering DNA encodes heredity and prions are infectious proteins", *Annu Rev. Genet.*, 2006;40:25-45.

[31]. Alper, T., "The nature of the scrapie agent" *J. Clin Pathol Suppl (R. Coll Pathol)*, 1972;6:154-5.

[32]. Morange, M., "What history tells us VIII. The progressive construction of a mechanism for prion diseases", *J. Biosci*, 2007, mar.;32(2):223-7.

[33]. Weinberg, R.A., "A molecular basis of cancer", *Sci Am*, 1983, nov.;249(5):126-42.

[34]. Kimberlin, R.H., "Scrapie agent: prions or virinos?" *Nature*, 1982, may.; 13;297(5862):107-8.

[35]. Dickinson, A.G.; Meikle, V.M., "Host-genotype and agent effects in scrapie incubation: change in allelic interaction with different strains of agent", *Mol. Gen. Genet*, 1971;112(1):73-9.

[36]. Loftus, B.; Rogers, M., "Characterization of a prion protein (PrP) gene from rabbit; a species with apparent resistance to infection by prions", *Gene*, 1997, Jan.; 15;184(2):215-9.

[37]. Carlson, G.A.; Ebeling, C.; Torchia, M.; Westaway, D.; Prusiner, S.B., "Delimiting the location of the scrapie prion incubation time gene on chromosome 2 of the mouse", *Genetics*, 1993, april 1, 1993;133(4):979-88.

[38]. Lowenstein, D.H.; Butler, D.A.; Westaway, D.; McKinley, M.P.; DeArmond, S.J, Prusiner, S.B., "Three hamster species with different scrapie incubation times and neuropathological features encode distinct prion proteins", *Mol. Cell. Biol.*, 1990, mar.;10(3):1153-63.

[39]. Carlson, G.A.; Goodman, P.A.; Lovett, M.; Taylor, B.A.; Marshall, S.T.; Peterson-Torchia, M. *et al.*, "Genetics and polymorphism of the mouse prion gene complex: control of scrapie incubation time", *Mol. Cell. Biol.*, 1988, dec.;8(12):5528-40.

[40]. Furukawa, H.; Kitamoto, T.; Tanaka, Y.; Tateishi, J., "New variant prion protein in a Japanese family with Gerstmann-Straussler syndrome", *Brain Res. Mol. Brain Res.*, 1995, jun.;30(2):385-8.

Perspectiva teórica del funcionamiento de los microorganismos

Nora Fernández Jaramillo[21]

Resumen

En el marco de la teoría ecológica aplicada a los microorganismos, los conceptos de especies ecológicas, especiación, y nichos ecológicos adquieren características particulares. Su tamaño es pequeño y muestran altas tasas de crecimiento, una elevada capacidad de dispersión, una vasta abundancia. Además, los aspectos únicos de su biología tales como la parasexualidad o los estados de reposo prolongados hacen únicos a los microorganismos. Sus tasas de crecimiento pueden variar de acuerdo con las condiciones ambientales y nutricionales, y la especiación depende tanto de su capacidad de crecimiento como de la dispersión. Los microorganismos se comunican y cooperan para realizar múltiples conductas como la dispersión, la adquisición de nutrientes, la formación de biofilms y un sistema de sensor de quórum. Los microbiólogos están elucidando los mecanismos moleculares y gené-

---

[21] Profesora e investigador de tiempo completo de la FMVZ., de la Benemérita Universidad Autónoma de Puebla, miembro del Centro de Innovación y Desarrollo Educativo y Doctorada por el Centro de Estudios Justo Sierra (cejus), Surutato, Badiraguato, Sinaloa, México, e-mail: nora.fernandez@fmvz.buap.mx

ticos involucrados en esas conductas que son de gran interés desde la perspectiva de la evolución social.

Introducción

Las teorías son usadas para clasificar, interpretar y predecir el mundo a nuestro alrededor. Las teorías tienen un papel esencial en el desarrollo de la comprensión y en la explicación de las interacciones entre los microorganismos y sus ambientes físicos, químicos y biológicos. Esta comprensión va a ser limitada si es solamente cualitativa; una comprensión completa requiere de elementos cuantitativos. Las teorías generan predicciones que pueden ser de valor práctico para los que diseñan políticas, para los grupos líderes dentro de una sociedad y para la sociedad misma. Un ejemplo destacado es el uso de modelos epidemiológicos para predecir la difusión de patógenos en el hombre y las plantas, así como el uso de las predicciones para informar e implementar políticas de control [1].

El propósito es mostrar la utilidad de las teorías, en el entendimiento de la microbiología. Para tal efecto, se abordan la teoría ecológica y la social, con especial atención al *E. coli*, como el modelo más estudiado en las bacterias.

La teoría ecológica actual

Existe varias teorías establecidas para el estudio de la ecología vegetal y animal, pero las diferencias entre los microorganismos restringen la aplicabilidad de esas teorías a la ecología microbiana. Por lo que se forma un callejón sin salida que es tácitamente aceptado y rara vez cuestionado. Las diferencias comúnmente citadas incluyen el tamaño de los microorganismos, las altas tasas de crecimiento poblacionales, la elevada capacidad de dispersión, la vasta abundancia de microorganismos, y los aspectos únicos de su biología, tales como la parasexualidad o los estados de reposo extremadamente prolongados. Aunado a esto, se desconoce la amplitud de distribución en la naturaleza de muchos de los rasgos de los microorganismos. La aparente desigualdad entre los microorganismos y los animales superiores, no necesariamente es un impedimento para la aplicación de las teorías ecológica y social en los microorganismos. Pues las aparentes desventajas de la escala y el tiempo, pueden transformarse en ventajas cuando se usan las herramientas adecuadas para el registro de los datos observables, que análogamente pueden dar las pautas para el entendimiento del comportamiento en los demás reinos. Aunque, no hay que olvidar que la teorías relacionadas con la ecología y especialmente con la macroecología fueron desarrolladas específicamente para ampliar el entendimiento de la ecología a gran escala en el tiempo y el espacio. Por lo que los retos que enfrentan los ecologistas microbianos, y en efecto, todos los ecologistas, es ajustar el enfoque teórico apropiado para el organismo, sistema, escala e interés al que se aspira [2].

En las últimas dos décadas, nuestra visión sobre las bacterias ha cambiado dramáticamente. Las bacterias frecuentemente han sido estudiadas como poblaciones de células que actúan independientemente, pero ahora se ve que hay mucha interacción y comunicación entre las células. En años recientes, grupos de metabolitos secundarios han sido caracterizados por su situación en la regulación de la expresión de los genes de una manera dependiente a la densidad de las células, y esta conducta ha sido denominada sensor de quórum (Quorum sensing o QS por sus siglas en inglés), o comunicación célula-célula. La mayoría de los estudios se han enfocado hacia los aspectos moleculares de la comunicación célula-célula, y muy poca atención se le ha prestado al contexto ecológico del porqué la bacteria produce moléculas de señalización y responden a señales intraespecíficas e interespecíficas. Keller y Surette [3] hacen una revisión muy extensa sobre este tópico y concluyen que la naturaleza de las interacciones a través de las sustancias químicas del sensor de quórum, no simplemente involucra señales de cooperación, sino implica otras interacciones tales como alertar y manipular químicamente a la población. Por lo que se ha considerado que estas señales deben tener una interesante posición en los conflictos dentro y entre las especies de microorganismos. Keller y Surette [3] señalan además, que es importante estudiar el enlace entre la microbiología y el campo de la ecología para avanzar en nuestro entendimiento sobre el sensor de quórum y desarrollar a la bacteria como un organismo modelo en la ecología-evolución.

Los sistemas teóricos aplicados a los microbios han tenido una posición importante en la explicación de los fenómenos ecológicos, aunque frecuentemente se han subvalorado para la sustentación de la teoría ecológica existente [4]. A pesar de esto, han demostrado su aplicabilidad general. Sin embargo, es menos común que la teoría ecológica existente se aplique a los microorganismos. A pesar de esto, sería de menor valor y extraordinariamente ineficiente, intentar reinventar la teoría existente para que se aplique específicamente a los microorganismos. Además, la aplicación de la teoría existente, proporciona a los ecologistas la oportunidad de probar la verdadera generalidad de los principios ecológicos y para crear una ecología sintética que abarque a todos los organismos. Esto incrementaría enormemente nuestro entendimiento de los sistemas ecológicos y permitiría un manejo mucho más efectivo del mundo natural [2].

El concepto de especie ecológica

Gran parte de la teoría ecológica dependen del concepto de especie: la ecología de poblaciones cuenta individuos dentro de especies, mientras que la ecología de comunidades y la macroecología cuentan el número de especies. Las especies son más frecuentemente definidas a través del concepto de especie biológica promovido por Mayr [5]. Ésta es una definición genética que contempla a la especie como un grupo de individuos que se aparean entre ellos y que están aislados de otros grupos, por barreras que impide la recombinación. Si el intercambio genético dentro de una especie es suficientemente amplio y el intercambio entre especies es suficientemente bajo, las especies serán relativamente homogéneas en si mismas y ecológicamente distintas de otras especies. Desafortunadamente, los procariotas (y algunos eucariotas) son asexuales. Por lo tanto, violan estos supuestos y no forman especies por esta vía genética. Una alternativa es el concepto de especie ecológica que se define como un conjunto de individuos que pueden ser considerados idénticos en todas sus propiedades ecológicas relevantes. Cohan [6] ha argumentado que las bacterias tienen especies ecológicas ("ecotipos"). Él postula, que las bacterias ocupan nichos discretos y que la selección periódica depura la variación genética dentro de cada nicho, sin evitar la divergencia entre los habitantes de los diferentes nichos. Así, surgirán especies distintas en lo genético y en lo ecológico que proporcionan poca o ninguna recombinación, y las teorías ecológicas que se asumen en tales especies podrían aplicarse a las bacterias. Esto también predice que la diversidad molecular debería relacionarse directamente con la diversidad ecológica [2].

ESCALAS TEMPORALES EN LA ECOLOGÍA MICROBIANA

Los microorganismos tienen el potencial de crecer rápidamente y sus tiempos entre las generaciones son cortos, con respecto a las plantas y los animales. Este potencial, con frecuencia no se realiza en condiciones ambientales naturales, donde las condiciones nutricionales y fisicoquímicas pueden limitar el crecimiento. Pero bajo condiciones favorables, puede conducir a patrones variables de diversidad microbiana en diferentes escalas temporales. La evolución en los microorganismos puede ocurrir rápidamente, particularmente bajo presiones de selección muy severas, conduciendo potencialmente a una convergencia de escalas de tiempo ecológicas y evolutivas. Esta propiedad fundamental puede ser explotada para analizar tópicos actuales en ecología, tales como el cambio climático, en el cual el forzamiento antropogénico puede tener un efecto evolutivo sobre las relaciones organismo-ambiente [2].

Cuando Dykhuizen [7] preguntó "Por qué hay muchas especies de bacterias?", contempló factores tales como las bajas tasas de extinción y la alta especiación. Pensó que las bacterias han sido capaces de evitar extinciones en masa a través del tiempo geológico, a diferencia de algunos organismos superiores (tales como los dinosaurios), debido a su habilidad para resistir cambios rápidos en las condiciones ambientales. Las inusuales altas tasas de especiación, es muy probable que sean un factor dominante que influye en los patrones de diversidad temporal, y los estudios de laboratorio sobre evolución experimental demuestran que la especiación es "fácil y probable" para las bacterias a través de las divisiones en nicho y ambiente [8]. Esto no puede ocurrir en la naturaleza para muchos microorganismos, cuando su crecimiento se ve limitado por el acceso a recursos o a otros aspectos del ambiente. Sin embargo, esta propiedad de los sistemas microbianos, provee oportunidades únicas que aún no han sido ampliamente explotadas por los ecologistas [2].

La mayoría de los organismos más grandes tienen un rango de distribución limitado debido a barreras físicas tales como lagos, pastizales de montaña o mares. La oportunidad de especiación alopátrica en los microorganismos puede ser reducida por una gran abundancia y una mayor dispersión. Una afluencia constante de inmigrantes a un hábitat dado, negaría la probabilidad de especiación. Sin embargo, cada día hay más evidencias de endemicidad para algunas poblaciones procarióticas [9, 10] (figura 1). Muchas preguntas urgentes en la ecología microbiana, requieren la consideración tanto a escala espacial como temporal. Las tasas de crecimiento pueden variar sobre algunos órdenes de magnitud dependiendo de condiciones ambientales y nutricionales, y la especiación dependerá tanto del crecimiento como de la dispersión. Por lo que el análisis de los efectos combinados de estos factores sobre la estructura de la comunidad bacteriana, la evolución y la función del ecosistema, requiere modelos cuantitativos [2].

TEORÍA DE LA EVOLUCIÓN SOCIAL DE LOS MICROORGANISMOS

Los microorganismos están como nunca antes reconocidos como sociales. Muchos investigadores cuyo interés principal es la evolución de la cooperación, han volteado hacia los microbios como los organismos elegidos para probar teorías fundamentales sobre la evolución del comportamiento cooperativo [11, 18]. Este es un tiempo excitante para los investigadores interesados en el comportamiento social de los microorganismos. Hay una conciencia creciente de que los microorganismos se comunican y cooperan para desempeñar un amplio rango de funciones multicelulares, tales como dispersión, búsquedas, formación de biofilms, guerra química y sensor de quórum [3, 11, 19, 21]. Estos comportamientos están provocando interés tanto por sí mismos, y por las implicaciones consecuentes a partir del hecho de que muchos de estos comportamientos están involucrados en la virulencia bacteriana [22].

Figura 1, Evidencias de endemicidad en procariotas

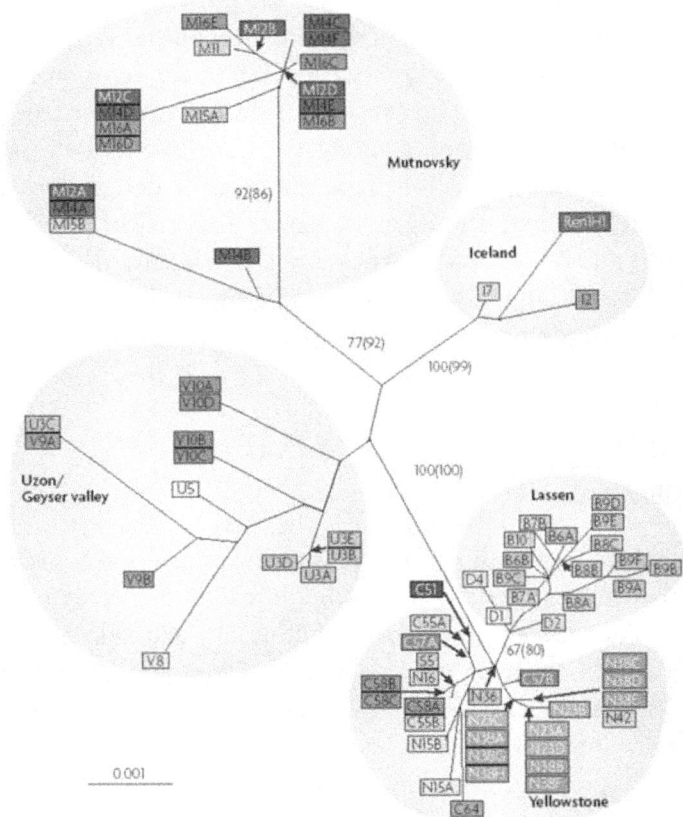

Se muestra el análisis filogenético de secuencias de nueve loci genéticos de cepas de *Sulfol obus* aislados de agua y muestras de sedimentos colectados de una jerarquía anidada de cinco localizaciones geográficas [9].

Peculiaridades de los microorganismos

Aunque los fundamentos de la teoría evolutiva están bien entendidos, existe aún una necesidad de desarrollar la teoría, para que ésta sea aplicada a situaciones específicas del campo de la microbiología. Un ejemplo de esto, es la sugerencia de que las bacterias usan un sistema de censor de quórum, para coordinar sus conductas cooperativas. Además, se ha propuesto que tal sistema se puede favorecer bajo condiciones de mayor parentesco, de tal manera que la selección por afinidad puede favorecer la cooperación y la señalización para coordinar esta cooperación [3, 23]. Sin embargo, cuando esto fue modelado explícitamente, emergió una predicción ligeramente diferente ya que el mayor índice de señalización ocurre a niveles intermedios de parentesco (figura 2) [12]. Cuando el nivel de parentesco es bajo no hay selección por cooperación, y por lo tanto, tampoco se presenta la señalización. Mientras que cuando es alto no hay conflicto y en raras ocasiones se requiere de una señal mínima, para coordinar la cooperación. En los niveles intermedios de parentesco, los individuos son seleccionados para manden señales de manipulación a los competidores y se dé una mayor cooperación [22].

Figura 2. Algunas relaciones entre la cercanía genética (r) y las conductas sociales

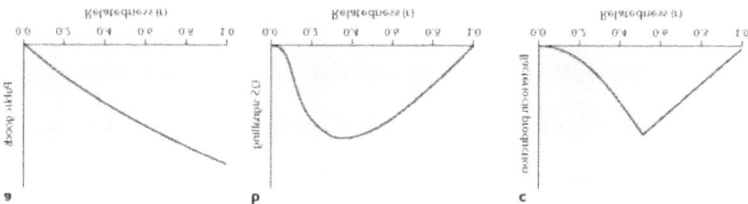

La producción de bienes públicos, tales como los sideróforos, se incrementa monótonamente a medida que el parentesco entre los compañeros sociales es mayor *(a)*. La relación de la cercanía

con la señalización del censor de quórum *(b)* y la producción de bacteriocina *(c)* muestran una función en forma de cúpula que alcanza un punto máximo cuando el parentesco es intermedio.

Los microorganismos presentan sus propios problemas prácticos a pesar de su atractivo como sistemas modelo para la investigación dentro de la evolución social. En los eucariontes diploides, el parentesco puede ser medido relativamente fácil con marcadores moleculares [24]. Esto ha conducido al problema de que pocos se hayan enfocado sobre los costos y beneficios de las conductas, las cuales puede ser relativamente difíciles de medir [25]. En contraste, en los microorganismos los costos y beneficios frecuentemente pueden ser relativamente fáciles de manipular, mientras la determinación de *r* en las poblaciones naturales puede presentar problemas. El parentesco relevante es que entre los individuos interactúan a través de una conducta social, la cual dependerá de la estructura poblacional. Por ejemplo, aun cuando linajes múltiples infecten un área, tal como un hospedero humano, la estructuración espacial podría todavía conducir a que los interactuantes sean predominantemente clones y $r \approx 1$ [26].

El problema de la cooperación

La cooperación es para los biólogos evolutivos una conducta difícil de explicar, el porqué un individuo debe cargar con un funcionamiento cooperativo costoso para el beneficio de otro individuo o para un grupo local [27]. Esto va completamente contra la idea Darviniana de la "sobrevivencia del más fuerte". Consecuentemente, los tramposos que no cooperan, pero obtienen el beneficio a partir de otros cooperantes, obtendrían un beneficio competitivo y estarán capacitados para invadir y tomar el poder sobre la población. Este problema es bien conocido en el campo de la economía y la moralidad humana, donde es llamada "la tragedia de los comunes". La tragedia se refiere a la forma en que los individuos de un grupo deben beneficiarse con la cooperación, pero la cooperación no es estable debido a que cada individuo puede obtener por medio de una lucha egoísta sus intereses propios en poco tiempo. Hardin mostró esto al considerar una pastura fraccionada que deberá ser usada por un número de manadas de ovejas. Cada pastor tendrá interés en agregar un animal, aun si esto causa sobrepastoreo ya que él ganará el beneficio de un animal adicional y solo pagará una fracción del costo del pastoreo [28].

Para demostrar el problema de cooperación en un contexto microbiano, se necesita considerar cuando las bacterias producen lo que es llamado bienes públicos. Los bienes públicos son productos que son costeados por los individuos para proveer un beneficio a los integrantes de un grupo local o una población [29]. El problema en esta situación, es la proliferación de tramposos que no producen bienes públicos, pero se benefician de aquello producido por otros (figura 3). Las moléculas buscadoras de hierro producidas por muchas bacterias llamadas sideróforos, son un buen ejemplo, como se demostró por experimentos con *Pseudomona aeruginosa*. En tales experimentos, se observó que la producción de sideróforos es benéfica cuando el hierro es limitante, como lo muestra el hecho de que las cepas tipo silvestre que producen sideróforos crecen mas rápido que las cepas mutantes que no lo hacen. Sin embargo, la producción de sideróforos es también costosa, como es demostrado por el hecho de que los mutantes crecen más rápido que las cepas de tipo silvestre en un ambiente rico en hierro. Consecuentemente, en poblaciones mixtas donde las bacterias de tipo silvestre y las mutantes están presentes, las mutantes pueden obtener el beneficio de la producción de sideróforos sin pagar el costo, y por lo tanto se incrementan en frecuencia, hasta que eliminan a las bacterias de tipo silvestre cooperativas [18].

Figura 3. El problema de la cooperación

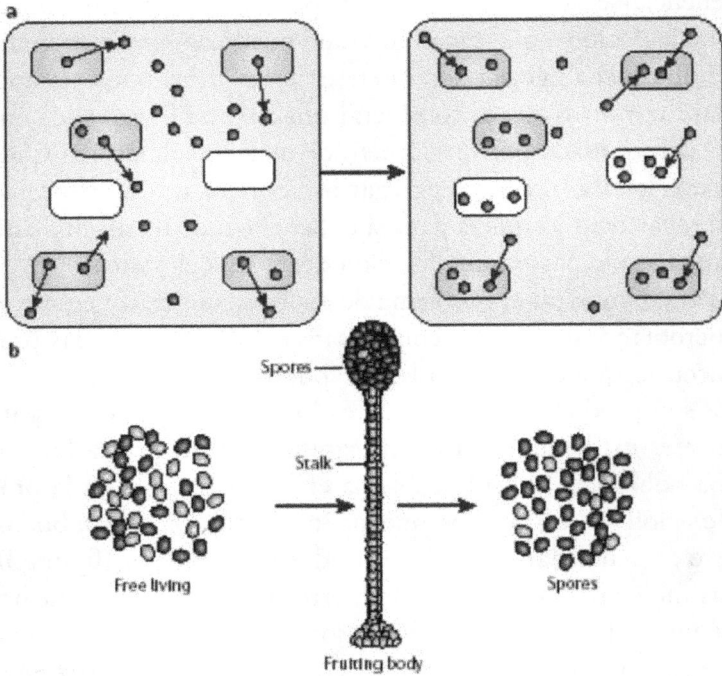

a) La tragedia en común de los bienes públicos. Los tramposos (rectángulos blancos) que no pagan el costo de producir bienes públicos (círculos púrpura) pueden todavía explotar el beneficio de los bienes públicos producidos por otras células (rectángulos azules), *b)* Sacrificio altruista. Cuando dos linajes intervienen para formar un cuerpo fructificador, un tramposo (linaje azul) incrementaría sus eventos reproductivos a partir de contribuir menos en la formación del tallo, y mas hacia la producción de esporas, comparado con el otro linaje (linaje naranja) [29].

Esto conduce al problema fundamental de qué es lo que hace a los comportamientos cooperativos tales como la producción de sideróforos, que son evolutivamente estables en respuesta a la posible invasión de los tramposos que surgen a través de la migración o mutación [30]. Evidentemente, debe haber una solución ya que la producción de sideróforos ocurre. Además, hay numerosos ejemplos de bienes públicos que son producidos por células bacterianas individuales y que son usados por células vecinas. Estos incluyen productos extracelulares para la adquisición de nutrientes [17, 31], moléculas señal de censor de quórum, para la comunicación célula-célula [3, 20], antibióticos [32], moléculas que modulan la inmunidad [33], compuestos degradadores de antibióticos (por ejemplo, u-lactamasas) [34, 35] y biosurfactantes (por ejemplo rhamnolípidos) para la motilidad [36, 37]. Además, el desarrollo del biofilm y el mantenimiento puede ser influenciado por bienes pú-blicos secretados en la matriz extracelular bacteriana, incluyendo exopolisacáridos, tales como los polímeros adhesivos [22].

Es útil distinguir si los beneficios de una conducta acumulada para todos los individuos locales, incluyendo al actor (los rasgo de todo el grupo), o únicamente a los individuos locales sin incluir el actor [38]. Esta distinción es importante, ya que las dos situaciones pueden demandar un conjunto diferente de explicaciones. La producción de bienes públicos es un ejemplo clásico de un rasgo de todo el grupo. Otro ejemplo seria cuando el uso económico de un recurso común conduce a un uso más eficiente del recurso [39, 40]. Otro ejemplo, seria cuando las células se sacrifican para beneficio de las células que están a su alrededor. En este caso, el problema es por qué debe una célula individual pagar el costo de este sacrificio cuando podría explotar el sacrificio de otras células. Uno de los casos más claros de esto es ilustrado por *Dictyostelium discoideum* (figura 2) [41].

Explicación de la cooperación

Dado el problema de la cooperación, ¿cómo es que se pueden mantener los comportamientos cooperativos? Hay una cantidad inmensa de literatura sobre este tópico, y es posible aclarar las diferentes posibilidades de varías maneras [29, 42, 44]. La cooperación es cuando un comportamiento beneficia a otro individuo. West y colaboradores [22] dividen a las posibles explicaciones (*explanandum*) en dos amplios grupos, proveyendo así de una clasificación útil para los microorganismos y que pueda ser entendida por los microbiólogos que no sean especialistas en teoría evolutiva, de la siguiente manera:

- Primero, el comportamiento cooperativo que puede proveer un beneficio de adecuación directo (*direct fitness*) al comportamiento provechoso del individuo que desempeña la conducta que supera el costo del desempeño de ésta. En este caso, la cooperación es mutuamente benéfica. Los autores dividen esto en situaciones donde los individuos tienen un interés compartido en cooperación y situaciones donde hay un mecanismo para forzar la cooperación o eliminar la ventaja del tramposo (esto es llamado represión de la competencia).

- Segundo, y más difícil de explicar desde una perspectiva evolutiva, son las conductas cooperativas que disminuyen el beneficio de adecuación directa del individuo que las desempeña. En este caso, la cooperación es altruista, únicamente puede ser explicada si la cooperación es dirigida hacia individuos que comparten genes cooperativos [45]. Esto es llamado selección de parentesco (*kin selection*) o *indirect fitness* [46]. Una complicación aquí, es que, un comportamiento cooperativo puede proveer tanto de un beneficio de adecuación directo como de uno indirecto. En particular, características de grupos enteros tales como la producción de sideróforos provee un beneficio al individuo que produce y al pariente cercano. En este caso, si una conducta es mutuamente benéfica o altruista, dependerá de la relativa importancia del beneficio de adecuación directo e indirecto [22].

Otra complicación es que el concepto de cercanía puede ser más difícil de aplicar a los microorganismos. Una razón para esto es que los genes para las conductas cooperativas pueden ser trasmitidos horizontalmente entre diferentes linajes de bacterias a través de elementos genéticos móviles, tales como plásmidos conjugados o fagos lisogénicos. Se ha sugerido que esto puede ser una forma de detener la expansión de los tramposos en una población por su reinfección con conductas cooperativas [47]. Esta posibilidad fascinante requiere una exploración posterior teórica y empírica. Por ejemplo, la capacidad a la que esto puede ser contrarrestado o ayudado por selección para evitar o tomar tales elementos genéticos es poco clara. Otra razón es que, aun cuando un área es colonizada por un solo clon cooperativo, la mutación puede conducir a la pérdida de conductas sociales. La medida apropiada del parentesco para una característica social es con respecto al locus que controla ese rasgo [27, 48]. Esto significa que un individuo que desempeña una conducta cooperativa está relacionado por $r=1$ a otro individuo que desempeña esa conducta, y por $r=0$ a otro individuo (tramposo o mutante) que no lo hace [29]. Consecuentemente, la mutación puede producir linajes tramposos no relacionados que pueden propagarse a través de una población, especialmente poblaciones de largo término con dispersión limitada.

Conclusiones

Los ecologistas microbianos enfrentan un gran reto que es ajustar el enfoque teórico apropiado para el microorganismo, sistema, y escala. La teoría ecológica existente no satisface del todo las particularidades de los microorganismos.

Si aceptamos que las bacterias ocupan nichos discretos y que la selección periódica depurará la variación genética dentro de cada nicho sin evitar la divergencia entre los habitantes de los diferentes nichos, especies diferentes surgirán proporcionando poca o ninguna recombinación. Por lo tanto, la teoría ecológica que se asume podrá aplicarse a las bacterias. Así podemos esperar que la diversidad molecular se relacionará directamente con la diversidad ecológica.

Aún existen vacíos en cuanto a teorías que expliquen adecuadamente las conductas sociales de los microorganismos. Sin embargo, se anticipa que las formas de cooperación entre los microorganismos y en particular el censor de quórum en las bacterias, se bosquejan como un modelo para el desarrollo de teorías de la ecología evolutiva.

REFERENCIAS

[1]. Green, L.E.; Medley, G.F., "Mathematical modelling of the foot and mouth disease epidemic of 2001: strengths and weaknesses", *Res. Vet. Sci.*, 2002; 73:201-5.

[2]. Prosser, J.I.; Bohannan, B.J.; Curtis, T.P. *et al.*, «The role of ecological theory in microbial ecology», *Nat. Rev. Microbiol*, 2007; 5:384-92.

[3]. Keller, L.; Surette, M.G., "Communication in bacteria: an ecological and evolutionary perspective", *Nat. Rev. Microbiol*, 2006; 4:249-58.

[4]. Jessup, C.M.; Kassen, R.; Forde, S.E. *et al.*, «Big questions, small worlds: microbial model systems in ecology», *Trends Ecol. Evol.*, 2004; 19:189-97.

[5]. Mayr, E., "The species problem", in: Mayr, E., ed. Washington D.C, *American Association for the Advancement of Science*, 1957:1-22.

[6]. Cohan, F.M., "What are bacterial species?" *Annu Rev. Microbiol*, 2002; 56:457-87.

[7]. Dykhuizen, D.E., «Santa Rosalia revisited: why are there so many species of bacteria?» *Antonie Van Leeuwenhoek*, 1998; 73:25-33.

[8]. Helling, R.B.; Vargas, C.N.; Adams, J., "Evolution of *Escherichia coli* during growth in a constant environment", *Genetics*, 1987; 116:349-58.

[9]. Whitaker, R.J.; Grogan, D.W.; Taylor, J.W., "Geographic barriers isolate endemic populations of hyperthermophilic archaea" *Science*, 2003; 301:976-8.

[10]. Cho, J.C.; Tiedje, J.M., "Biogeography and degree of endemicity of fluorescent *Pseudomonas strains* in soil", *Appl Environ Microbiol*, 2000; 66:5448-56.

[11]. Crespi, B.J., "The evolution of social behavior in micro-organisms", *Trends Ecol. Evol.*, 2001; 16:178-183.

[12]. Brown, S.P.; Johnstone, R.A., "Cooperation in the dark: signalling and collective action in quorum-sensing bacteria", *Proc. Biol. Sci.*, 2001; 268:961-5.

[13]. Ferriere, R.; Bronstein, J.L.; Rinaldi, S.; Law, R.; Gauduchon, M., "Cheating and the evolutionary stability of mutualisms", *Proc. Biol. Sci.*, 2002; 269:773-80.

[14]. Turner, P.E.; Chao, L., "Escape from Prisoner's Dilemma in RNA phage phi6", *Am Nat.*, 2003; 161:497-505.

[15]. Velicer, G.J., "Social strife in the microbial world.", *Trends Microbiol*, 2003; 11:330-7.

[16]. Travisano, M.; Velicer, G.J., Strategies of microbial cheater control" *Trends Microbiol*, 2004; 12:72-8.

[17]. Greig, D.; Travisano, M., "The Prisoner's Dilemma and polymorphism in yeast SUC genes", *Proc. Biol. Sci.*, 2004; 271 Suppl 3:S25-6.

[18]. Griffin, A.S.; West, S.A.; Buckling, A., "Cooperation and competition in pathogenic bacteria", *Nature*, 2004; 430:1024-7.

[19]. Webb, J.S.; Givskov, M.; Kjelleberg, S., "Bacterial biofilms: prokaryotic adventures in multicellularity", *Curr opin microbiol*, 2003; 6:578-85.

[20]. Lazdunski, A.M.; Ventre, I.; Sturgis, J.N., "Regulatory circuits and communication in Gram-negative bacteria", *Nat. Rev. Microbiol*, 2004; 2:581-92.

[21]. Parsek, M.R.; Greenberg, E.P., "Sociomicrobiology: the connections between quorum sensing and biofilms", *Trends Microbiol*, 2005; 13:27-33.

[22]. West, S.A.; Griffin, A.S.; Gardner, A,; Diggle, S.P., "Social evolution theory for microorganisms", *Nat. Rev. Microbiol*, 2006; 4:597-607.

[23]. Redfield, R.J., "Is quorum sensing a side effect of diffusion sensing?", *Trends microbiol*, 2002; 10:365-70.

[24]. Queller, D.C.; Goodnight, K.F., "Estimating relatedness using genetic markers", *Evolution*, 1989; 43:258-275.

[25]. Griffin, A.S.; West, S.A., "Kin selection: fact and fiction", *Trends Ecol. Evol.* 2002; 17:15-21.

[26]. Queller, D.C., "Genetic relatedness in viscous populations", *Evol. Ecol.*, 1994; 8:70-73.

[27]. Hamilton, W.D., "The genetical evolution of social behaviour I", *J. Theor Biol.*, 1964; 7:1-16.

[28]. Hardin, G., "The tragedy of the commons", *Science*, 1968; 162:1243-8.

[29]. Frank, S.A., *Foundations of social evolution*, Princeton (Princeton University Press), 1998.

[30]. West, S.A.; Buckling, A., "Cooperation, virulence and siderophore production in bacterial parasites", *Proc. Biol. Sci.*, 2003; 270:37-44.

[31]. Dinges, M.M.; Orwin, P.M.; Schlievert, P.M., "Exotoxins of *Staphylococcus aureus*", *Clin. Microbiol Rev.*, 2000; 13:16-34, table of contents.

[32]. Riley, M.A.; Wertz, J.E., "Bacteriocins: evolution, ecology, and application" *Annu Rev. Microbiol*, 2002; 56:117-37.

[33]. Hooi, D.S.; Bycroft, B.W.; Chhabra, S.R.; Williams, P.; Pritchard, D.I., "Differential immune modulatory activity of *Pseudomonas aeruginosa* quorum-sensing signal molecules", *Infect Immun.*, 2004; 72:6463-70.

[34]. Ciofu, O.; Beveridge, T.J.; Kadurugamuwa, J.; Walther-Rasmussen, J.; Hoiby, N., "Chromosomal beta-

lactamase is packaged into membrane vesicles and secreted from *Pseudomonas aeruginosa*", *J. Antimicrob Chemother*, 2000; 45:9-13.

[35]. Dugatkin, L.A.; Perlin. M.; Lucas, J.S.; Atlas, R., "Group-beneficial traits, frequency-dependent selection and genotypic diversity: an antibiotic resistance paradigm", *Proc. Biol. Sci.*, 2005; 272:79-83.

[36]. Daniels, R.; Vanderleyden, J.; Michiels, J., "Quorum sensing and swarming migration in bacteria", *FEMS Microbiol Rev.*, 2004; 28:261-89.

[37]. Velicer, G.J.; Yu, Y.T., Evolution of novel cooperative swarming in the bacterium *Myxococcus xanthus*", *Nature*, 2003; 425:75-8.

[38]. Pepper, J.W., "Relatedness in trait group models of social evolution", *J. Theor Biol.*, 2000; 206:355-68.

[39]. Pfeiffer, T.; Schuster, S,.; Bonhoeffer, S., "Cooperation and competition in the evolution of ATP-producing pathways", *Science*, 2001; 292:504-7.

[40]. Kreft, J.U., "Biofilms promote altruism", *Microbiology*, 2004; 150:2751-60.

[41]. Strassmann, J.E.; Zhu, Y.; Queller, D.C., Altruism and social cheating in the social amoeba *Dictyostelium discoideum*", *Nature*, 2000; 408:965-7.

[42]. Lehmann, L.; Keller, L., "The evolution of cooperation and altruism--a general framework and a classification of models", *J. Evol. Biol.*, 2006; 19:1365-76.

[43]. Frank, S.A., "Perspective: repression of competition and the evolution of cooperation", *Evolution Int, J. Org. Evolution*, 2003; 57:693-705.

[44]. Sachs, J.L.; Mueller, U.G.; Wilcox, T.P.; Bull, J.J., "The evolution of cooperation", *Q. Rev. Biol.*, 2004; 79:135-60.

[45]. Hamilton, W.D., "The genetical evolution of social behaviour", *J. Theor. Biol.*, 1964; 7:1-52.

[46]. Brown, J.L.; Brown, E.R., "Natural selection and social behavior: recent research and new theory", in: Alexander, R.D.; Tinkle, D.W., eds., New York, *Chiron Press*, 1981:242-256.

[47]. Smith, J., "The social evolution of bacterial pathogenesis", *Proc. Biol. Sci.*, 2001; 268:61-9.

[48]. Dawkins, R., "Twelve misunderstandings of kin selection", *Z. Tierpsychol*, 1979; 51:184–200.

Perspectiva teórica
para la traslación del conocimiento

Félix Susana Juárez López[22] *y Héctor Manuel López Pérez*[23]

Introducción

La mayoría de las operaciones que mejoran las actividades en los equipos de trabajo, requieren del uso y creación de conocimiento nuevo para las diversas organizaciones. Por lo que, entender el conocimiento puede jugar una función central en el mejoramiento de las actividades de aprendizaje en las diversas agrupaciones. Los fundadores de la administración de la calidad son influidos por la función del conocimiento en el mejoramiento de las actividades. Las teorías alternativas en las que se fundamenta dicho mejoramiento, retan al tradicional punto de vista estático de la verdad.

[22] Profesor e investigador de la Facultad de Administración Agropecuaria y Desarrollo Rural, Universidad Autónoma de Sinaloa. Apdo. Postal 279 Guamúchil, Sinaloa, miembro del Centro de Innovación y Desarrollo Educativo, e-mail: susyjl@uas.uasnet.mx; susyjl90@gmail.com Tel. (673) 73-2-32-00Tel. Part. (673) 73-2-80-60 Tel. Cel. (673) 10-0-00-36
[23] Profesor e investigador de la Facultad de Administración Agropecuaria y Desarrollo Rural. Universidad Autónoma de Sinaloa, estudiante de Doctorado de la Universidad Autónoma Agraria Antonio Narro, miembro del Centro de Innovación y Desarrollo Educativo, e-mail: malopere@uas.uasnet.mx malopere@gmail.com

La traslación de las teorías del conocimiento se demuestra en una perspectiva histórica desde que Clarence Irving Lewis (1883-1964), propone la teoría del conocimiento basada en la verdad probabilística. Esta teoría considera que el conocimiento fundado en la experiencia puede darse sin el reconocimiento de un contenido sensorio. Por lo que, reconocer la apariencia del objeto, es clasificarlo de acuerdo con otras apariencias cualitativamente similares. En otras palabras, sostuvo que nuestra interpretación espontánea de la experiencia es por medio de conceptos que tienen significado objetivo de la experiencia futura, que constituyen una especie de diagnóstico de la apariencia. Desde otra perspectiva, el punto de vista propuesto por Werner Karl Heisenberg (1901-1976) sobre el principio de incertidumbre, fue de gran importancia por sus implicaciones filosóficas. Pues daba margen a la indeterminación, por lo que fue aprovechada por los filósofos de la corriente mística, para interpretar que el concepto derribaba la idea tradicional de causa y efecto. Por ello la influencia de Albert Einstein (1879-1955) fue decisiva, al considerar que la incertidumbre asociada a la observación no contradice la existencia de las leyes que gobiernen el comportamiento de las partículas, ni la capacidad de los científicos para descubrir dichas leyes. Aunado a esto, concibe la teoría de la relatividad, que establece que la exactitud de los procedimientos de medición es limitada. Aunque dicha teoría suponía un rechazo fundamental a la noción de causalidad, él mantuvo una posición firme al negar esta posibilidad. Esta perspectiva histórica, sugiere que el conocimiento juega una función crítica, en cuanto a las posiciones filosóficas con respecto a las leyes físicas. Pues también son aplicables en el desarrollo inicial de la administración con calidad [1], propuesta en los términos de causalidad, para dejar imposibilitado todo intento místico de la búsqueda de respuestas en lo absoluto.

Para resaltar la importancia que tienen las teorías en la traslación del conocimiento, Kuhn [2] sugiere que la principal actividad de la ciencia normal es 'resolver los misterios', los cuales compara con los crucigramas y rompecabezas enigmáticos. Como todos los problemas del acontecer diario, en los enigmas kuhnianos se asume que deben ser resueltos. Mientras que la naturaleza de las soluciones buscadas están ampliamente circunscritas; en este caso, por las teorías dominantes del conocimiento de trasfondo (*background*). Por consiguiente, las teorías también sirven para extender y hacer más explícito el conjunto de conocimientos de trasfondo, y los niveles elevados de las suposiciones metafísicas; las cuales Kuhn marca como 'paradigmas'. Los enigmas cuestionados por los paradigmas previos, en contraste, pueden ser rechazados como producto de las deficiencias de la ciencia o las interpretaciones erróneas de la metafísica, o simplemente ser ignorados hasta que se dé el subsiguiente cambio revolucionario que se hace a partir de la relevancia de los nuevos enigmas.

Kuhn [2] también sugiere anticipadamente que al resolver los enigmas se hacen resaltar las funciones del conocimiento tácito en la teoría de la ciencia. Una de las competencias centrales. Las que se adquieren al resolver el enigma, y que conducen al aprendizaje que ayuda a reconocer el cómo aplicar las teorías del conocimiento de trasfondo para resolver nuevos acontecimientos en donde las suposiciones o las aproximaciones cuentan como razonables, y por lo tanto, pueden constituir una solución satisfactoria. En otras palabras, las posesiones del conocimiento explícito de una teoría reglamentada son insuficientes para ser computadas como una competencia científica. Uno también debe tener el 'conocimiento del cómo' (*Know-how*) que es requerido para deducir de los aspectos teóricos que se pueden aplicar a la práctica en determinados casos particulares. Una clave elemental de esto es reconocer que aparentemente los diferentes enigmas pueden, de hecho, ser tratados en las mismas rutas análogas.

El desarrollo de las organizaciones en un rumbo distinto a la verticalidad en la que se manejan, necesariamente requiere de teorías diferentes; e independientemente del rumbo, éstas son necesarias para la translación del conocimiento al campo del desarrollo de las pruebas y las operaciones posiblemente útiles. Sin embargo, la pregunta, ¿Cuál teoría se debe usar para la translación de conocimiento?, queda subordinada a la resistencia que requieren las respuestas satisfactorias de acuerdo con el paradigma planteado [3]. Desde una perspectiva metafórica, las teorías son como los mapas geográficos que conectan diferentes grupos de conocimiento. En estos grupos de conocimiento se pueden encontrar teorías geográficamente diferenciadas o que son teorías específicas en determinado contexto general de la misma manera que los viajeros necesitan de los mapas. En este sentido, los viajeros deben usar un gran mapa del o los países, pero también requieren mapas de los detalles que indiquen las provincias y los municipios que recorrerán al atravesar el país que han decidido conocer. Al igual que los viajeros, también se necesita un armamento de mapas –en este caso, las teorías– cuando nosotros intentamos navegar en el campo de la traslación del conocimiento.

Las teorías para la traslación del conocimiento usadas en los modelos administrativos durante los ochenta, surgieron del post-Fordismo. En este periodo, la flexibilidad organizacional y los nuevos modos de la información tecnológica se definieron en la idea radical de que los sucesos organizacionales dependían de los modos burocráticos tradicionales de la autoridad en el sitio de trabajo, la estabilidad y el control. Las agencias creadas para este manejo y los líderes mismos no se identificaron primeramente con las funciones de la instrucción, dirigiendo y controlando los procesos de trabajo. En cambio, los administradores y los líderes actuales aceptan alentar la 'dedicación' y 'capacitación' a los empleados para que reciban los cambios culturales, la innovación tecnológica y la empresa [4]. Los nuevos vehículos para esta 'diseminación' o distribución de la acción son ahora los equipos manejados por sí mismos, los círculos de calidad y los grupos de trabajo, los cuales actúan como agentes internos de la transformación y el cambio, interviniendo también como fuentes de distribución del conocimiento y la experiencia [5].

El cambio gradual o diseminado, referido en el párrafo anterior trastoca no nada más a los equipos de trabajo en las empresas, sino también se manifiesta en las organizaciones de las dependencias gubernamentales, en donde se empieza a popularizar el concepto de 'el aprendizaje en las organizaciones' y, la idea de 'las comunidades de práctica' que han surgido recientemente [6]. El inconveniente de estas formas de organización, es para los funcionarios que se mantienen cobijados en el ejercicio del control a través de las estructuras verticales impositivas. Mismos que no permiten la insurgencia de sistemas administrativos que por sus características, demandan sistemas que se acoplen libremente. Tales como los procesos en 'expansión' en red y para la creación de conocimiento colectivo que requiere desarrollarse en un ambiente de autonomía en toda la dependencia [4]. Estas ideas son, por supuesto, un reconocimiento particular al hecho de que el control jerárquico central está declinando en diversas organizaciones y que los cambios organizacionales a gran escala también son simplemente complejos y elevadamente riesgosos para alguno de los dirigentes individuales o para los integrantes de los grupos que dirigen. Es en estos términos, que los que proponen el aprendizaje en la organización han rechazado la idea burocrática y mecanicista de «que las organizaciones necesitan "agentes de cambio" y líderes para que conduzcan el cambio» [7]. Esta misma idea también es sustentada por Wyatt [8], al recomendar que en los programas de manejo del conocimiento, se considere que éstos no deben confinarse a los departamentos como el de recursos humanos o el de información tecnológica, más bien deben estar ligados estrechamente con los profesionales titulares que toman las decisiones estratégicas y por los encargados de la planeación estratégica.

Lo descrito en los párrafos anteriores afirma lo ineludible del cambio de paradigma que se sustenta en el principio de la verdad por autoridad, y que ha dado margen a la búsqueda de respuestas para la pregunta, ¿Por qué algunas comunidades, organizaciones, y relaciones se caracterizan por la cooperación, la confianza, y la solidaridad mientras que otras son alteradas con la corrupción, el desorden, y el miedo? Desde un punto de vista profundo, las respuestas se centran en las instituciones jerárquicas que coordinan y regulan el comportamiento de los individuos para someterlos a los requerimientos funcionales del sistema que conllevan a un elevado índice de incorporación. Estas instituciones torcidas, son endurecidas por las autoridades centrales y sostenidas por normas culturales que socializan a los individuos para su sometimiento [9].

En un sentido opuesto al principio de autoridad que rige a las instituciones y organizaciones privadas, los sistemas modernos que requieren el acoplamiento libre como los procesos de expansión en red, se requieren estrategias para el manejo del conocimiento. Estas estrategias se deben centrar en la codificación, identificación, captura, indexación y disposición del conocimiento explícito. Mismas que tienen un gran significado para los profesionales que solucionan los problemas diarios de las organizaciones. Este conocimiento explícito que consiste de hechos, reglas, relaciones y estrategias puede ser fielmente codificado en documentos o formas electrónicas; puede compartirse sin la necesidad de ser discutido, a menos que surjan cambios expresados por la necesidad de nuevos paradigmas. Las dificultades son mayormente manifiestas cuando se requiere fomentar y manejar el conocimiento tácito. Pues al estar apegado a lo intuitivo, viola la memoria explícita del individuo y por lo tanto, se refleja en las acciones inmediatas. El conocimiento intuitivo, subyace en las competencias personales, y su transferencia requiere del contacto cara-a-cara entre aprendiz y experto. Además, requiere que las personas entiendan la existencia de redes informales y no de las estructuras jerárquicas, que se dan entre los equipos de trabajo y de las herramientas para asistir en la identificación y la comunicación con los expertos. Por lo tanto, las representaciones de las estrategias para el manejo del conocimiento tácito no necesitan ser elaboradas estructuralmente, ni se debe distraer de las labores a los expertos. Tampoco se requieren elaborar políticas para distribuir las tareas clave para poner de acuerdo a los que requieren de alguna forma de conocimiento tácito [8].

Aunque es un hecho que 'conozcamos más de lo que podemos comunicar', también es importante señalar que sin el conocimiento explícito existe el riesgo de adoptar una posición cómoda de no comunicar lo que conocemos, por no saber cómo expresarlo y entonces nuestra formación integral se restringiría al aceptar que no es tan necesario nuestro entrenamiento en retórica, ni en la escritura. La intención es saber expresar nuestras ideas, no importa que exista siempre algo de conocimiento intuitivo. Sobre todo cuando la persona es tendiente a los desórdenes neurológicos como la dislexia y el autismo; caracterizado el primero como la incapacidad de descodificar y codificar los signos escritos, mientras que el segundo trastorno, impide las habilidades de orientación, interpretación y dar respuesta al medioambiente social y físico, y especialmente al participar en la fase de interacción. Estas habilidades son profundamente importantes, por tomar parte en el discurso de la narrativa de todos los días, donde la conversación con los compañeros es para coordinar las contribuciones para el reconocimiento, la reciprocidad y la práctica entre los interlocutores [10].

Para Carl C. Jung (1865-1961) el conocimiento intuitivo, tácito o implícito se constituía por unidades del conocimiento localizadas en el inconsciente personal y/o el inconsciente colectivo del individuo. Para Jung cualquiera de las dos partes del inconsciente tenían la capacidad de conformar imágenes esenciales, a las que él denominó arquetipos. Los arquetipos constituidos de esta manera, sólo existen en el inconsciente del individuo y se manifiestan en las leyendas, obras artísticas, prejuicios sociales, conocimiento previo, creencias, etc. Esto es sustentado por las investigaciones en neurociencia actuales, que han logrado medir el aprendizaje intuitivo de los individuos a través de su sensibilidad, registrando un patrón que se da antes de que los individuos estén conscientes de su aprendizaje [11], lo que sugiere que la gente se puede adaptar a patrones de percepción para explicar sus respuestas de reconocimiento y comportamiento, de la misma manera que cuando ellos son inconscientes de lo que pasa [12].

En las explicaciones del párrafo anterior, se considera al aprendizaje intuitivo como una forma de demostrar la posibilidad de la existencia del conocimiento intuitivo. Esto es debido a la relación que existe entre los dos conceptos, que caracterizan al constructivismo, en el sentido de que este principio surge para resolver el desorden de la distinción entre el conocimiento y el aprendizaje y para verificar si el conocimiento demostrado corresponde a la realidad. El constructivismo no se refiere a las representaciones de la realidad metafísica, se refiere simplemente, a las demandas que se espera que provean las bases para la acción que permiten conseguir nuestras metas y la cosecha de los deseos logrados. Por otra parte, el realismo, en contraste al constructivismo, es una posición metafísica, en el sentido de que el realismo implica las suposiciones de que, éste tiene algo de aquél, y si nuestros conocimientos reivindicados pueden exactamente describir las sombras y la realidad [13].

El conocimiento implícito es en sí parte del conocimiento causal. En este sentido, se describe por la percepción de las categorías constituidas en las características de determinado objeto. Ésta es una tendencia ubicua de la cognición del hombre que percibe los objetos y los eventos como ejemplos tipo, géneros, o categorías, más que como entidades completamente nuevas. Una de las finalidades de la investigación cognoscitiva ha sido descubrir, cómo el hombre concibe y adquiere el conocimiento en categorías. Desde una perspectiva, es claro que gran parte de lo que la gente conoce sobre los tipos de objetos –que los perros ladran, que los limones son agrios, y que los hornillos calientes pueden quemarnos los dedos– es el resultado de la experiencia de primera mano, en la cual las personas observan cómo las características de los objetos y los eventos, co-varían de unos a otros y las marcas se usan para referirse a los mismos. Sin embargo, también es claro que las personas poseen varios grupos de conocimientos teóricos, explicativos o causales sobre las categorías que ellos poseen directamente. Por ejemplo, las personas no sólo conocen que los pájaros tienen alas, vuelan, y construyen nidos en los árboles, sino también que construyen sus nidos en los árboles, porque pueden volar y vuelan porque tienen alas; entienden no sólo que los automóviles tienen gasolina, encienden con corriente, y producen monóxido de carbono, también que la gasolina y el encendido interactúan para producir el monóxido de carbono [14].

El conocimiento inmediato, se refiere a los juzgamientos que no son realmente conscientes por lo que debe ser llamado conocimiento tácito [15]. En este sentido, la psicología cognoscitiva presume que la gente sólo piensa en determinadas situaciones en su comportamiento. Se considera, además, que son más frecuentes las formas del juzgar y el de decidir automáticamente, mientras que el pensar, que implica el estado consciente, se da cuando se expresan problemas de mayor complejidad [16]. Cuando se propone al conocimiento implícito como el substrato de la intuición es porque los juzgamientos intuitivos se parecen a los procesos implícitos. Esto dificulta verbalizar la información implicada en una decisión intuitiva, y uno no está completamente consciente de todos los procesos que contribuyen a eso. Para Lieberman [17], el conocimiento elemental o noción de las cosas, aún no es evidencia empírica. Por lo que discurre que si se diera el caso de que el conocimiento implícito fuera el substrato de la intuición, la noción puede mediar para que el conocimiento implícito pueda ser usado para hacer decisiones intuitivamente correctas.

Existe un amplio acuerdo de que diversos procesos cognitivos implican la conciencia de si mismo o el ser. Esto se aplica, por ejemplo, en el caso de supervisar las propias actividades [18], la atención voluntaria y recordar los episodios personales o imaginar los episodios futuros [19]. En un intento de entender los procesos que implican la conciencia de si mismo es importante considerar la cuestión fenomenológica que se relaciona con la pregunta: ¿Qué se percibe cuando se es consciente de uno mismo? El análisis fenomenológico se ha relacionado a los datos empíricos de los procesos cognitivos [20]. En donde las representaciones conscientes del ser, similares a una incrustación en la experiencia consciente, corresponden a los procesamientos automáticos de la información, y aunque no representan el todo como una entidad separada, sí representan parte de la percepción del medioambiente [21].

Los procesos automáticos y no automáticos son una dicotomía frecuentemente usada para describir los procesos de la información psicológica [20]. Si se interpretan las representaciones conscientes de uno mismo como las características del sujeto, más que como nuestros actos intencionales y, además, en los procederes más intencionales. Las representaciones deben reflejar al ser consciente como cuando un sujeto parte de los procederes ejecutivos, como lo conceptualizado por Logan y Gordon [22]. Específicamente, los actos intencionales del hombre son jerárquicamente organizados y monitoreados a la intensidad más elevada posible [23]. Las personificaciones en este ámbito incluyen representaciones conscientes del ser como un sujeto. Los niveles bajos de los componentes de la actividad son ejecutados automáticamente y no se incluyen las diferenciaciones entre el contenido y la actitud del ser [20].

Bajo la perspectiva de los procesos automatizados y no automatizados Squire y Zola-Morgan [24], consideran que el conocimiento puede ser desarrollado o expresado en dos distintas
rutas. Una sería la del conocimiento explícito que se expresa
por la recolección deliberada de la información unida al
tiempo específico y al contexto. Mientras que la otra forma se
refiere al conocimiento implícito, expresado por el comportamiento que demuestra que la exposición previa a las tareas, ha
resultado en el mejoramiento del desempeño sin que el sujeto
esté conscientemente recordando antes de exponerse a la tarea.
En este sentido, la memoria "implícita" y la "explícita" difie-
ren sólo en la naturaleza de su fase de recuperación [25]. La
memoria explícita requiere de la recolección consciente de una
presentación de objetivos en la fase de estudio, y es valorada
por las tareas de la memoria libre, la memoria señal, y el reconocimiento de lo viejo-nuevo. La memoria implícita, en contraste, es independiente de la recolección consciente, y es en
cambio, vía el fenómeno de la repetición principal en las tareas
tales como el nombrado de las representaciones relegadas, la
generación de categorías ejemplares, y la complementación de
la palabra contenida en la silaba propuesta. En las tareas a
largo plazo, por ejemplo, lo principal es revelar cuando la instrucción es para "Completar la frase con la primer palabra que
llegue a la mente" produce la complementación de la cadena
objetivo, más a menudo cuando los *items* se presentan en el
estudio (condición principal) más que cuando ésta no lo es
(condición línea base) [26].

Si se considera que tanto el conocimiento tácito como el
explícito se construyen, entonces éste puede ser determinado
por los factores sociales y políticos que a su vez definen la
lógica y la razón, de la misma manera que la lógica y la razón,
delimitan los factores sociales y políticos, además de vender la
idea del conocimiento como una representación exacta de la
realidad [13]. El manejo de esta invención humana y social es

complejo, sobre todo cuando se plantea como conocimiento tácito, por las dificultades que se tienen para reproducirlo y porque es casi imposible organizarlo en un código o sistema [27]. El conocimiento tácito se encuentra relacionado al conocimiento colectivo de los miembros del equipo formado por los trabajadores que permanecen juntos por periodos extensos de tiempo. Se entiende entonces que, el conocimiento implícito se adquiere al compartir las experiencias y los resultados, cuando se observan las habilidades de alguno de los integrantes del equipo que se anticipa exitosamente a la reacción de los demás, en situaciones típicas y atípicas [28]. La adquisición de este conocimiento pasa por un proceso de cristalización durante el cual se valora y se valida por expertos y practicantes, y la finalidad es hacerlo disponible para quienes comparten y utilizan dicho conocimiento [29]. Tanto el conocimiento tácito como la intuición, dependen de los patrones de reconocimiento del subconsciente, como una habilidad que se deriva de la experiencia [12], pero además, en éste influye el factor social del equipo, que se combina con el conocimiento de trasfondo de cada uno de los integrantes del equipo, y juega un papel fundamental en la construcción del aprendizaje.

El conocimiento de trasfondo o implícito, también puede ser, por ejemplo, el que se predice de la teoría para llevarlo a la práctica. Dicha acción, se facilita cuando existen grupos formados por pares para la discusión. Estos grupos favorecen las deducciones teóricas adaptables a la práctica diaria del sitio de trabajo y que, a diferencia del conocimiento explícito la dificultad está en la apreciación. Pues ésta debe ser holística y no se ha venido evaluando justamente a través de los aspectos particulares, que sobresalen del todo o por su facilidad para medirlos. Este es un punto consistentemente controvertido. Pero esto puede ser verdadero con respecto a si el conocimiento (la conceptualización) es visto como una representación de la realidad. También, las aserciones de la teoría sobre el conocimiento de trasfondo son importantes en la construcción del aprendizaje, al parecer es obvio y parece consistente con cualquier punto de vista del conocimiento. Las predicciones que se hacen de la teoría a la práctica son típicas y tiene efecto en los grupos de discusión, pero se requiere la apreciación holística de la conceptualización del que aprende, y darle la debida importancia al conocimiento de trasfondo para el desarrollo de nuevo aprendizaje [13].

RECOMENDACIONES PARA LA TRASLACIÓN DEL CONOCIMIENTO

El fomento de conocimiento tanto tácito como implícito, es indispensable para el fortalecimiento del capital intelectual de los agrupamientos sociales. Kessels [30] considera que para mejorar la productividad e innovación es necesario enfocar el análisis y soporte de las siguientes funciones del aprendizaje grupal:

1. El aprendizaje basado en la solución de problemas para uso específico del dominio de habilidades. Es importante para desarrollar las competencias con las cuales exista el dominio específico del conocimiento aplicable a la solución de problemas nuevos. Esto requiere además de la reproducción de las habilidades y experiencias que dan pie al conocimiento tácito y a la generación de nuevas habilidades: por ejemplo: ¿Cómo actuar en la definición de los nuevos y futuros problemas de las áreas?

2. Adquirir temas en materia de expertos y habilidades directamente relacionadas con el alcance de las competencias que se persiguen. Las competencias relacionadas en la adquisición de temas con las disciplinas de peritos han sido los principales objetivos de capacitación y desarrollo. Aun, en la fuerza de trabajo altamente espe-

cializada no se hace un aprendizaje organizacional que conduzca al conocimiento productivo.

3. Desarrollar habilidades reflexivas y conductivas de la meta-cognición para la localización de las rutas de aprendizaje al nuevo conocimiento y los medios para adquirir y aplicar este elemento valioso. Las principales preguntas a las que se debe responder son: ¿Cómo llegamos a conocer que nosotros somos buenos en la resolución de tal o cual problemas?, y ¿Por qué somos malos cuando los factores de tipo X se encuentran inmiscuidos? ¿Dónde se localiza nuestra inteligencia? ¿Cómo consideramos que estamos progresando en determinada área del conocimiento, para cubrir posteriormente los dominios de áreas adyacentes?

4. Asegurar las habilidades de la comunicación que proveen un acceso a las redes del conocimiento de otros y que enriquecen el clima de aprendizaje dentro del sitio de trabajo. La productividad del conocimiento requiere de un fácil acceso a las fuentes relevantes de la información y la competencia. Consiguiendo el acceso a las fuentes de estas redes, confiando profundamente en la competencia de la comunicación y las habilidades sociales. Esto no es únicamente materia de cortesía en el comportamiento. La pregunta principal que se plantea aquí es: ¿Cómo hacerle para que uno mismo pueda atraer el interés por lo que hacemos, con respecto a los participantes en la red de los trabajadores interesados? ¿Qué puedo ofrecer para ser aceptado? El desarrollo mayormente social y las habilidades de comunicación proponen un clima favorable para el aprendizaje.

5. Procurar las habilidades que regulan la motivación y los afectos relacionados con el aprendizaje. En una economía tradicional un gerente puede decir: José trabaja duro, o es muy rápido. En la economía del conocimiento

tiene mayor utilidad cuando un gerente dice: José es una fina persona o muestra mayor creatividad. Ser fino y creativo depende profundamente del interés personal. Las preguntas que son importantes aquí son: ¿Por qué escoges lo fácil para evitar el tráfico pesado? ¿Qué es lo que te hace moverte? ¿Cuál es tu camino principal? ¿Cómo vienes a poner gran parte de tu energía en el proyecto? ¿Quién es el que discute todo el trabajo con tus colegas del equipo K? Las afecciones, las afinidades y las emociones juegan un papel importante en el trabajo del conocimiento. Por lo tanto, uno no puede invitar a una esfera en la cual no es motivadora. ¿Qué significado tiene el trabajo para mí y cómo le hago para comprometerme a entregarlo?

6. Se requiere además, promover la paz y la estabilidad para permitir la especialización, la sinergia, la cohesión, y la integración. La paz y la estabilidad son necesarias para mejorar gradualmente. ¿Cómo hacerle para aprender las formas del pasado y cómo puedo aplicarlo en el trabajo actual? Desafortunadamente, gran parte de los empleados trabajan en un medioambiente que es permanentemente disturbado por las reorganizaciones, los procesos de los negocios continuamente requieren del rediseño de los proyectos o son removidos rápidamente por los gerentes. La escasa redundancia y el tiempo para reflexionar explotan la existencia (intelectual) de los recursos, y se consumen sin generar nuevos conocimientos. La escasa paz y estabilidad resulta en un empobrecimiento de calidad intelectual.

4. Es importante también, causar la confusión creativa para instigar la conducción hacia la innovación. La confusión creativa atrae a los dinámicos que empujan la innovación radical desde el aprendizaje tradicional atrasado. La confusión creativa requiere de una cierta

cantidad de amenaza existencial. Esta es una verdadera disciplina, en donde uno se puede superar o se puede perder. En un sentido la paz y la estabilidad y, la confusión creativa son dos funciones contrastantes del aprendizaje. Algunas personas pueden hacerlo mejor en un medio ambiente donde reina la paz y la estabilidad, mientras que otras se superan palpando la creatividad confusa. Se considera que ambos medios son necesarios, pero en una forma equilibrada.

Para el uso distintivo del conocimiento explícito e implícito, se deben tomar en cuenta los recursos disponibles para el conocimiento explícito y buscar que el conocimiento tácito concuerde con la existencia de recursos disponibles y la demanda de este conocimiento dentro de la agrupación. En la implementación de los programas que persigan mejorar el conocimiento tácito es necesario tomar en cuenta ciertos factores humanos y operacionales tales como: 1) La motivación para lograr el dominio experto, que permita compartir el conocimiento y quizá compartir ciertos incentivos del conocimiento que sirvan como motivación; 2) La propiedad intelectual necesita ser conducida por la anticipación de los expertos de determinados dominios, que pueden en un momento dado acumular, pero no revelar sus conocimientos tácitos, debido al temor de perder su margen de competitividad intelectual, valores, y utilidad y 3) La disponibilidad de masa crítica de conocimiento para permitir la aplicación eficaz de las técnicas de adquisición del conocimiento. Tales como los repertorios de redes, los sistemas de pensamiento, los mapas de conceptos, las redes semánticas, los análisis de ensayo y error, los agentes cognitivos, así como otros no menos importantes [29].

La efectividad de diversos equipos de trabajo incluyendo el producto a desarrollar en equipo, el trabajo multidisciplinario, y el cruce de las funciones de los equipos dependen de si los miembros con diferentes conocimientos de trasfondo ayudan a los demás a terminar sus tareas y a resolver los problemas [31]. La naturaleza compleja y dinámica de las tareas y los conocimientos especializados y la pericia de los miembros de los equipos de trabajo en tales grupos requiere que los individuos provean asistencia a cada uno de sus compañeros cuando ellos pretenden terminar sus tareas y se han confrontado con problemas relacionados a las mismas [32]. Aunque algunos grupos de trabajo compuestos de individuos con diferente conocimiento, competencias, y habilidades, se caracterizan por la cooperación y la efectividad de las relaciones intra-grupo [33, 34].

La relación de los empleados, incluyendo los directivos en la toma de decisiones, el adecuado reconocimiento y las compensaciones, a los equipos de trabajo, son aciertos en el impacto del desempeño grupal. De aquí que lo implícito de la filosofía debe quedar claro, para el desarrollo de las nuevas técnicas en el aprendizaje de los individuos que integran pequeños grupos, sobre todo cuando los valores y la colaboración se encuentran en los equipos de trabajo. Las fallas en los vacíos que se dan entre lo que se solicita y se promete a través de la retórica y lo que se recibe y se obtiene en realidad, alerta a los administradores de mayor rango en el aprendizaje sobre cómo sus propias acciones y las políticas pueden ser responsables de los vacíos que deben conducir los cambios de conformidad. Además, los programas en los que se fundamentan también socavan los compromisos de los líderes y su capacidad para conducir la transformación de la unidad [35].

Conclusión

Las teorías sirven para extender y hacer más explícito el conjunto de conocimientos empíricos. En este sentido Einstein niega toda posibilidad de la adquisición de la experiencia sin el reconocimiento de un contenido sensorio como lo declara

Clarence Irving Lewis; en cuanto a que la única posibilidad no determinada que concedía Einstein para la búsqueda de la verdad absoluta, la remitía a la intuición del individuo. De tal manera que, esta posibilidad le permitía la búsqueda de la perfección absoluta sostenida en Dios. Él partía de la idea de que las teorías científicas eran creaciones libres de una aguda intuición física. Por tanto, la verdad accesible para el hombre según Einstein, puede ser perfectible, inconstante, pero no estática, ni mucho menos probabilística. Desde esta perspectiva, la única fuente del conocimiento es la experiencia, mientras que la intuición podría actuar como un conductor hacia el descubrimiento de nuevas experiencias.

Los errores de interpretación de la metafísica, con respecto la traslación del conocimiento, están precisamente en los principios en los que se fundamentan las teorías. Pues la movilidad se impide, cuando toda explicación se reduce a los extremos, por un lado representados por los partidarios de que la metafísica tiene como propósito la cognición de Dios. Mientras que por el otro, se sostiene que el conocimiento de la realidad no se deriva de los principios *a priori*, sino que se obtiene sólo a partir de la experiencia. Un principio fundamental, propuesto por Aristóteles como fundador de la metafísica, salva este inmovilismo al considerar que el valor máximo es la sabiduría, definida por él mismo, como la suprema de las virtudes del individuo y, sostenía que lo opuesto era la ignorancia. Además, consideraba que la herramienta para alcanzar la sabiduría, era la técnica y el arte como instrumentos del conocimiento sensitivo y empírico. En este mismo sentido, Kant redefine la metafísica como agnóstica en tanto niega la posibilidad de un conocimiento estricto de la realidad última; para él es empírica en la medida en que afirma que todo conocimiento surge de la experiencia y es objeto de la experiencia real y posible; y es racionalista puesto que mantiene el carácter *a priori* de los principios estructurales de este conocimiento empírico.

De la misma manera que se impide la inmovilidad del conocimiento al reducirlo a lo absoluto, la inmovilidad conservadora se ejerce a través de la verticalidad. En este sentido, se ha desarrollado un sistema basado en el control de los sujetos como si fueran objetos. Esto tiene también su principio claramente establecido que puede concebirse en los términos, como la vocación, la especialización a través de las disciplinas, las titularidades y el establecimiento de currículas que inmovilizan toda acción de libertad del individuo. Mas el control no es casual, éste se ha venido ejerciendo a través de los administradores, a los cuales "fueron requeridos, en un tiempo, a conocer *La República* de Platón" [36]. De esta manera, de acuerdo con Ziman [36] se establecía un "prejuicio básico contra la filosofía especulativa y se consideraba que ciertas ideas generales se comunicarían por sí solas al hombre educado y culto sin una instrucción específica..."

Las estrategias ya referidas anteriormente, en parte, se deben centrar en la codificación, identificación, captura, indexación y disposición del conocimiento explícito; en resumen, se debe centrar en el manejo de la información. Esto es, el capital intelectual, lo es en sí, por su capacidad de maleabilidad mental, mas no por su erudición. Esto se demuestra con los datos contundentes sobre la abundancia abrumadora de información, pues la generación del conocimiento es exponencial; como lo ha demostrado Breivik [37], en cuanto a que la suma total de conocimientos de la humanidad se duplicó durante ciento cincuenta años en el periodo de 1750 a 1900, y durante cincuenta años de 1900 a 1950, posteriormente, a partir de 1960, ha continuado duplicándose cuando menos cada cinco años, proyectando que para el año 2020, la cantidad de conocimientos se duplicará cada 73 días.

Referencias

[1]. Linderman, K.; Schroeder, R.G.; Zaheer, S.; Liedtke, C.; Choo, A.S., "Integrating quality management practices with

knowledge creation processes", *Journal of operations management*, 2004;22(6):589-607.

[2]. Kuhn, T., *La estructura de las revoluciones científicas*, México, Fondo de Cultura Económica, 1971.

[3]. Estabrooks, C.A.; Thompson, D.S.; Lovely, J.J.; Hofmeyer, A., "A guide to knowledge translation theory", *J. contin educ. health prof.*, 2006, winter;26(1):25-36.

[4]. Caldwell, R., "Things fall apart? Discourses on agency and change in organizations", *Human relations*, 2005;58(1):83-114.

[5]. Nonaka, I., "A dynamic theory of organizational knowledge creation", *Organizational science*, 1994;5:14–37.

[6]. Wenger, E., How we learn. Communities of practice, The social fabric of a learning organization", *Healthc forum j.*, 1996, jul.-aug.;39(4):20-6.

[7]. Senge, P. "Learning for a change", Fast Company. 1999;24:178-85.

[8]. Wyatt, J.C., "Management of explicit and tacit knowledge", *Journal of the Royal Society of Medicine*, 2001, jan.;94(1):6-9.

[9]. Macy, M.W.; Flache, A., "Learning dynamics in social dilemmas", *Proc. Natl. Acad. Sci.*, U S A., 2002, may.; 14;99 Suppl 3:7229-36.

[10]. Solomon, O., "Narrative introductions: discourse competence of children with autistic spectrum disorders", *Discourse studies*, 2004, may.; 1, 2004;6(2):253-76.

[11]. Bechara, A.; Damasio, H.; Tranel, D.; Damasio, A.R., "Deciding advantageously before knowing the advantageous strategy", *Science*, 1997, feb.; 28;275(5304):1293-5.

[12]. Terrell, M.W., "Diagnosing PVS and minimally conscious state: the role of tacit knowledge and intuition", *The journal of clinical ethics*, 2006:62-71.

[13]. Colliver, J.A., "Constructivism: the view of knowledge that ended philosophy or a theory of learning and instruction?", *Teach learn med.*, 2002 ,winter;14(1):49-51.

[14]. Rehder, B.; Kim, S., "How causal knowledge affects classification: A generative theory of categorization", *J. exp. psychol learn mem. Cogn.*, 2006, jul.;32(4):659-83.

[15]. Andre, M.; Borgquist, L.; Foldevi, M.; Molstad, S., "Asking for 'rules of thumb': a way to discover tacit knowledge in general practice", *Fam. Ract.*, 2002, dec.;19(6):617-22.

[16]. Schmidt, H.G.; Norman, G.R.; Boshuizen, H.P., "A cognitive perspective on medical expertise: theory and implication", *Acad. Med.*, 1990, oct.;65(10):611-21.

[17]. Lieberman, M.D., "Intuition: a social cognitive neuroscience approach", *Psychological bulletin*, 2000, jan.;126(1):109-37.

[18]. Tzelgov, J., "Specifying the relations between automaticity and consciousness: a theoretical note", *Conscious cogn.*, 1997, jun.-sep.;6(2-3):441-51.

[19]. La Berge, D., "Clarifying the triangular circuit theory of attention and its relations to awareness", *Psyche*, 2000;6(06).

[20]. Pinku, G.; Tzelgov, J., "Consciousness of the self (COS) and explicit knowledge", *Conscious cogn.*, 2006, jan.; 25.

[21]. Bargh, J.A., "The ecology of automaticity: toward establishing the conditions needed to produce automatic processing effects", *The American journal of psychology*, 1992, *summer*;105(2):181-99.

[22]. Logan, G.D.; Gordon, R.D., "Executive control of visual attention in dual-task situations", *Psychol rev.*, 2001, apr.;108(2):393-434.

[23]. Vallacher, R.W.D.M., "What do people think they are doing? Action identification and human behavior", *Psychological review*, 1987;94:3-15.

[24]. Squire, L.R.; Zola-Morgan, S., "The medial temporal lobe memory system", *Science*, 1991, sep.; 20;253(5026):1380-6.

[25]. Graf, P.; Schacter, D.L.," Implicit and explicit memory for new associations in normal and amnesic subjects", *J. Exp. Psychol Learn Mem. Cogn.*, 1985, jul.;11(3):501-18.

[26]. Murphy, K.; McKone, E.; Slee, J., "Dissociations between implicit and explicit memory in children: the role of strategic processing and the knowledge base", *J. Exp. Child Psychol.*, 2003, feb.;84(2):124-65.

[27]. Berman, S.; Down, J.; Hill, C., "Tacit knowledge as a source of competitive advantage in the National Basketball Association", *Academy of management journal*, 2002;45(1):13-31.

[28]. Friedman, L.H.; Bernell, S.L., "The importance of team level tacit knowledge and related characteristics of high-performing health care teams", *Health care manage rev.*, 2006, jul.-sep.;31(3):223-30.

[29]. Abidi, S.S.; Cheah, Y.N.; Curran, J., A knowledge creation info-structure to acquire and crystallize the tacit knowledge of health-care experts", *IEEE Trans Inf. Technol. Biomed.*, 2005, jun.;9(2):193-204.

[30]. Kessels, J.W.M., "Learning in organisations: a corporate curriculum for the knowledge economy", *Futures*, 2001;33:497-506.

[31]. Holland, S.; Gaston, K.; Gómez, J., "Critical success factors for cross-functional teamwork in new product development", *International journal of management reviews*, 2000;2:231-59.

[32]. Van der Vegt, G.S.; Van de Vliert, E., "Effects of perceived skill dissimilarity and task interdependence on helping in work teams", *Journal of management*, 2005, february 1, 2005;31(1):73-89.

[33]. Cooper, R.G., "Developing new products on time, in time", *Research technology management*, 1995;38:49-57.

[34]. Griffin, A., "The effect of project and process characteristics on product development cycle time", *Journal of marketing research*, 1997;34:24-35.

[35]. Beer, M., "Why total quality management programs do no persist: the role of management quality and

implicit for leading a TQM transformation", *Decision science*, 2003;34(4):623-42.

[36]. Ziman, J., "¿Qué es la ciencia?", in: Ziman J., ed., *Conocimiento público*, 1 ed. México, Fondo de Cultura Económica, 1972:20.

[37]. Breivik, P.S., "Student learning in the information age", Phoenix, AZ, *Oryx press*, 1998:25.

Análisis de un artículo aparentemente "sin hipótesis"

][

Armando Sánchez Díaz[24]

A continuación se presenta un breve análisis de un artículo de la revista *Administrative science quarterly*, 43 (1998): 429-469, Johnson Graduate School of Management, Cornell University, Ithaca, N.Y., tomado al azar.

Las autoras son: Martin, Joanne; Knopoff, Kathleen y Beckman, Christine;

El título es: "An alternative to bureaucratic impersonality and emotional labor: bounded emotionality at the body shop".[25]

La extensión del artículo es de 41 páginas; distribuidas aproximadamente de la siguiente manera:

Teoría: 10 páginas,

Método: 6 páginas,

Fuentes de datos: 2 páginas,

---

[24] Profesor e investigador de tiempo completo de la Facultad de Administración Agropecuaria y Desarrollo Rural, Universidad Autónoma de Sinaloa.

[25] El título podría traducirse como: "*Una alternativa a la impersonalidad burocrática y el trabajo emocional: emotividad limitada en The Body Shop*". "The Body Shop" es una empresa fundada en el Reino Unido en 1976 por la señora Anita Roddick (quien falleció en 2007). Esta es una gran empresa que tiene más de 2,100 tiendas en 55 países, ofrece más de 1,200 productos de belleza y cuidado personal (cosméticos, cremas para la piel, perfumería, etc.). Forman parte de la familia de L'Oréal.

Análisis de los datos: 13 páginas,
Conclusiones: 6 páginas,
Referencias bibliográficas: 4 páginas.

Datos utilizados

Las autoras expresan que emplearon datos "cualitativos" de una gran empresa privada "exitosa" llamada "The body shop international", en cuya administración y personal participa una alta proporción de mujeres (Martin, Joanne *et al.*, 1998:429).

Preguntas iniciales de la investigación

1. ¿En qué medida las normas de impersonalidad deben ser una característica que defina a las grandes organizaciones?

2. ¿La expresión de las emociones en una organización debe ser administrada principalmente por propósitos instrumentales, una forma de trabajo emocional que trae consigo costos para los empleados?

3. ¿Desde la perspectiva de los empleados, es deseable la emotividad limitada en las grandes empresas, o es ésta sólo otra forma más íntima y poderosa de control por parte de la organización?

4. ¿Es posible que una gran empresa, que lucha por elevar sus ganancias y que creció en un mercado altamente competitivo, pueda encontrar formas para incorporar la expresión de las emociones en la vida de la organización?

5. ¿En el plano emocional, es el isomorfismo de la burocracia una jaula de hierro, o es posible encontrar formas diferentes de hacer negocio en gran escala? (Martin, Joanne *et al.*, 1998:429)

Objetivos de la investigación

Martin, Joanne *et al.* (1998) desean explorar si es viable un enfoque alternativo de la administración de la emoción: "la emotividad limitada"[26] (*bounded emotionality*), el cual alienta que la expresión de emociones se ocultan en el trabajo para fomentar la integración en la comunidad y el bienestar personal en el mismo.

Las autoras pretenden mostrar qué tan limitada estaba la emotividad en la empresa y las dificultades para su implementación, incluyendo presiones de los empleados que prefieren la impersonalidad y los peligros de una forma más profunda y más íntima de controlar a los empleados (Martin, Joanne *et al.*, 1998:429).

Marco teórico (aunque las autoras no le llaman así)

De la página 430 hasta la 439 y bajo el título "El control en tres tipos ideales de organizaciones", aparece la mayor parte de las referencias teóricas.

Las autoras se apoyan en una amplia bibliografía de autores contemporáneos, entre los que sobresale Charles Perrow y también el clásico de la sociología Max Weber.[27]

---

[26]   En el diccionario de la RAE existe el término "emocionalidad", pero seguramente la palabra que más empleamos es "emotividad"; por lo que quizás las traducciones más aproximadas de "bounded emotionality" podrían ser: emotividad limitada, emotividad reprimida (o autoreprimida), o emotividad contenida.

[27]   Las autoras basan su método, o al menos una parte de éste, en los "tipos ideales" de Max Weber. Sin que pretendamos polemizar al respecto, probablemente la crítica más importante que le hacen a Max Weber es el haber dedicado mucho esfuerzo y tiempo a perfeccionar su método y no haberlo aplicado en sus análisis sociológicos. Me considero un admira-

En el proceso de organización, explican, requiere que se coordine el comportamiento de los empleados. Pero debido a que esta coordinación puede ser imperfecta (V.gr. por fallas en la comunicación o conflictos de interés), los miembros de la organización emplean varias estrategias del control. Perrow (1986:129-131) distinguió tres tipos del control: *(1)* directo y completamente entrometido, tal como dar órdenes, vigilar e imponer reglas; *(2)* burocrático y algo menos impertinente, tal como dividir el trabajo y la jerarquía; y *(3)* el control completamente discreto de las premisas cognitivas que subyacen a la acción, en el que el empleado limita voluntariamente sus conductas a las que se consideran como apropiadas.

Las autoras utilizan y extienden esta conceptualización acerca del control para distinguir tres "tipos ideales" de organización: tradicional burocrático, normativo, y feminista. Describen en una tabla de resumen las características de cada uno de estos tipos ideales.

Y luego afirman con toda claridad que, "al igual que los 'tipos ideales', estas categorías también se derivan de la teoría".

En la tabla de resumen se compara a los 3 "tipos ideales" de organización:

---

dor de los escritos sociológicos de Weber, particularmente de su *Ética protestante y el espíritu del capitalismo* y de sus *Estudios sobre la sociología de la religión*. Por esto, y porque leí su obra póstuma *Economía y sociedad*, estoy convencido de que, en comparación con sus brillantes trabajos sociológicos, el método de Weber es quizás la parte más sofisticada aunque vulnerable de toda su obra. Precisamente, la crítica más severa que se hace al teórico de la "Verstehen", y a los de la denominada escuela histórica alemana, se enfoca en el método debido a los supuestos epistemológicos de inspiración kantiana y diltheyniana. El enfoque metodológico weberiano, denominado algunas veces "sociología comprensiva" o interpretativa, plantea una perspectiva opuesta a la de los científicos positivistas porque cuestiona la validez del determinismo y de las explicaciones causales en la sociología.

1. Burocráticas tradicionales, basado en el modelo de Weber y en los dos primeros tipos ideales de control que propone Perrow (1986:129-131), el directo y el burocrático.
2. Normativas, basado en el tercer tipo de control del que habla Perrow (1986: 129-131); y
3. Feministas, basado en los teóricos feministas que proponen una variante del tipo ideal de control normativo.

Nota: Para evitar confusión, hay que subrayar que las autoras mismas reconocen que los tres "tipos ideales", que se emplearían para clasificar a las organizaciones, surgen de la teoría de Weber, de Perrow y de un aporte de las teóricas del feminismo, y no se obtienen a partir del estudio de grandes empresas reales, como veremos en el siguiente inciso. Otro aspecto importante a considerar, es que los referentes teóricos de las autoras, son los estudios que realizaron previamente en "empresas pequeñas, generalmente sin fines de lucro" (como las cooperativas) y no en grandes corporaciones del sector privado (Martin, Joanne *et al.*, 1998:429).

Hipótesis

Encontramos en la página 430 que las autoras plantean al menos una hipótesis, aunque no la denominan así, cuando describen su tabla núm.1 en la que comparan "tipos ideales de organización". Afirman lo siguiente:

> La tabla #1 resume las características de cada uno de estos 'tipos ideales'. Al igual que los 'tipos ideales' estas categorías se derivan de la teoría, **se espera que las organizaciones reales, incluyendo a la corporación que se estudió en este artículo ("*The Body Shop International*"), muestren una combinación de las tres características o tipos ideales** (Cfr. p. 430; el subrayado es mío).

Método (pp. 439-444)

Las autoras emplean en su análisis datos de una sola organización. Además reconocen que debido a que utilizaron datos "cualitativos" transversales o coyunturales (no longitudinales o series históricas), no les fue posible responder a preguntas acerca del origen y evolución de la emotividad limitada (Martin, Joanne *et al.*, 1998:439).

Las autoras admiten haber recibido el apoyo y hospitalidad directamente de Anita Roddick, fundadora de "The body shop" a quién agradecen de manera "especial" en la primera página de su artículo. Más adelante encantan las autoras cuando aclaran que:

> Las decisiones acerca de qué incluir o no en su documento no estuvieron controladas por la Sra. Roddick, quien generosamente accedió a permitirnos escribir acerca de todo lo que encontramos. Cuando voluntariamente le enviamos un borrador de este artículo, ella lo leyó y, manteniendo su promesa, nos pidió únicamente hacer un cambio: colocar una letra T mayúscula en 'The Body Shop' (Martin, Joanne *et al.*, 1998:447).

Declaran las investigadoras que recopilaron sus datos entre diciembre de 1992 y noviembre de 1993, tanto en las filiales de la corporación en los Estados Unidos como en Gran Bretaña.

También afirman haber empleado la técnica de la observación participante aplicada durante dos horas o durante varias semanas. Se entrevistaron a 57 empleados representativos de las cinco compañías o filiales de la corporación, incluyendo la mayoría de los niveles administrativos; también hubo pláticas informales con 16 empleados no administrativos, sobre todo vendedores de piso.

Fuentes de datos

La evidencia que presentan las autoras:

1. Tabla núm. 1: en ésta se comparan tres tipos ideales de organización según su estilo de ejercer el control sobre los empleados; desde las burocráticas tradicionales, las normativas, hasta llegar a las feministas. Esta tabla se emplearía para clasificar a las empresas que se estudien (en este caso es sólo una).
2. Tabla núm. 2: en ésta se resume el número de participantes en el estudio y el tipo de técnica que se les aplicó para obtener la información.
3. Tabla núm. 3: resumen de los participantes entrevistados según el área, estatus laboral y género.

Las autoras aseguran haber utilizado los siguientes tipos de evidencia:

1. Materiales de archivo (incluyendo un libro acerca de la empresa).
2. Observación.
3. Observación participante.
4. Entrevistas estructuradas aplicadas en el sitio.
5. Pláticas informales.
6. Clases y seminarios.

Análisis de los datos

Las autoras aseguran haber ordenado más de 400 páginas de notas y documentos según su resumen, categorías derivadas de la teoría: historias de los fundadores, valores y metas; actitudes de los empleados acerca de asuntos comerciales como ganancias, precios, etc.; reacciones ante las políticas y procedimientos burocráticos tradicionales.

Conclusiones de las autoras

En el primer párrafo de la primera página del artículo, leemos una especie de resumen en letras negritas (aunque no se le llama resumen). Las últimas cuatro líneas parecen anticipar una conclusión cuando plantean:

> Mostramos cómo se representaba la emotividad limitada y exploramos las dificultades en su implementación, incluyendo presiones de los empleados que prefieren la impersonalidad y los peligros de una forma más profunda y más íntima de controlar a los empleados. Los resultados muestran que el rápido crecimiento de la empresa, un mercado laboral limitado, y las presiones de un mercado competitivo sirven como condicionantes para que se mantenga la emotividad limitada (Martin, Joanne *et al.*, 1998:429).

Las conclusiones aparecen ordenadas de acuerdo a las siguientes partes o subtítulos:

1. Manifestación de la emotividad limitada.
2. Presiones para mostrar emociones.
3. Coexistencia de la emotividad limitada y del trabajo emocional.
4. La emotividad limitada: ¿es una forma más peligrosa de control?
5. Obstáculos para implementar la emotividad limitada.
6. Intersección entre las teorías feministas y críticas.

Para ser breves, sólo reseñamos la primera parte de las conclusiones (las del primer subtítulo):

Se encontró considerable evidencia acerca de la manifestación de la emotividad limitada. Con frecuencia los empleados de la empresa discutieron con sus compañeros de trabajo acerca de temas íntimos personales. Los sentimientos surgieron espontáneamente, a menudo sin un aparente mecanismo que los motivara. La sensibilidad hacia las limitaciones emocionales de los compañeros de trabajo exacerbó la expresión de estas emociones, como sucedió con el respeto por la jerarquía de valores. Se toleró o quizás hasta se disfrutó de esta ambigüedad, debido principalmente al rechazo de la empresa hacia los procedimientos burocráticos estandarizados, y por eso los sentimientos que resultan de la frustración se expresaron libremente. A menudo los empleados expresaron que disfrutan de su trabajo y hasta llegan a sentir que ellos pueden "ser ellos mismos en el trabajo," lo que refleja un sentido de autenticidad de la persona, aunque basándonos en nuestros datos no podamos determinar si esto reflejaba un ser integrado o fragmentado. Aunque la moral variaba de uno a otro individuo, a través del tiempo, o de una a otra compañía de la organización, la mayoría de los empleados compartían una fuerte sensación de formar parte de la comunidad de "The Body Shop". Así, encontramos presentes todos los elementos de la emotividad limitada en una gran organización con fines de lucro. Entonces, este enfoque de la administración de la emoción no es demasiado idealista para ser implementado en el contexto de un negocio de gran escala altamente competitivo.

El hilo que conduce hacia cada una de estas conclusiones parte de las preguntas que plantean las autoras al inicio del artículo. El orden de la exposición sugiere, pues, que cada una de estas afirmaciones finales constituyen las respuestas que la investigación arrojó, a aquellas interrogantes puestas al inicio.

Sin embargo, recordemos que la pregunta inicial era:

¿En qué medida las normas de impersonalidad deben ser una característica que defina a las grandes organizaciones?

Lo primero es que las autoras aún están muy lejos de responder a una pregunta tan general, ya que su investigación y, por lo tanto, su teoría es de alcance muy limitado. A lo más que pueden aspirar es a escribir un análisis sociológico o periodístico acerca de una organización denominada "The body shop".

Resulta bastante evidente que la respuesta que ofrecen las autoras a esta pregunta, es parcial y tiene un contenido altamente especulativo y polémico (lo cual me parece fascinante). Sin embargo, esta respuesta únicamente la podríamos considerar como una respuesta provisional o hipotética, que requeriría ser verificada mediante un estudio que parta de una muestra representativa de las grandes corporaciones. Claro que no se trataba de que las autoras estudiaran a todas las grandes empresas en el mundo, pero sí contaban con los recursos suficientes como para estudiar cinco filiales de "The body shop" y desplazarse por los EUA, y Gran Bretaña, quizás debieron estudiar al menos a cinco grandes corporaciones que fueran muy diferentes por su manera de administrarse, la composición de su personal, la sede corporativa etc. Si se trata de estudiar estilos impersonales en la administración corporativa, quizás habría sido más interesante, por su heterogeneidad, incorporar a la muestra al menos una empresa alemana, otra japonesa otra mexicana, etcétera.

En cuanto a las otras preguntas, sucede lo mismo: son muy generales y a partir del estudio que se hizo sólo se las puede responder con una hipótesis que es una interpretación de lo que se observó en "The body shop" y de las opiniones que expresaron los empleados de esta empresa.

Bueno, pero lo que parece más importante es que es precisamente aquí en las conclusiones en donde encontramos las hipótesis que tanto buscábamos, aunque en el artículo no se las denomine así.

Las autoras basan su método, o al menos una parte de éste, en los "tipos ideales" de Max Weber. Sin que pretendamos polemizar al respecto, probablemente la crítica más importante que le hacen a Max Weber es el haber dedicado mucho esfuerzo y tiempo a perfeccionar sus métodos, y haber realizado comparativamente muy poca investigación sociológica en la que pudiera aplicarlos.

Para finalizar el análisis

Una vez analizado el artículo, resulta evidente que en éste no únicamente están presentes las hipótesis sino que todas las conclusiones tienen un carácter tentativo e hipotético: al final de la investigación las autoras nos dejan con más dudas acerca de los diferentes métodos y estilos de administrar las grandes corporaciones, que las que ellas se plantearon al inicio. Desafortunadamente, las autoras no contribuyen a ampliar nuestro conocimiento acerca del rol diferente que juega la administración burocrática profesional y las emociones en algunas grandes organizaciones. Por ejemplo, para poder comparar, mínimamente se requería estudiar al menos una gran corporación administrada por hombres y otra por mujeres; tomar al menos un par que se ubicaran en diferentes regiones, y/o en diferentes sectores de la economía norteamericana, y/o en países y medios culturales heterogéneos. Seguramente contaban con los recursos para hacer un trabajo más completo, sin que esto significara invertir más tiempo.

Reflexión final

¿Hacia dónde conducen las investigaciones sin hipótesis explícitas?

1- Una investigación en la que no se plantean las hipótesis de manera explícita, genera ambigüedades y poco rigor metodológico. Se corre el riesgo de confundir conjeturas con hechos verificados y modelos o tipos ideales sin un obligado referente real con casos de estudio cuya interpretación se apoya en evidencia empírica. Se corre el riesgo de que los autores deslicen subrepticiamente conjeturas que parecen resultados y que los lectores no adviertan con claridad la línea que separa a ambos. Inclusive en las investigaciones de tipo histórico o en los estudios acerca de la cultura, que algunos consideran terreno exclusivo de los llamados métodos "cualitativos", se emplean hipótesis.

2- Todas las investigaciones contienen hipótesis aunque no necesariamente éstas se enuncian de manera clara y/o explícita, ni se verifican con el rigor que corresponde; algunas veces ni siquiera se verifican. Seguramente por aquí atraviesa la línea que separa las investigaciones científicas de la especulación.

Entonces, hay que tener mucho cuidado si un autor no plantea de manera explícita sus hipótesis al inicio y luego trata de deslizarlas disimuladamente como conocimiento verificado. Si no se enuncian las hipótesis, sólo puede generarse ambigüedad, incertidumbre y confusión. Por ejemplo, en el artículo de Martin, Joanne *et al.* (1998) que se analizó, existen afirmaciones hipotéticas que no se enuncian como hipótesis de manera explícita y que responden a las interrogantes que se hacen las autoras al inicio de la investigación. Sin embargo, como veremos en el análisis, al inicio aparecen preguntas y luego, sin previo aviso, se deslizan afirmaciones hipotéticas. Las preguntas iniciales son generales, lo que sugiere que se pretende ofrecer una teoría general; sin embargo, se parte del análisis de un caso muy particular.

Además, en una investigación académica contemporánea se hace uso del viejo y confuso método de los "tipos ideales", que por su alcance explicativo tan limitado arroja pocos beneficios. Etiquetar los fenómenos no equivale a explicarlos. Clasificar a las grandes organizaciones según el estilo de administración (burocrático tradicional, normativo o feminista), contribuye muy poco a explicar las contradicciones, los problemas, el comportamiento y la racionalidad económica y política con la que se toman las decisiones. El aporte es mucho más modesto aún, si sólo se estudia a una organización. Es un grave error que se pretendan ofrecer explicaciones universales con validez general (inclusive, construir una teoría general) acerca de las organizaciones basándose en el análisis de un caso muy específico y hasta atípico. Esto equivale a dar un salto mortal sin una red protectora.

3- Sabemos que las hipótesis constituyen un elemento consustancial y fundamental en cualquier investigación científica. Inclusive, al echar una mirada a la historia de la física nos damos cuenta que las teorías científicas tienen un carácter provisional. Las conclusiones de cualquier investigación tienen en menor o mayor medida este carácter provisional, de manera que podemos ver a la investigación como un esfuerzo permanente por alargar la vida útil de nuestras explicaciones o sustituirlas por nuevas, cuando es necesario y existe esa posibilidad. Otro asunto muy diferente es que existan investigaciones que no planteen un problema de investigación ni una crítica al objeto de estudio debido quizás a temores, a compromisos ideológicos o políticos por parte de los investigadores, o simplemente porque son incapaces o insensibles para detectar y problematizar los fenómenos.

Creo, entonces, que lo que deberíamos discutir es si se justifica no plantear las hipótesis dónde y cuándo se debe, y luego deslizarlas de manera subrepticia, sin advertir a los lectores. Quizás la mayoría de los lectores no adviertan cuándo un autor les está presentando conjeturas y cuándo les está ofreciendo resultados, lo cual puede ser conveniente para el autor del reporte, pero no es digno de quien está obligado a ser riguroso, decoroso y honesto.

En nuestro caso particular, los estudiantes no están acostumbrados a leer y escribir con fluidez, y mucho menos a investigar. Eso explica por qué no saben identificar un problema de investigación, ni una interrogante crucial (que nos es lo mismo que hacer cualquier pregunta), ni tampoco saben enunciar una hipótesis.

En las disciplinas económico-administrativas es imprescindible que los jóvenes investigadores lean artículos científicos con diferentes enfoques, y no exclusivamente los de una revista o escuela de pensamiento específico. Si van a leer artículos en los que los autores hacen conjeturas y no las declaran como hipótesis, entonces deben aprender a identificarlas aunque estén escondidas o disimuladas. También se requiere que los alumnos sepan distinguir muy bien las variables y el tipo de relación que hay entre estas, para que sea posible organizar, resumir, comparar e interpretar los datos.

Fuentes consultadas

Martin, Joanne *et al.*, "An alternative to bureaucratic impersonality and emotional labor: bounded emotionality at The body shop". *Administrative science quarterly*, 43 (1998):429-469. Johnson Graduate School of Management, Cornell University, Ithaca, N.Y.

Zbaracki, Mark J., "The rhetoric and reality of total quality management". *Administrative science quarterly*, 43 (1998):602-636.

Schulz, Martin, "Limits to bureaucratic growth: the density dependence of organizational rule births". *Administrative science quarterly*, 43 (1998):845-876.

Hansen, Morten T., "The search-transfer problem: the role of weak ties in sharing knowledge across organizations subunits". *Administrative science quarterly*, (1998)44(1999):82-111.

Edmondson, Amy, "Psychological safety and learning behavior in work teams". *Administrative science quarterly*, 44 (1999):350-383.

Pfeffer, Jeffrey, "New directions for organization theory: problems and prospects". *Administrative science quarterly*, 44 (1999):639-642, (reseña de un libro) Pratt, Michael G. (2000), "The Good, the bad, and the ambivalent: managing identification among amway distributors". *Administrative science quarterly*, 45 (2000):456-493.

Staw, Barry M. *et al.*, "What bandwagons bring: effects of popular management techniques on corporate performance reputation, and CEO Pay", *Administrative science quarterly*, 45 (2000):523-556.

Stevenson, William B. *et al.*, "Agency an social networks: strategies of action in a social structure of position opposition, and opportunity", *Administrative science quarterly*, 45 (2000):651-678.

Tetlock, Philip E., "Cognitive biases and organizational correctives: do both disease and cure depend on the politics of the beholder?", *Administrative science quarterly*, 45 (2000):293-326.

Bacharach, Samuel B. *et al.*, "Boundary management tactics and logics of action: The case of peer-support providers", *Administrative science quarterly*, 45 (2000):704-736.

Morris, Michael W. *et al.*, "The lessons we (don't) learn: counterfactual thinking and organizational accountability after a close call", *Administrative science quarterly*, 45(2000):737-765.

Barsade, Sigal G. *et al.*, "To your heart's content: a model of affective diversity in top management teams", *Administrative science quarterly*, 45 (2000):802-836.

Lounsbury. Michael, "Institutional sources of practice variation: staffing college and university recycling programs", *Administrative science quarterly*, 46 (2001):29-56.

Índice

Editorial LibrosEnRed

LibrosEnRed es la Editorial Digital más completa en idioma español. Desde junio de 2000 trabajamos en la edición y venta de libros digitales e impresos bajo demanda.

Nuestra misión es facilitar a todos los autores la **edición** de sus obras y ofrecer a los lectores acceso rápido y económico a libros de todo tipo.

Editamos novelas, cuentos, poesías, tesis, investigaciones, manuales, monografías y toda variedad de contenidos. Brindamos la posibilidad de **comercializar** las obras desde Internet para millones de potenciales lectores. De este modo, intentamos fortalecer la difusión de los autores que escriben en español.

Nuestro sistema de atribución de regalías permite que los autores **obtengan una ganancia 300% o 400% mayor** a la que reciben en el circuito tradicional.

Ingrese a www.librosenred.com y conozca nuestro catálogo, compuesto por cientos de títulos clásicos y de autores contemporáneos.